数学大百科事典

仕事で使う
公式・定理・ルール127

蔵本貴文
Kuramoto Takafumi

本書内容に関するお問い合わせについて

このたびは翔泳社の書籍をお買い上げいただき、誠にありがとうございます。弊社では、読者の皆様からのお問い合わせに適切に対応させていただくため、以下のガイドラインへのご協力をお願い致しております。下記項目をお読みいただき、手順に従ってお問い合わせください。

●ご質問される前に

弊社Webサイトの「正誤表」をご参照ください。これまでに判明した正誤や追加情報を掲載しています。

正誤表　https://www.shoeisha.co.jp/book/errata/

●ご質問方法

弊社Webサイトの「刊行物Q&A」をご利用ください。

刊行物Q&A　https://www.shoeisha.co.jp/book/qa/

インターネットをご利用でない場合は、FAXまたは郵便にて、下記"翔泳社 愛読者サービスセンター"までお問い合わせください。
電話でのご質問は、お受けしておりません。

●回答について

回答は、ご質問いただいた手段によってご返事申し上げます。ご質問の内容によっては、回答に数日ないしはそれ以上の期間を要する場合があります。

●ご質問に際してのご注意

本書の対象を越えるもの、記述個所を特定されないもの、また読者固有の環境に起因するご質問等にはお答えできませんので、予めご了承ください。

●郵便物送付先およびFAX番号

送付先住所　〒160-0006　東京都新宿区舟町5
FAX番号　　03-5362-3818
宛先　　　　（株）翔泳社 愛読者サービスセンター

※本書に記載されたURL等は予告なく変更される場合があります。
※本書の出版にあたっては正確な記述につとめましたが、著者や出版社などのいずれも、本書の内容に対してなんらかの保証をするものではなく、内容やサンプルに基づくいかなる運用結果に関してもいっさいの責任を負いません。

※本書に記載されている会社名、製品名はそれぞれ各社の商標および登録商標です。

はじめに

数学なしではこれからの時代は生き残れない

　人工知能、ビッグデータ、量子コンピュータ。テクノロジーの世界で脚光を浴びている言葉です。そして、これから技術の主役になるでしょう。勉強を始めた人も多いかもしれません。

　しかし、「本を読んでみたけれども、何もわからなかった」そんな人も多いのではないでしょうか。その理由は数学です。これらの技術には高度な数学が使われており、数学なしでは本質の理解はできません。

　日本も国際化により外国人を見かけることが多くなり、外国語を習得することの必要性が認識されてきました。同様に、自動運転やロボットなどのコンピュータが身近に増えてくることは確実です。コンピュータはこれから単なる道具から、家族や同僚、部下に変わっていくのです。

　コンピュータは数学の世界に生きています。いわば数学ネイティブです。つまり、彼らの思考回路を理解し、コミュニケーションを取るためには数学という言語が必要になってきます。

　もちろん、コンピュータは音声認識やパネルなどのインターフェイスを持つでしょう。しかし、本当にコンピュータの能力を最大限発揮させるためには、彼らのネイティブ言語である数学の理解が必要なのです。

　それでは数学を理解するためにはどうすれば良いでしょうか？　残念なことに既存の数学の教科書で勉強することは遠回りになります。なぜなら、既存の本は数学そのものに焦点があてられているからです。

　先ほど、数学は言語のようなものだといいました。そうすると、今の数学の教科書は、書道や詩や俳句を教えているようなものです。つまり、芸術として

の数学です。他の数学の本では「楽しい数学」とか「美しい数学」というコンセプトの本が多いことと思います。これはまさに芸術としての数学を扱っているということです。

しかし、私たちがほしいのはコミュニケーションの道具としての数学ですよね。芸術ではなく、ツールとしての数学です。ここに大きなギャップがありました。書道や詩は確かに人の心を豊かにしてくれるものですが、目の前の問題を解決してくれるものではありません。私たちが求めている数学は、コンピュータと効果的にコミュニケーションして、仕事の成果を高めてくれるもののはずです。

そこで執筆したのが本書です。私は数学の専門家ではありません。半導体と呼ばれるコンピュータの頭脳の設計に関わっているエンジニアです。

私の仕事はとにかく数学を使います。少し専門的になりますが、担当業務はモデリングという仕事で、半導体の特性を表現する数式を作っています。対数や行列、ベクトル、微積分、複素数、統計、高等数学に満ちた仕事なのです。私はこんな数学を読んで、使って、判断する方法をお伝えすることができます。

すごいと思うでしょうか？ でも私自身は才能に満ちあふれているわけではありません。大学の専門課程の数学はまったく理解できずに挫折しました。当時の教科書はまだ持っていますが、いまだに理解できません。

数学を使うにも、ポイントがあります。日本語だって、難しい漢字が書けなくても、少々文法が間違っていても（たとえば「ら」抜き言葉とか）、ポイントを押さえておけばコミュニケーションは取れますよね。それと同じなのです。ちゃんと順を追って学べば、必ず数学は「使える」ようになります。

ここまで読んでくださったということは、少しは話に興味を持っていただけたということでしょうか。それではもう少しお話にお付き合いください。まず本編に入る前に、今までの数学はなぜわかりにくかったのか、そして本書ではどうやってそれを解決しているかについて説明したいと思います。

目次

はじめに iii
本書の特徴と使い方 xv

Chapter 01 中学数学の復習 001

Introduction
ポイントは拡張、抽象、論理 002

01 正負の数 004
- 負の数の計算は数直線で考える 004
- Business 銀行ローンと温度 005

02 無理数・ルート（平方根） 006
- 無理数なんてなければいいのに…… 006
- なぜ分母を有理化しなければいけないのか？ 007

03 文字式 008
- 文字式を利用する理由 008
- 抽象化するメリット 009
- Business プログラムは文字式を使って書く 009

04 交換法則と分配法則、結合法則 010
- 当たり前の交換法則 010
- なぜ、文字式では"÷"を使わないのか？ 011

05 乗法公式と因数分解 012
- 考えるのではない。手を反応させるのだ！ 012
- なぜ、因数分解をするのか？ 013
- Business 社員の努力と会社の利益の関係を因数分解する 013

06 1次方程式 014
- 方程式は未知数を求めるための等式 015
- Business 商品の値段を求める 015

07 連立方程式 016
- 連立方程式は未知数が複数存在する方程式 016
- Business りんごとみかんの値段を求める 017

08 比例 018
- 身近な比例の例 018
- 座標とは何か？ 019

09 反比例 020
- 身近な反比例の例 020
- Business はじきの法則＝比例・反比例 021

10 図形の性質（三角形、四角形、円） 022
- 図形で最低限押さえておきたいこと 023

11 図形の合同と相似 024
- 相似という言葉の意味 024
- Business 巨大な飛行機が作れない理由 025

| 12 | 証明 | 026 |

- なぜ証明を学ぶのか？ 026
- [Business] 二等辺三角形の底角は等しいことの証明 027

| 13 | 三平方の定理 | 028 |

- 三平方の定理は重要 028
- 三平方の定理を空間図形に拡張してみる 029
- [Business] テレビの画面の大きさ 029

[Column] 絶対値は距離である 030

Chapter 02 1次、2次関数と方程式、不等式 ———— 031

Introduction
- 関数は何のために使うのか？ 032
- 1次関数と2次関数が重要なわけ 032
- 方程式と不等式はグラフで考えると理解しやすい 033

| 01 | 関数とその定義 | 034 |

- 関数とは何か？ 034
- 逆関数、多変数関数、合成関数 035

| 02 | 1次関数のグラフ | 036 |

- 1次関数は直線 036
- [Business] 傾きと切片が重要なわけ 037

| 03 | 2次関数とグラフ | 038 |

- 2次関数は放物線 038
- [Business] なぜ頂点が重要なのか？ 039

| 04 | 2次方程式の解法 | 040 |

- 2次方程式の解き方は3種類ある 041
- [Business] お菓子屋さんの利益 041

| 05 | 2次方程式の虚数解 | 042 |

- ルートの中が負になってしまったとき 042
- [Business] 虚数の値段!? 043

| 06 | 2次方程式の判別式、解と係数の関係 | 044 |

- 少しラクをするための判別式 044
- [Business] 素早く問題を解く 045

| 07 | 高次関数 | 046 |

- 次数が増えるごとにくねくね曲がる 046
- [Business] 高次関数を使った数値データのフィッティング 047

| 08 | 因数定理と剰余定理 | 048 |

- 因数定理は具体例で考えれば難しくない 048
- 整式の割り算の方法 049
- [Business] 高次方程式の解き方 049

| 09 | 不等式の解き方 | 050 |

- 不等式は両辺に負の数を掛けるときには注意！ 050
- 2次不等式の解き方 051

| 10 | 不等式と領域 | 052 |

- 不等式と領域の問題は丁寧に図示化する 052
- [Business] 線形計画法で売上げを最大化する 052

[Column] 整数の素因数分解がネットの平和を守っている 054

Chapter 03 指数、対数 — 55

Introduction
- 指数は大きな数、小さな数を便利に扱える — 056
- 対数は指数の逆 — 056

01 指数 — 058
- 指数は大きな数字を表すためのテクニック — 058
  - Business 探査機「はやぶさ」の速さを求める — 059

02 指数の拡張 — 060
- なぜ指数を拡張したいのか？ — 060
- 指数を拡張してみる — 061

03 指数関数のグラフと性質 — 062
- 指数関数の特徴 — 062
- 指数を拡張してみる — 063
  - Business 複利運用の計算 — 063

04 対数関数の定義 — 064
- 対数は指数の逆 — 064
  - Business 対数のメリットは？ — 065

05 対数関数のグラフと性質 — 066
- 対数関数の特徴 — 067
  - Business エントロピーは対数を使って定義される — 067

06 底変換の公式 — 068
- 底変換を使う問題の例 — 068
- なぜ底は1や負の数であってはいけないのか？ — 069

07 常用対数と自然対数 — 070
- 常用対数と自然対数の特徴 — 070
  - Business 対数表を使って計算してみる — 071
- コンピュータで指数・対数の計算をするには？ — 073

08 対数グラフの使い方 — 074
- 奇妙な軸の意味 — 074
  - Business ダイオードの電流―電圧特性を対数グラフで表す — 075

09 指数・対数の物理単位 — 076
- 指数を表す接頭語 — 076
  - Business デシベルとマグニチュード — 077

- Column 数学の世界の爆弾 — 078

Chapter 04 三角関数 — 079

Introduction
- 三角形よりも波を表す関数 — 080
- 三角関数のポイント — 080

01 三角関数の基本公式 — 082
- まずは直角三角形で三角関数を覚えよう — 082
  - Business 三角法で高さを求める — 083

02 三角関数の拡張とグラフ — 084
- 直角三角形から単位円に定義が変わる — 084

- 📖 三角関数のグラフを描いてみる ……………………………… 085
  - [Business] 三角関数で波を表す ……………………………… 086
- 03 三角関数の加法定理と諸公式 ─────────── 088
  - 📖 受験生泣かせの公式群 ……………………………… 088
    - [Business] スマートフォンで使われている電波の周波数変換 …… 089
- 04 弧度法（ラジアン） ─────────────── 090
  - 📖 なぜ弧度法を使うのか？ ……………………………… 090
  - 📖 コンピュータにおける三角関数の角度の単位 …………… 091
- 05 正弦定理と余弦定理 ─────────────── 092
  - 📖 試験では頻出の正弦定理、余弦定理 …………………… 092
    - [Business] いろいろな三角形の面積の公式 …………………… 093
- 06 フーリエ級数 ───────────────── 094
  - 📖 すべての波はサインコサインに通じる ………………… 094
    - [Business] 音・光と周波数の関係 …………………………… 095
- 07 離散コサイン変換 ──────────────── 096
  - 📖 スマートフォンの写真で使われている三角関数 ………… 096
    - [Business] 画像の圧縮方法 ………………………………… 098
  - [Column] 20 と 20.00 の違い ……………………………… 100

Chapter 05 微分 ─────────────────────── 101

Introduction
- 微分とは何か？ …………………………………………… 102
- 無限を扱えるようになる ………………………………… 103
- 積分との関係 ……………………………………………… 104

- 01 極限と無限大 ───────────────── 106
  - 📖 誤解されやすい極限 ………………………………… 106
    - [Business] 複雑な式の読み解き方 ………………………… 107
- 02 微分係数（微分の定義） ───────────── 108
  - 📖 まずは微分のイメージをつかもう …………………… 108
- 03 導関数 ──────────────────── 110
  - 📖 x^n の微分は簡単 ………………………………… 110
  - 📖 導関数の意味 ……………………………………… 111
- 04 三角関数、指数・対数関数の微分 ──────── 112
  - 📖 三角関数の微分 …………………………………… 112
  - 📖 ネイピア数の登場 ………………………………… 113
- 05 積の微分、合成関数の微分 ──────────── 114
  - 📖 公式の確認の仕方 ………………………………… 115
  - 📖 $\frac{dy}{dx}$ は分数のように扱える ……………………… 115
- 06 接線の公式 ────────────────── 116
  - 📖 微分がわかれば接線は簡単なはず …………………… 117
    - [Business] コンピュータでの曲線の編集 ………………… 117
- 07 高次導関数と関数の凹凸 ──────────── 118
  - 📖 高次導関数 ………………………………………… 118
    - [Business] 関数の凹凸 ……………………………………… 119

08 平均値の定理と微分可能性 — 120
- 当たり前の定理? — 120
- 微分可能であるということ — 121
- Column $\dfrac{dy}{dx}$ は分数ではない? — 122

Chapter 06 積分 — 123

Introduction
- 積分とは何か? — 124
- 積分による面積の計算方法 — 124

01 積分の定義と微積分の基本定理 — 126
- 積分は面積を求める道具 — 127
- 積分の記号の意味 — 128
- 積分は微分の逆演算である — 129

02 不定積分 — 130
- 不定積分の方法 — 131
- 積分定数 C とは何か? — 131

03 定積分の計算方法 — 132
- 定積分の計算方法 — 132
- 定積分の区間、面積の符号 — 133

04 部分積分法 — 134
- 部分積分法は積の微分公式の逆である — 135

05 置換積分法 — 136
- 置換積分法は合成関数の微分公式の逆である — 137

06 積分と体積 — 138
- 体積は無数の薄い板に分割して算出する — 139

07 曲線の長さ — 140
- 曲線の長さは無限に短い直線に分割して求める — 141

08 位置と速度と加速度の関係 — 142
- Business ニュートンの運動方程式 — 143

- Column 微積分学を構築したニュートンとライプニッツ — 144

Chapter 07 高度な微積分 — 145

Introduction
- 高校生にも学ぶメリットはある — 146
- 微分方程式は関数が解になる — 146
- 多変数関数の扱い — 147

01 微分方程式 — 148
- 微分方程式は関数を求める方程式 — 148
- 微分方程式の解き方 — 149
- Business 運動方程式、放射性元素の崩壊 — 150

02 ラプラス変換 — 152
- ラプラス変換で微分方程式が簡単に解ける — 152
- Business 電子回路の微分方程式を解く — 153

03 偏微分と多変数関数 ——— 154
　　📖 多変数関数の微分は偏微分 ……… 154
　　　Business 多変数関数の最大、最小問題 ……… 155
04 ラグランジュの未定乗数法 ——— 156
　　📖 ラグランジュの未定乗数法は「なぜ」を考えてはいけない ……… 157
　　　Business 統計解析の最大値、最小値 ……… 157
05 重積分 ——— 158
　　📖 多変数関数の積分は重積分 ……… 159
　　　Business 密度から重さを算出する ……… 159
06 線積分と面積分 ——— 160
　　📖 多変数関数には積分経路が多数存在する ……… 161
　　　Business 経路ごとの必要なエネルギーの計算 ……… 161
　　Column イプシロン-デルタ論法 ……… 162

Chapter 08 数値解析 — 163

Introduction
コンピュータは命令しないと何もできない ……… 164
数値を扱う難しさ ……… 164

01 1次の近似公式 ——— 166
　　📖 関数を接線で近似する ……… 166
　　　Business 振り子の等時性は近似だった ……… 167
02 テイラー展開、マクローリン展開 ——— 168
　　📖 関数を x^n の和で表すマクローリン展開 ……… 169
　　　Business 電卓の計算 ……… 169
03 ニュートンラフソン法 ——— 170
　　📖 接線を使って方程式を解く方法 ……… 170
　　　Business コンピュータに方程式を解かせる ……… 171
04 数値微分 ——— 172
　　📖 数値計算では微分はすなわち差分 ……… 172
　　　Business 自転車の加速データを微分してみる ……… 173
05 数値積分（台形公式、シンプソンの公式）——— 174
　　📖 何を基準に面積を求めるか？ ……… 175
　　　Business 指数関数の積分値の計算 ……… 175
06 微分方程式の数値的解法（オイラー法）——— 176
　　📖 オイラー法は曲線を接線で近似する ……… 176
　　　Business 二重振り子の運動 ……… 177
　　Column コンピュータは2進数で計算している ……… 178

Chapter 09 数列 — 179

Introduction
数列を学ぶ意味は離散を学ぶこと ……… 180
数列では和が重要 ……… 181

01 等差数列 ——— 182
　　📖 隣の項との差が一定だから等差数列 ……… 182

- **02 等比数列** —— 184
  - 等比数列の和の考え方 —— 184
  - Business 逸失利益を計算するライプニッツ係数 —— 185
- **03 記号∑の使い方** —— 186
  - ∑（シグマ）は怖くない —— 186
  - Business ∑の表記方法 —— 187
- **04 漸化式** —— 188
  - 漸化式は数列を局所的に見る式 —— 188
  - Business セルオートマトンとフィボナッチ数列 —— 189
- **05 無限級数** —— 190
  - 無限に数を足し合わせても大きくならないこともある —— 190
  - Business 循環小数を分数で表す —— 191
- **06 数学的帰納法** —— 192
  - 数学的帰納法はドミノのように —— 192
  - 数学的帰納法のパラドックス —— 193
  - Column ギリシャ文字に慣れよう —— 194

Chapter 10 図形と方程式 —— 195

Introduction
- 図形を数式で表現する —— 196
- 極座標は人がラクをするためにある —— 196

- **01 直線の方程式** —— 198
  - 図形としての直線の方程式 —— 199
  - Business 直線描画のアルゴリズム —— 199
- **02 円の方程式** —— 200
  - 円を方程式として見てみると —— 200
  - Business 円の描画の方法 —— 201
- **03 二次曲線（楕円、双曲線、放物線）** —— 202
  - 楕円、双曲線、放物線の特徴 —— 203
  - Business 衛星の軌道 —— 203
- **04 平行移動した図形の方程式** —— 204
  - 図形を動かす方法 —— 205
  - Business CGでも使われるアフィン変換 —— 205
- **05 点対称と線対称** —— 206
  - 対称移動による方程式の変化 —— 207
  - Business 奇関数と偶関数の積分 —— 207
- **06 回転** —— 208
  - 回転は三角関数で表現される —— 209
  - Business 回転座標系での遠心力、コリオリの力 —— 209
- **07 媒介変数** —— 210
  - 媒介変数は敵ではありません —— 211
  - Business サイクロイドの解析 —— 211
- **08 極座標** —— 212
  - 極座標は方向と距離を指定する座標系 —— 213

| Business | 船舶の航行 ········· 213

09 空間図形の方程式 ———— 214
- 二次元（平面）と三次元（空間）を比較して本質を理解する ········· 215
- Column 数学にも必要な空間認識力 ········· 216

Chapter 11　ベクトル ———— 217

Introduction
- ベクトルは矢印だけではない ········· 218
- ベクトルの掛け算は何通りにも定義できる ········· 219

01 矢印としてのベクトル ———— 220
- 矢印としてのベクトルは大きさと方向を持つ量 ········· 221
- Business 力の分解 ········· 221

02 ベクトルの成分表示、位置ベクトル ———— 222
- ベクトルを数字で表す ········· 223
- Business 線分を内分する点 ········· 223

03 ベクトルの一次独立 ———— 224
- 一次独立が普通、一次従属は例外 ········· 224
- Business 座標軸の変換 ········· 225

04 ベクトルの内積（平行・垂直条件） ———— 226
- ベクトルの掛け算は1つではない ········· 226
- Business 荷物に加えられるエネルギーの量 ········· 227

05 平面図形のベクトル方程式 ———— 228
- ベクトル方程式が使われる理由 ········· 229

06 空間ベクトル ———— 230
- 空間ベクトルになって変わること、変わらないこと ········· 231
- Business 空間は実は九次元だという超弦理論 ········· 231

07 空間図形のベクトル方程式 ———— 232
- 空間図形ではベクトル方程式のメリットが引き立つ ········· 233
- Business 三次元CADデータの二次元化 ········· 233

08 ベクトルの外積 ———— 234
- 外積の結果はベクトルになる ········· 234
- Business モータを回す力 ········· 235

09 速度ベクトルと加速度ベクトル ———— 236
- ベクトルで平面上の運動が解析できる ········· 236
- Business 等速円運動の解析 ········· 237

10 勾配、発散、回転 ———— 238
- ベクトルの微積分は怖くない ········· 239
- Business マックスウェルの方程式 ········· 239
- Column 抽象化は価値である ········· 240

Chapter 12　行列 ———— 241

Introduction
- 行列はベクトルの演算のためにある ········· 242
- 行列と高校数学の関係 ········· 243

01	行列の基礎と計算	244
	📖 行列は積に注意	245
	Business プログラムの行列と配列	245
02	単位行列と逆行列、行列式	246
	📖 行列の割り算には逆行列を使う	246
03	行列と連立方程式	248
	📖 連立方程式は行列でも解ける	248
	Business 掃き出し法による連立方程式の解法	249
04	行列と1次変換	250
	📖 シンプルに表現できることには価値がある	251
	Business 平行移動の表現方法	251
05	固有値と固有ベクトル	252
	📖 固有値、固有ベクトルを直観的に理解する	253
	Business 行列を対角化する	253
06	3行3列の行列	254
	📖 行列は大きくなると計算が複雑になる	255
	Business 掃き出し法で逆行列を求める	255
	Column 高校数学で行列を教えるべきか？	256

Chapter 13 複素数 — 257

Introduction
虚か実かを決めるのは人間である — 258
なぜ、わざわざ複素数平面を使うのか？ — 259

01	複素数の基礎	260
	📖 複素数は絶対値に注意	260
	Business 反射係数を複素数で表す	261
02	複素数平面と極形式	262
	📖 複素数は回転と相性が良い	263
03	オイラーの公式	264
	📖 指数関数と三角関数をつなぐ式	264
	Business 交流回路の複素数表示	265
04	フーリエ変換	266
	📖 フーリエ変換の意味	267
	📖 関数の直交・内積とは？	267
	Business 無線通信技術とフーリエ変換	268
05	四元数（クォータニオン）	270
	📖 四元数で複素数の理解を深める	271
	Business CGやロケットの回転	271
	Column 虚数の時間とは何か？	272

Chapter 14 確率 — 273

Introduction
確率は日本語の理解がポイント — 274
現実の確率と数学の確率 — 274

01 場合の数 — 276
- 場合の数は漏れなく、ダブりなく — 277
- 足すのか？ 掛けるのか？ — 277

02 順列の公式 — 278
- 順序をつけるときには順列公式を使う — 278
- [Business] 最短経路問題 — 279

03 組合せの公式 — 280
- 順序をつけないときには組合せ公式を使う — 280
- 順列と組合せのまとめ — 282
- [Business] パスカルの三角形から導かれる二項定理 — 282

04 確率の定義 — 284
- 「同様に確からしい」問題 — 285
- [Business] 数学的確率と統計的確率 — 285

05 確率の加法定理 — 286
- 「排反」とは共通部分がないこと — 287

06 独立試行の定理 — 288
- 独立は裏から理解しよう — 288
- [Business] おむつを買う確率とビールを買う確率 — 289

07 反復試行の定理 — 290
- 反復試行は組合せを考える — 290
- [Business] リスク管理に使われるポアソン分布 — 291

08 条件付き確率と確率の乗法定理 — 292
- 条件付き確率は分母が変わっている — 292

09 ベイズの定理 — 294
- 条件付き確率が理解できていれば仕組みは簡単 — 294
- [Business] 迷惑メールの判定 — 294

[Column] モンテカルロ法 — 296

Chapter 15 統計の基礎 — 297

Introduction
- 平均と標準偏差で統計の半分がわかる — 298
- 正規分布は統計学上最大の発見である — 298
- 統計が成り立つ前提 — 299

01 平均 — 300
- なぜ平均を求めるのか？ — 300
- [Business] 所得分布の解析 — 301

02 分散と標準偏差 — 302
- 標準偏差はばらつきの指標 — 303
- なぜ2乗なのか？ — 304
- コンピュータで分散や標準偏差を計算するときの注意 — 305
- [Business] 工程能力指数 — 305

03 相関係数 — 306
- 相関係数は2つの数の相関の強さを表す — 307
- [Business] 投資のポートフォリオ — 307

- 04 確率分布と期待値 — 308
  - 確率分布は習うより慣れ — 309
  - Business ギャンブルの期待値 — 309
- 05 二項分布、ポアソン分布 — 310
  - 二項分布とポアソン分布の関係 — 311
  - Business ヒットを打つ回数、不良品の個数 — 311
- 06 正規分布 — 312
  - なぜ正規分布がそこまで重要なのか? — 312
  - Business 正規分布の限界 — 313
- 07 歪度、尖度、正規確率プロット — 314
  - 正規分布からの乖離を把握する — 315
  - Business 正規確率プロットの使い方 — 315
- 08 大数の法則と中心極限定理 — 316
  - どれだけやれば「たくさん」なのか? — 316
  - 中心極限定理で正規分布するのは「標本の平均」 — 317
  - Column データは統計の魂だ — 318

Chapter 16 高度な統計 — 319

Introduction
- コンピュータに丸投げしてはいけない — 320
- 推測統計は標本から母集団を推定する — 320
- 回帰分析は未来を予測可能にする — 321

- 01 母平均の区間推定 — 322
  - 標本の統計値から母集団の平均を推定する — 322
  - Business 日本人成人男性の身長の平均 — 323
- 02 母比率の区間推定 — 324
  - 標本の統計値から母集団の平均を推定する — 324
  - Business テレビの視聴率 — 325
- 03 仮説検定 — 326
  - Business 工場間の製品のばらつき — 327
- 04 単回帰分析 — 328
  - 回帰分析の意味 — 329
  - Business 広告の効果 — 329
- 05 重回帰分析 — 330
  - 重回帰は複数の目的変数がある回帰分析 — 330
  - Business 気象条件と収穫量の関係 — 331
- 06 主成分分析 — 332
  - 主成分分析が目指すところ — 332
  - Business ブランドイメージ調査 — 333
- 07 因子分析 — 334
  - 意味にフォーカスしている因子分析 — 335
  - Business 顧客アンケートの解析 — 335
  - Column 実用数学の最大の敵 — 336

おわりに — 337
索引 — 338

xv

本書の特徴と使い方

数学が使えるとはどういうことか？

　本書の目的は「**数学が使えるようになる**」ことです。現実の世界で、たとえば集客するとか、不良品を減らすといった問題に対して、数学を適用して解決することです。

　それでは「数学が使える」ようになるためには何をすれば良いのでしょうか。「学校で習う問題が解けること」と答える人が多いでしょう。しかし、「学校で習う問題が解けること」と「数学を使えること」は意外なほどに一致しません。

　たとえば、x^5を微分すると、$5x^4$になります。$2x^4$を微分すると$8x^3$です。つまり、x^nを微分するとnx^{n-1}になります。では、$3x^3$を微分するとどうなるでしょうか。掛け算さえできれば、小学生でもすぐにルールを覚えてできるようになることでしょう。

　しかし、この問題ができたからといって「微分」を理解しているのか、そして使えるのか、というとそうではないことは明らかです。そして、難関大学の入試に出るような難しい問題でさえも、それが解けることと本当に数学を理解していることが一致しない場合が多いです。

　一方、現実の問題を解くときにはコンピュータが使えます。学校のテストで重要な計算の速さや正確さは、ここでは重要ではありません。

　数学を実用するときに大事なのは、理論よりも**それがどのような場面で使われるのかという感覚**です。残念ながら、これは今の教育課程ではほとんど教えられることはありません。

　本書では という欄を設け、その項目がどのような場面で使われているのかを説明しました。数学を使う感覚を磨くのに役立ってくれると思います。

> 細かいところに入りすぎない

　現在の数学の問題点は**あまりにも細かいところに重点を置きすぎること**です。もちろん数学という学問は細部が命ではあります。しかし、細部にこだわりすぎて、全体像を見ることがおろそかになっていることは問題です。

　本書では、章の最初にIntroductionをはさみ、その章で学ぶ項目の重要性や他の項目とのつながりを示すようにしました。本文中の説明も細かなルールより、全体像がつかめるように配慮しています。

　一方、表現はわかりやすさを重視し、省略している部分もあります。説明が厳密でない部分もあるでしょうが、読者のわかりやすさを重視したものですので、ご容赦いただければと思います。

> 高校数学は結構すごい

　本書は高校数学を中心としています。実は高校数学はとても高度です。**高校で習う関数や微積分、ベクトルなどを完全に理解していれば、数学を使うために必要な基礎知識はほぼ十分**といって良いでしょう。

　もちろん、統計や数値解析、線形代数など高校で教えられないけれど重要な項目もあります（本書ではそんな項目もある程度カバーしています）。しかし、高校数学をしっかり理解していれば、それらは難なく理解できるはずです。もし苦戦するのであれば、むしろ高校数学の理解が不十分ではないかと疑ったほうが良いと思います。

　また多くの人にとって、数学と一番向き合った時期は入試のときでしょう。本書は受験生をターゲットとしたものではありませんが、受験数学と実用数学の観点を対比させることにより理解が深まると考え、あえて受験生から見た視点も盛り込みました。

　特に、受験数学では重要だけど実用数学では重要でない項目、もしくはその逆の項目に注目してみると面白いかもしれません。

本書の使い方

本書の使い方を下に示します。星や概略を参考に、まずは細部でなく、概要をざっくり把握することを優先してください。

知りたい項目だけを辞書的に調べる使い方でも良いですが、できれば一度通読してもらえると、数学の全体像がつかめて良いと思います。

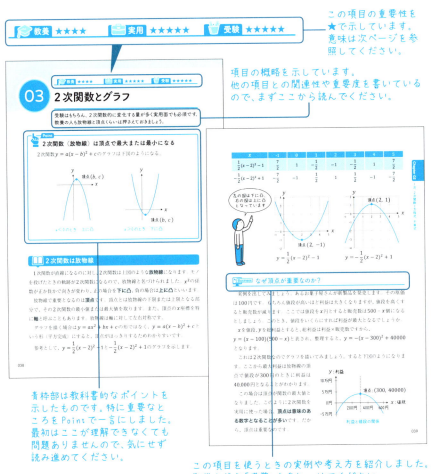

この項目の重要性を★で示しています。意味は次ページを参照してください。

項目の概略を示しています。他の項目との関連性や重要度を書いているので、まずここから読んでください。

青枠部は教科書的なポイントを示したものです。特に重要なところをPointsで一言にしました。最初はここが理解できなくても問題ありませんので、気にせず読み進めてください。

この項目を使うときの実例や考え方を紹介しました。数学を使う「感覚」を身につけてください。

本書では重要性を「教養」「実用」「受験」とターゲット別に分けて示しています。ターゲットと★の数の意味を下に示します。

「教養」の想定ターゲット

- メーカー勤務の管理職。文系で数学は高校止まり。技術のマーケティング職について、技術者と会話する最低限の数学力がほしいという人

    ★★★★★ → 重要な項目です。計算方法も知っておいてください。
    ★★★★　→ 重要な項目です。可能であれば計算もできると良いです。
    ★★★　　→ 計算は不必要ですが。言葉の意味は理解してください。
    ★★　　　→ 余裕があれば言葉の意味を押さえておきましょう。
    ★　　　　→ 教養のレベルでは不必要な知識です。

「実用」の想定ターゲット

- 電気、情報、機械、建築、化学、生物、薬品などの企業で開発や設計、製造工程の管理などに従事しているエンジニア、プログラマー
- データの解析を行うエンジニアやコンサルタントなど

    ★★★★★ → 仕事で日常的に使います。わからないと恥をかきます。
    ★★★★　→ 仕事でよく使います。計算できるようにしましょう。
    ★★★　　→ 仕事で出てくることもあるので勉強しておきましょう。
    ★★　　　→ 仕事でこれを使うことはあまり多くありません。
    ★　　　　→ 仕事でこの知識が求められることはないでしょう。

「受験」の想定ターゲット

- ２次試験に数学がある理系の国立大学を受験する高校生

    ★★★★★ → 基礎の基礎です。考えなくても手が動くようにしましょう。
    ★★★★　→ 頻出です。これがわかっていないと厳しいでしょう。
    ★★★　　→ 試験に出ます。ちゃんと勉強しましょう。
    ★★　　　→ 高校数学の範囲内ですが、試験にはあまり出ません。
    ★　　　　→ 高校数学の範囲外です。

■会員特典データのご案内
本書の読者特典として、特別コラム「PIDで学ぶ微積分」をご提供致します。
会員特典データは、以下のサイトからダウンロードして入手いただけます。

　　https://www.shoeisha.co.jp/book/present/9784798156262

●注意
※会員特典データのダウンロードには、SHOEISHA iD（翔泳社が運営する無料の会員制度）への会員登録が必要です。詳しくは、Webサイトをご覧ください。
※会員特典データに関する権利は著者および株式会社翔泳社が所有しています。許可なく配布したり、Webサイトに転載することはできません。
※会員特典データの提供は予告なく終了することがあります。あらかじめご了承ください。

Chapter 01

中学数学の復習

> ポイントは拡張、抽象、論理

　まずは、中学で習う数学の復習から始めます。基礎の基礎なので、これが直接仕事に役に立つことは少ないです。しかし、この後の数学への基礎となりますので、しっかり理解しておきましょう。

　役に立つ数学を理解するポイントは「**拡張**」、「**抽象**」、「**論理**」の3つです。これから、この視点で中学の数学を見ていきます。

　まず、「拡張」です。小学校では、正の整数、小数、分数までしか習いませんが、中学になると負の数、そして無理数など、少し難しい概念が加わります。

　たとえば、預金残高に"1000"という数字があれば、千円持っていることを意味します。正の数だけだと持っているお金しか表現することはできません。しかし、数を拡張して負の数を考えれば、"－1000"という数字を使って、千円の借金を表現することができます。

　このような「拡張」は数学の中でたくさん出てきます。最初は面倒に感じても、**慣れると必ず人間の思考を助けてくれるもの**です。だから、それを信じて勉強しておきましょう。

　2つ目は「抽象」です。中学になって数学を学び始めると、x、yなどの文字式が多く出てくることに気づくでしょう。

　残念ながら、この文字式が多くの学生を数学嫌いにしている側面もあると思います。それでも、文字式を使わなければならない理由は、**物事を抽象化することにあります。**

　たとえば、あるお店のセールで全品2割引のセールをしていたとします。すると、200円の商品だったら、2割引いて、消費税を足すと支払金額になります。消費税を10%とすれば、$200 \times 0.8 = 160$、$160 \times 1.1 = 176$という計算をすることになるわけです。

　一方、これを文字式で抽象化すると、x円の商品に対して、$x \times 0.8 \times 1.1 = $

$0.88x$ となります。最初の計算は200円の商品の話しかしていませんが、文字式はすべての値段の商品をカバーしています。

　数学がなぜ人間の役に立つか。ひとつの答えは、「**数学で未来を予測できるから**」ということになります。そして、「抽象化」こそが、未来を予測する力の源なのです。

　3つ目は「論理」です。中学で図形の証明問題を解いたことを覚えているでしょうか。正直、こんなことは何の役にも立ちません。
　しかし、**事実と事実から論理的に結論を導く能力は、相手に自分の考えを伝える際にとても重要になります**。証明問題はその土台となる能力を鍛えてくれるトレーニングなのです。

　このように中学レベルの数学にも拡張、抽象、論理がたくさん埋め込まれています。それを意識して勉強してみましょう。なお、1次関数、2次方程式は中学で習いますが、本書ではChapter02で扱います。

教養として学ぶには

　このレベルであれば、言葉はすべて理解してください。できれば計算もできたほうが良いです。正負の混じった計算をしてみたり、方程式を解いてみたりと手を動かしてみると良いでしょう。

仕事で使う人にとっては

　図形関連の項目を除いて、どれも重要です。もし怪しいところがあるならば、確実につぶしておきましょう。

受験生にとっては

　どれも重要項目です。頭で考えなくても、手が反応するくらいのレベルまで習熟してほしいところです。

01 正負の数

教養 ★★★★★　実用 ★★★★★　受験 ★★★★★

必須項目です。最優先でマスターしてください。マイナスとマイナスを掛けるとプラスになります。

> **Point**
>
> **マイナス×プラス＝マイナス、マイナス×マイナス＝プラス**
>
> **負の数の足し算、引き算**
>
> （正負の数）＋（負の数）：負の数の絶対値を引く
> （正負の数）－（負の数）：負の数の絶対値を足す
> 例）$7+(-2)=7-2=5 \quad -7+(-2)=-9$
> 　　$7-(-2)=7+2=9 \quad -7-(-2)=-5$
>
> **負の数の掛け算（割り算でも同じ）**
>
> （正の数）×（正の数）＝（正の数）
> （正の数）×（負の数）＝（負の数）
> （負の数）×（正の数）＝（負の数）
> （負の数）×（負の数）＝（正の数）
> 例）$2×3=6 \quad 2×(-3)=-6 \quad (-2)×3=-6 \quad (-2)×(-3)=6$
>
> **絶対値：符号を外した数（数直線上での距離）**
>
> 例）4の絶対値は4、－4の絶対値も4

(−) × (+) は (−)、(−) × (−) は (+) になります

負の数の計算は数直線で考える

　マイナスに慣れないうちは負の数を足すこと、負の数を引くことの扱いに戸惑うかもしれません。そんなときは**数直線**で考えてみましょう。

　数直線というのは次ページの図のように数字を直線上に並べたものです。この数直線上で正の数を足すということは右に進むこと、正の数を引くということは左に進むことを意味します。たとえば3＋2の場合は3から2つ右に進んで答え

は5、3－2の場合は3から2つ左に進んで答えは1となります。

そして、負の数を足すことは左に進むこと、負の数を引くことは右に進むことを意味します。たとえば1＋（－3）の場合は1から左に3つ進んで答えは－2、1－（－3）の場合は1から右に3つ進んで答えは4となるわけです。

数直線を使う上で気をつけてほしいのは、**右のほうにある数ほど大きい**ということです。つまり、2と5では当然5のほうが大きいですが、－2と－5では－2のほうが大きい数になります。

一方、掛け算は**（－マイナス）×（＋プラス）は（－マイナス）、（－マイナス）×（－マイナス）は（＋プラス）**とだけ覚えておきましょう。ちなみに負の数を3つ掛けた場合は、マイナス2つでプラス、そのプラスともう1つのマイナスで答えはマイナスと考えます。つまり、マイナスが偶数個あればプラス、奇数個だとマイナスとなるわけです。

なお、割り算は掛け算とまったく同じルールです。

Business 銀行ローンと温度

たとえば銀行の普通口座でローンを利用した場合、預金残高が負の数になります。こうすると残高で借金まで管理できるので便利です。

また、温度の℃という単位では0℃で水が凍ります。でも、その温度より低い温度も存在するため、それを0℃からの距離として負の数で表現します。－20℃は0℃より20℃だけ寒い温度というわけです。上で説明した数直線の話と矛盾しないことがわかるでしょう。

02 無理数・ルート（平方根）

必須項目です。教養レベルで十分の方でもルートが何を意味するか、無理数という数が存在することは知っておいてください。

> **Point**
> 無理数は分数で表せないから、"$\sqrt{}$"記号を使う
>
> **数の分類**
> - 整数：……，$-3, -2, -1, 0, 1, 2, 3,$ ……
> - 自然数：$1, 2, 3, 4,$ ……（0を除く、正の整数）
> - 有理数：分数で表せる数　● 無理数：分数では表せない数
>
> **ルートの計算（ここではaとbは正の数）**
>
> $\sqrt{a}$は2乗するとaになる数を表す。
>
> - $\sqrt{a^2} = a$　　　例）$\sqrt{25} = \sqrt{5^2} = 5$
> - $\sqrt{a} \times \sqrt{b} = \sqrt{ab}$　　例）$\sqrt{2} \times \sqrt{5} = \sqrt{10}$
> - $\sqrt{a} \div \sqrt{b} = \sqrt{\dfrac{a}{b}}$　　例）$\sqrt{3} \div \sqrt{2} = \sqrt{\dfrac{3}{2}}$　⚠ $\sqrt{a} + \sqrt{b} = \sqrt{(a+b)}$ は間違い

📖 無理数なんてなければいいのに……

中学になると**ルート**（$\sqrt{}$）が登場します。いかにも難しそうで、見ただけでイヤになってしまった人もいるかもしれません。でも、こんな変な記号を使わざるを得ない事情があったのです。

今から2500年ほど前、当時の有名人ピタゴラスという数学者の弟子が正方形の対角線の長さについて研究していました。そして、対角線の長さは分数では表せないことを証明してしまったのです。

ピタゴラスはすべての数字は整数の比で表せる、つまりすべての数は分数で表現できると主張していたので、その持論と反する事実が出てきてしまったわけです。

ピタゴラスはその事実に深く落胆して、この事実を隠そうとします。しかし、その事実を発見した弟子がその秘密を漏らしてしまったのです。一説によると、ピタゴラスはその弟子を殺してしまったといわれています。とにかく、ピタゴラスはこのルートという数の存在がうとましかったようです。その悲しみたるや「難しい記号が出てきた」と残念がる中学生の比ではないでしょう。

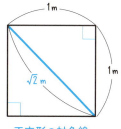

正方形の対角線

ただ、分数で表せない数が存在するのは明確な事実でした。分数で表すことが無理な数なので、その数を**無理数**と呼びました。そして、分数では表せないので、新しい記号"$\sqrt{}$"を使うことにしたのです。

2乗してaになる数をaの**平方根**と呼びます。この平方根はほとんどが無理数です。たとえば10までの自然数だと、1、4、9の平方根はそれぞれ±1、±2、±3となりますが、それ以外の数の平方根はすべて無理数です。

なお、**平方根は2つある**ことに注意してください。つまり、2を2乗すると4になりますが、-2を2乗しても4になります。同様に、$\sqrt{2}$を2乗すると2になりますが、$-\sqrt{2}$を2乗しても2になるのです。学校のテストでは、この負のほうの平方根を忘れて減点される人が多いです。

📖 なぜ分母を有理化しなければいけないのか？

学校の試験では「分母を有理化しなさい」という問題が出てきます。これは、たとえば$\frac{1}{\sqrt{2}}$のような分母に$\sqrt{}$を使った数が入っている場合に、これを整数に直す(この場合は分母と分子に$\sqrt{2}$を掛けて$\frac{\sqrt{2}}{2}$となります)問題です。

なぜ、このようなことをするのでしょう。実は私にもよくわかりません。数が簡単になるといわれていますが、$\frac{1}{\sqrt{2}}$と$\frac{\sqrt{2}}{2}$はどちらが簡単でしょうか。私には前者のほうが簡単に見えますが……。

ただ、学校のテストでは分母に$\sqrt{}$があると減点されてしまうことがありますので、ちゃんと有理化しておきましょう。なお、試験以外で数学を使う人は、分母の有理化は無視してしまって構いません。

03 文字式

 教養 ★★★★　 実用 ★★★★★　 受験 ★★★★★

文字式は数学の基本で、とても重要です。文字式のルールを理解していないとプログラミングもできません。

Point
文字式では "×" は省略、"÷" は分数

① ×は省く
例) $2 \times x \times y \to 2xy$

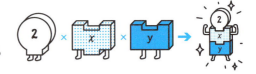

② ÷は使わずに逆数を掛ける
例) $3x \div y \to \dfrac{3x}{y}$

③ 積はアルファベット順に並べる（数字は一番はじめ）
例) $b \times c \times a \times 2 \to 2abc$

④ 同じ文字は累乗にする
例) $a \times a \times a \times b \times b \times 4 \to 4a^3 b^2$

⑤ 1と文字の積は "1" を省く。−1と文字の積も1を省く
例) $1 \times x \times y \to xy$　　$(-1) \times x \times y \to -xy$

📖 文字式を利用する理由

　文字式を使う理由は、**抽象化すること**にあります。これはどういうことか説明します。たとえば50円のキャンディーを3個と80円のチョコレートを2個買ったときの会計は、$50 \times 3 + 80 \times 2 = 310$ 円と計算できます。しかし、この式はキャンディー3個とチョコレート2個を買ったときにしか成り立ちません。

　一方、文字式を使って、50円のキャンディー x 個と80円のチョコレート y 個を買ったときの会計を考えると $50x + 80y$ 円となります。この答えはキャン

ディーやチョコレートを何個買っても成り立つわけです。これが抽象化です。

文字式を使うとその数字が何かわかっていなくても、取りあえず式を書くことができます。

📖 抽象化するメリット

抽象化すると何がすごいかについて例を挙げます。

奇数と奇数を足すと偶数になるでしょうか、それとも奇数になるでしょうか。答えは簡単ですね。偶数になります。でも、これをどうやって示せば良いでしょうか。

ひとつの方法として、片っぱしから調べてみるというやり方があります。$1 + 1 = 2$ だから偶数、$1 + 3 = 4$ だから偶数……、と続けるわけです。でも、100個調べても101個目は違うかもしれない。1,000個調べても1,001個目は違うかもしれない、といくら調べてもきりがないのです。

ここで2つの奇数を文字式 n と m を使って、$2n - 1$、$2m - 1$ と書いてみましょう。ここで n と m は自然数($1, 2, 3, \ldots$)です。このとき、$2n - 1$ や $2m - 1$ は $1, 3, 5, \ldots$ と増えていき、確かにすべての奇数を表しています。

次に、この2つの数を足してみましょう。すると下のようになります。

$$(2n - 1) + (2m - 1) = 2(n + m) - 2 = 2(n + m - 1)$$

ここで、n と m は自然数ですから $n + m - 1$ も自然数です。自然数に2を掛けた数は必ず偶数になりますから、2つの奇数を足すとそれがどんな奇数であっても、答えは偶数になると結論づけられます。これが数学における文字式のパワーなのです。

🖥️ Business プログラムは文字式を使って書く

コンピュータのソフトを作るときにプログラミングをします。このとき、レジスタやメモリと呼ばれる記憶領域のデータの演算は文字式で記述します。だから、**文字式の習得はプログラマーには必須です**。

教養 ★★　実用 ★★★★　受験 ★★★★★

04 交換法則と分配法則、結合法則

計算には必須の法則です。ただ、当たり前すぎて、多くの人は「法則」としては認識していないかもしれません。

Point 名前は仰々しいが当たり前のこと

交換法則

$a + b = b + a \quad a \times b = b \times a$

例）$2 + 3 = 3 + 2 = 5 \quad 2 \times 3 = 3 \times 2 = 6$

分配法則

$a(b + c) = ab + ac$

例）$2(3 + 4) = 2 \times 3 + 2 \times 4 = 6 + 8 = 14$

結合法則（どこにカッコをつけても同じ）

$a + b + c = a + (b + c) \quad abc = a(bc)$

例）$2 + 3 + 4 = 2 + (3 + 4) = 2 + 7 = 9$
$2 \times 3 \times 4 = 2 \times (3 \times 4) = 2 \times 12 = 24$

仰々しい名前だ！

当たり前の交換法則

　上記の法則は当たり前だと思うでしょう。2×3は3×2と同じです。でも、これが成り立つのは足し算と掛け算だけで、引き算と割り算では成り立たないことに気をつけましょう。つまり、$2 - 3$と$3 - 2$は同じではありませんし、$2 \div 3$と$3 \div 2$も同じではありません。

　分配法則や結合法則も同じです。当たり前じゃないかと思われるでしょうが、これらは足し算と掛け算にしか成り立ちません。

　ほとんどの人にとって、これらの法則は体に染みついているのではないかと思

います。確かに数学という学問としては、これらの当たり前の法則を深く研究すると、哲学のような問題が見えてくることもあります。でも、大学で本格的に数学を学ぶレベルの人以外は空気のようなものとして扱っても良いでしょう。

📖 なぜ、文字式では"÷"を使わないのか？

前節で、文字式では"÷"という記号は使わないという話をしました。実際、教科書などを眺めてもらうとわかりますが、中学や高校の数学では"÷"という記号は使わなくなります。これはなぜでしょうか。

個人的には、割り算は交換法則や結合法則が成り立たず不便だからという理由からだと考えています。

これらの法則が成り立たないのは引き算も同じですが、引き算の場合は、たとえば$2-3$を$2+(-3)$と、負の数を使って足し算に変えてやると、交換法則や結合法則が成り立つようになります。

それでは割り算はどうでしょうか。ご存じかもしれませんが、割り算は**逆数**を掛けることにより、掛け算に変換することができます。

つまり、$3÷2 = 3 × \frac{1}{2}$ となるわけです。ここで逆数ということは分数が登場します。つまり、割り算は分数で表すことができるのだから、全部分数にしてしまえば良いではないか、ということになったのです。

数学では使う記号は少なければ少ないほど良いです

もともと数学はシンプルさを重視する学問なので、記号は少ないほど良いと考えられています。だから、"÷"は使われなくなったのでしょう。

また、割り算の記号が統一されていない、という理由もあります。

たとえば、ドイツでは"6÷2="という計算は"6:2="と記述します。このように、統一されていない記号を使うと混乱が生じるので、"÷"を使うのはやめようということになったのです。

とにかく小学校を卒業したら、なるべく早く"÷"も卒業するようにしましょう。

05 乗法公式と因数分解

試験の計算には必須の法則です。しかし、受験生以外は、言葉を知っておく程度で十分です。

Point
たすき掛けは頭でなく、手で覚える

乗法公式（①がすべての基礎、②〜④は①から導かれる）

① $(a+b)(c+d) = ac + ad + bc + bd$
② $(ax+b)(cx+d) = acx^2 + (ad+bc)x + bd$
例) $(x+2)(2x+3) = 2x^2 + (3+4)x + (2 \times 3) = 2x^2 + 7x + 6$
③ $(x+a)^2 = x^2 + 2ax + a^2$
例) $(x+3)^2 = x^2 + (2 \times 3)x + 3^2 = x^2 + 6x + 9$
④ $(x+a)(x-a) = x^2 - a^2$
例) $(x+3)(x-3) = x^2 - 3^2 = x^2 - 9$

因数分解

乗法公式の逆をすること。
特に②の場合、たすき掛けという方法を使うと、
$acx^2 + (ad+bc)x + bd$
$= (ax+b)(cx+d)$
となる。

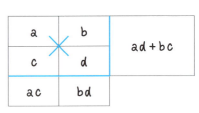

たすき掛け

考えるのではない。手を反応させるのだ！

乗法公式とは積の形で表された文字式を展開して、和の形にすることです。逆に**因数分解**は和の形で表された文字式を積の形に組み立てることです。

この計算は試験でよく使います。あまりにも頻出するので、考えていてはダメ

です。目と手で反応するくらいに習熟しなくてはなりません。そうでないと時間がなくなってしまいます。

因数分解を「どう考えるのですか？」と質問する学生がいますが、これはスポーツのようなものなので、ひたすら慣れるしかないです。理屈を考えるのではなく、手が反応するまで体にたたき込むということです。

なぜ、因数分解をするのか？

乗法公式は式を展開して計算するときに必要です。

一方、因数分解は何に使うのでしょうか。文字式を積の形にして何がうれしいのでしょうか。ヒントは"0"にあります。

たとえば、$abcd$、つまり$a \times b \times c \times d$という式があったとします。このときに$a, b, c, d$いずれかが0になると、$abcd$も0になってしまいます。

たとえば、$x^2 - 3x + 2$という文字式を見ても何のことだがよくわかりませんが、$(x-2)(x-1)$と因数分解をしてやると、$x=1$か$x=2$のときに0になることがわかるのです。

「それがわかってどうなる！」といわれると答えに窮するのですが、この考え方が役に立つことがあるのです。一番わかりやすい例は、後で登場する**2次方程式を解くことができること**です。

Business 社員の努力と会社の利益の関係を因数分解する

ある現象を数式で表したとき、積の形で表すと面白いことが見えてきます。

たとえば、従業員の努力がa、経営者の努力がb、世の中の流れがcとして、会社の利益は、abc、つまり$a \times b \times c$で表されるとします。

すると、どれか1つの数値が0だと、成果は完全にゼロになります。つまり、どれだけ従業員が頑張っても経営者が何もしないとゼロだし、みんな頑張っても、世の流れが自社に向かないと、やはり成果はゼロとなります。因数分解はこんな視点を与えてくれるのです。

06 1次方程式

方程式の中で一番基礎の項目です。この程度であれば教養レベルの人も問題を解く練習をしておいたほうが良いでしょう。

Point
移項すると符号が変わる

方程式を解くために必要な等式の性質

① $A = B$ ならば $A \pm C = B \pm C$ は成り立つ

　等式の両辺に同じ数を加えても（引いても）、等式は成り立つ。

例）$2x - 1 = x + 2$ なら $(2x - 1) + 1 = (x + 2) + 1$

② $A = B$ ならば $A \times C = B \times C$ は成り立つ

　等式の両辺に、同じ数を掛けても（割っても）等式は成り立つ。

例）$2x - 1 = x + 2$ なら $(2x - 1) \times 2 = (x + 2) \times 2$

③ $A = B$ ならば $B = A$ は成り立つ

　等式の左辺と右辺を入れ替えても、等式は成り立つ。

例）$2x - 1 = x + 2$ なら $x + 2 = 2x - 1$

移項の方法

$A + B = C + D$ ならば $A = C + D - B$

右辺から左辺（左辺から右辺）に項を移すと符号が変わる。

例）$2x - 1 = x + 2$ なら $2x = x + 2 + 1$ そして $2x - x = (2 + 1)$

方程式で使う用語

- 等式：等号「=」を使って数の関係を表した式。たとえば「$2x + 1 = 5$」
- 項　：たとえば、方程式「$2x + 1 = 5$」の $2x$ や1や5のこと
- 係数：たとえば、方程式「$2x + 1 = 5$」の文字の項 $2x$ にかかる数「2」
- 解　：方程式を満たす答えのこと。「$2x + 1 = 5$」なら「$x = 2$」
- 左辺、右辺、両辺：たとえば、方程式「$2x + 1 = 5$」の左辺は「$2x + 1$」、右辺は「5」、左辺と右辺を合わせて両辺

📖 方程式は未知数を求めるための等式

今までの文字式の計算問題は「$2x + 5x + 2 + 1$」のように、ある文字式の左辺だけがあって式を簡単にしなさい、という問題でした。

これが方程式の問題では「$2x - 1 = x + 2$」のように両辺を含む等式が存在して、この等式を満たすxを求めなさいという問題になります。

そこで使われるのが、Pointで紹介した等式の性質とそれから導かれる**移項**というテクニックです。実際は「移項」と「**両辺に同じ数を掛ける**」という操作で、すべての1次方程式を解くことができます。なお、1次方程式の1次とは、方程式「$2x - 1 = x + 2$」の未知数xの次数が1次であることを意味しています。「$x^2 + x = x + 5$」のように2次の項を含むと2次方程式になります。

💻 Business 商品の値段を求める

実際に方程式を使ってみましょう。

(問題) ある商品を半額で買ったら、定価より90円安くなった。この商品の定価はいくらだったか。

この商品の定価をx円とすると、半額は$\dfrac{x}{2}$円、定価より90円安くなった金額は$x - 90$円と表される。この金額が等しいから、

$$\dfrac{x}{2} = x - 90$$

$$\dfrac{x}{2} - x = -90 \quad (\text{右辺の}x\text{を左辺に移項})$$

$$-\dfrac{x}{2} = -90$$

$$x = 180 \quad (\text{両辺に}-2\text{を掛けた})$$

1次方程式は2つのテクニックで解くことができます

こうやって、$x = 180$という数が出てきたので、この商品の定価は180円と求めることができます。先ほど説明したように1次方程式は、「移項」と「両辺に同じ数を掛ける」という2つのテクニックで解くことができます。

07 連立方程式

教養レベルの人でも簡単な問題は解けたほうが良いです。少なくとも、連立方程式は複数の未知数を含む方程式であることを覚えましょう。

> **Point**
> ## 連立方程式は未知数の数だけ方程式がある
>
> 連立方程式とは、2つ以上の未知数と方程式を組み合わせた式
>
> $$\begin{cases} 2x + y = 5 \\ x + 2y = 3 \end{cases}$$
>
> 連立方程式の解き方には、加減法と代入法がある。
> - 加減法：2つの式を足したり引いたりして、文字を消去して解く
> - 代入法：一方の式をもう一方の式に代入して、文字を消去して解く

📖 連立方程式は未知数が複数存在する方程式

　前節で説明した基本的な1次方程式は変数（未知数）が1つ（xのみ）しかありませんでした。それに対し、複数の未知数を含んだ複数の方程式を**連立方程式**といい、解き方には、**加減法**と**代入法**の2種類があります。

　Pointの例では変数が2つ（xとy）で、式も2つあります。なぜ2つあるかというと、変数が2つある場合、条件（式）も2つないと解を求めることができないからです。

　変数が3つ以上ある連立方程式もあって、その場合は変数の数だけ式がないと解けません。実用数学では変数が数十個などという連立方程式を解きますが、人の手だと非常に手間がかかるため計算はコンピュータに任せます。ただ、いくら変数が増えて複雑になっても、解き方の基本は変わりません。変数が2つの例を通して基本を身につけておきましょう。

Business りんごとみかんの値段を求める

　実際に連立方程式を使ってみましょう。当然、加減法でも代入法でも答えは同じになります。

（問題）りんごとみかんをあわせて10個買いました。りんごは60円、みかんは40円で、合計金額は460円でした。りんごとみかんをそれぞれ何個買ったか。

りんごを x 個、みかんを y 個買ったとすると、
買った数は全部で10個だから、$x + y = 10$
60円のりんごを x 個、40円のみかんを y 個買うと460円になるから、
$60x + 40y = 460$　よって解くべき連立方程式は下のようになる。

$$\begin{cases} x + y = 10 & \cdots ① \\ 60x + 40y = 460 & \cdots ② \end{cases}$$

（加減法による解法）

　①の両辺を60倍した式①'から②式を引いて、

$$\begin{array}{r} 60x + 60y = 600 \quad \cdots ①' \\ -\underline{)\ 60x + 40y = 460 \quad \cdots ②} \\ 20y = 140 \end{array}$$

よって、$y = 7$
これを①に代入して $x + 7 = 10$　よって　$x = 3$
以上より、りんごは3個、みかんは7個となる。

（代入法による解法）

　①より $y = 10 - x$
　これを②に代入して　$60x + 40(10 - x) = 460$
　これを整理して $20x = 60$　よって　$x = 3$
　これを①に代入して、$3 + y = 10$　よって　$y = 7$ となる。

08 比例

後で登場する1次関数の前段階として重要です。また「比例」という言葉はよく使われるので、定義をしっかり理解しましょう。

Point

比例は x が2倍になると y も2倍になる

x と y が「$y = ax$（a は比例定数と呼ぶ）」という式で表されるとき、y は x に比例するという。

比例のグラフ

- a（比例定数）の正負により、下図のように変化する
- 必ず原点$(0, 0)$を通る
- x が2倍、3倍、……になると、y も2倍、3倍、……になる

身近な比例の例

比例は1次関数の一種で、Pointのような特徴がある関係を指します。たとえば、東から西に時速4kmで歩く人が x 時間後までに歩いた距離（km）を y とすると、$y = 4x$ と表されるので比例関係にあります。この場合は、比例定数は4になります。

この $y = 4x$ のグラフと比例定数を-4にした $y = -4x$ のグラフを描いてみま

す。参考に比例定数を半分にした$y = 2x$と$y = -2x$のグラフも示します。

x	−3	−2	−1	0	1	2	3
$y = 4x$	−12	−8	−4	0	4	8	12
$y = -4x$	12	8	4	0	−4	−8	−12

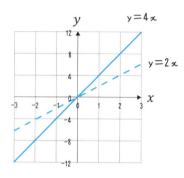
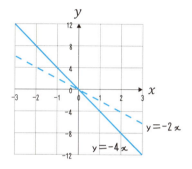

これを見ると確かにPointで示した性質が成り立っていることがわかります。

座標とは何か？

本節ではじめてグラフが登場したので、以降で頻繁に登場する座標の用語について簡単に説明します。**座標**は1-1で説明した数直線を縦と横に交差させて表現します。

右図のように横の数直線を**x軸**、縦の数直線を**y軸**とします。

そして、この座標上で$x = 1$で$y = -2$を表す点は$(1, -2)$と表します。この順番は(x, y)になると決まっており、逆には書きません。

座標の中でx軸とy軸が交わる点、つまり$(x, y) = (0, 0)$の点を特に**原点**と呼びます。比例の関係にあるグラフは必ず原点を通ります。

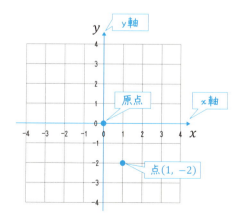

反比例

受験では比例より若干重要度は低いです。しかし、実用的な観点から見ると反比例する量はたくさんあるので重要な概念です。

Point

 反比例はxが2倍になるとyは$\frac{1}{2}$倍になる

xとyが「$y = \dfrac{a}{x}$（aは比例定数と呼ぶ）」という式で表されるとき、yはxに反比例するという。

反比例のグラフ

- a（比例定数）の正負により、下のように変化する
- 分母が0となってはいけないので、$x = 0$では定義されない
- xが2倍、3倍、……になると、yは$\dfrac{1}{2}$倍、$\dfrac{1}{3}$倍、……になる
- xが0に近づくとyの絶対値は急激に大きくなる
- xの絶対値が大きくなるとyはどんどん0に近づいていく

身近な反比例の例

反比例は$y = \dfrac{a}{x}$で表され、Pointのような特徴がある関係を指します。たとえ

ば、現在地から西に8km離れた地点に行くのに、$x$km／時の速さで進んだときにかかる時間をyとすると、$y = \dfrac{8}{x}$となるので反比例の関係になります。この場合は、比例定数は8になります。

この$y = \dfrac{8}{x}$のグラフと比例定数を-8にした$y = -\dfrac{8}{x}$のグラフを描いてみます。

x	-8	-4	-2	-1	0	1	2	4	8
$y = \dfrac{8}{x}$	-1	-2	-4	-8	–	8	4	2	1
$y = -\dfrac{8}{x}$	1	2	4	8	–	-8	-4	-2	-1

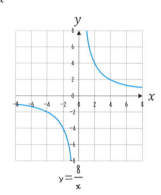

$y = \dfrac{8}{x}$

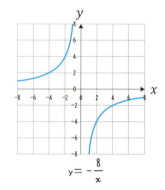

$y = -\dfrac{8}{x}$

確かにPointで示した性質が成り立っていることがわかります。

なお、数学には**分母が0になってはいけない（0で割れない）という絶対的なルール**があるので、$x = 0$のときにはyが定義されません。

Business はじきの法則＝比例・反比例

比例や反比例を理解するために、一番わかりやすい例が速さと時間と距離の関係です。小学校のときに「**はじきの法則**」として習ったかもしれません。

この関係を見てみると、「速さが一定なら、距離は時間に比例する」「距離が一定なら、速さは時間に反比例する」といえます。

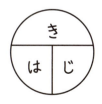

き（距離,km） = は（速さ,km/h） × じ（時間,h）
は（速さ,km/h） = き（距離,km） ÷ じ（時間,h）
じ（時間,h） = き（距離,km） ÷ は（速さ,km/h）

10 図形の性質（三角形、四角形、円）

高校になると図形の問題は少なくなります。実用面でも図形の性質を使うことはまれですが、この程度は教養として知っておきましょう。

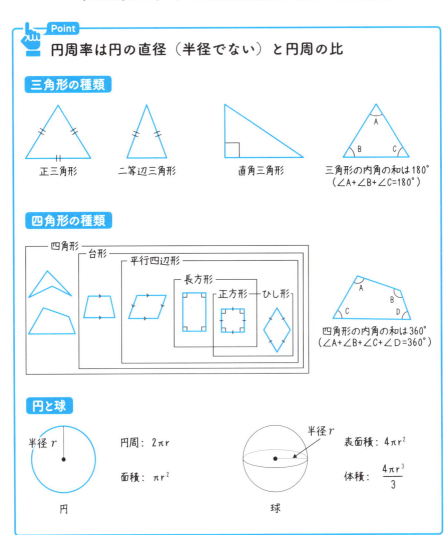

📖 図形で最低限押さえておきたいこと

　図形の性質は実用数学として使うことは多くありませんし、高校になると試験でも図形の問題が出ることは少なくなります。

　したがって、本書では中学で学ぶ項目のうち、平面図形や空間図形、作図などの多くの項目は省いています。それでも、最低限の教養的な知識として、本節で紹介している程度のことは押さえておきましょう。

　三角形については、**正三角形は三辺の長さが等しい三角形、二等辺三角形は二辺の長さが等しい三角形、直角三角形は直角（90°）を含む三角形**、ということを覚えておきましょう。直角三角形はこの後、三平方の定理や三角関数のところでも出てきます。また、**三角形の内角の和が180°**になることを確認しておきましょう。

　四角形は、**台形は一組の向かい合う辺が平行な四角形、平行四辺形は二組の向かい合う辺が平行な四角形、ひし形は辺の長さがすべて等しい四角形、長方形は4つの角の角度が90°の四角形、正方形は四辺の長さが等しく4つの角の角度が90°の四角形**、ということを確認しておきましょう。また、**四角形の内角の和は360°**になります。一般に五角形、六角形などn角形の内角の和は$180(n-2)°$となります。

　円や球で重要なのは円周率です。小学校で習いますが、意外にその定義を覚えていない人が多いようです。**円周率は円の直径と円周の比**です。つまり、直径1cmの円の円周が3.14……cmとなるわけです。円周率は無理数で、ギリシャ文字のπ（パイ）という記号で表します。

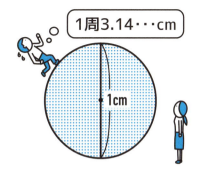

　πを使って円や球の面積、体積などはPointのように表されます。球については受験生以外は覚える必要はなく、必要になったときに調べれば良いでしょう。

11 図形の合同と相似

教養 ★★★　実用 ★★　受験 ★★

図形の知識を直接使うことはほとんどありませんが、相似という言葉はよく出てくるので確認しておきましょう。

> **Point**
> ## 相似とは大きさが違っても形が同じ図形
>
> **合同**
>
> 2つの図形について、一方を移動、回転、反転させて、他方にぴったりと重ね合わせられるとき、この2つの図形は合同であるという。
>
>
>
>
> 三角形ABCと三角形DEFは合同　記号「≡」は合同を意味します
>
> △ABC ≡ △DEF
>
> **相似**
>
> 2つの図形について、1つの図形を一定の割合で拡大・縮小すると合同になるとき、その2つの図形は相似であるという。
>
>
>
>
> 三角形ABCと三角形DEFは相似　記号「∽」は相似を意味します
>
> △ABC ∽ △DEF

📖 相似という言葉の意味

ここでは合同と相似という言葉を紹介します。**合同**という言葉はわかりやすいでしょう。つまり、まったく同じ図形というわけです。

一方で**相似**という概念は少しわかりにくいかもしれません。パソコンやスマー

トフォンなどで写真を拡大や縮小することを思い浮かべてください。このような拡大や縮小の操作を行って、重ねられる図形を相似といいます。直観的な表現ですが、「大きさは違っても、形は同じ図形」と表現できます。たとえば、すべての円は相似です。そして、すべての球も相似になります。

相似を学ぶときには、**相似比**という言葉も覚えてください。これは相似な図形の線の比になります。先ほど、すべての円は相似だという話をしましたが、この場合、その半径の比が相似比になります。三角形の場合は対応する辺の長さの比が相似比になります。

そして、**相似比が$1:n$のとき、面積比は$1:n^2$、体積比は$1:n^3$**となることを覚えてください。つまり、ある図形の辺を2倍にした場合、その図形の面積は4倍、体積は8倍となるのです。

Business 巨大な飛行機が作れない理由

世界一大きい船の大きさを知っているでしょうか。それはなんと全長450m、幅が60mを超えるといいます。東京タワーの高さが333mですからその1.5倍近い長さになります。

これに対して世界一大きい飛行機の全長は85m程度と、船と比べると小さめにできています。もちろん滑走路を長くしないといけない、などという事情もあるのですが、飛行機には巨大化に向かない物理的な理由があります。

先ほど、体積は相似比の3乗に比例するという話をしました、ここで船の場合には重さは体積に比例し、浮力も体積に比例します。ですから、船を単純に大きくしてやれば必要な浮力が得られるわけです。

一方、飛行機の場合は様子が変わってきます。飛行機も重さは体積に比例しますが、浮力(揚力)は翼の面積に比例するので相似比の2乗でしか大きくなりません。つまり、単純に同じ形で大きさを大きくするだけでは、必要な浮力が得られなくなるのです。このような理由から、飛行機は船と比べると、本質的に巨大化に向かないといえるのです。

世界一大きい船
：全長450m

世界一大きい飛行機
：全長85m

12 証明

📖 教養 ★★★　💼 実用 ★　✏️ 受験 ★★★★★

受験生はもちろん論理的思考のトレーニングになるので、教養レベルの方もチャレンジしてみてもいいでしょう。ただ、実用性は低いです。

Point
数学で証明されたことは絶対に覆らない

数学における証明とは？

仮定を出発点として、既に正しいとわかっている性質をもとに、筋道を立てて結論を導くことです。

証明で出てくる言葉

- 定義：言葉の意味を明示したもの

例）二等辺三角形の定義は二辺が等しい三角形。つまり二等辺三角形の二辺は等しいといって良い。

- 定理：定義をもとに証明された事柄

例）二等辺三角形の底角は等しい（これは二等辺三角形の定義から証明される）。

📖 なぜ証明を学ぶのか？

証明は**数学の命**です。大学などの研究機関で数学を研究する専門家は、定理を証明することを仕事にしています。しかし、私のように実務で数学を使う人にとってはあまり意味はありません。なぜなら、数学を「使う」人は既に証明された定理を使うのが仕事だからです。

それではなぜ、中学や高校の数学で証明を扱うのでしょうか。それは数学の証明問題が論理的思考のトレーニングに最適だからです。矛盾や飛躍のない説明を行うためには、数学の証明の練習が最適です。

また、コンピュータは数学の論理で動いています。プログラミングをする際には、数学の証明で身につけた論理展開が役立つことでしょう。

📊Business 二等辺三角形の底角は等しいことの証明

△ABCが二等辺三角形であるならば、∠B=∠C（底角が等しい）であることを証明してみましょう。

（証明）
∠Aの二等分線を引き、辺BCとの交点をPとすると、
△ABPと△ACPにおいて
△ABCは二等辺三角形だから、
AB=AC……①
APは両三角形において共通だから、
AP=AP……②
APは∠BACの二等分線だから、
∠BAP=∠CAP……③
①〜③より、二組の辺とその間の角がそれぞれ等しいから、
△ABP≡△ACP
合同な三角形に対応する角の大きさは等しいから、
∠B=∠C
（証明完了）

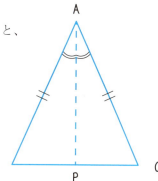

　数学の世界で証明されたことは**定理**となり、絶対的な真理として次の仮説の証明に使えます。数学の定理のすごいところは、**絶対に例外がないところ**です。

　数学以外の論理では「温度が上がる」→「アイスクリームが売れる」→「お菓子メーカーが儲かる」など、ひとつひとつの論理が100％ではなく、必ずしも仮定と結論が成り立つとは限りません。しかし、数学の論理は100％成り立つので、A→B→C→……→Zと、どれだけ論理をつなげても仮定が正しければ結論は100％正しいといえます。

13 三平方の定理

三平方の定理は図形の問題にとどまらず、ベクトルの長さを求めたり、三角関数の基礎となったりと非常に重要な定理です。

> **Point**
> ## 斜線の長さは三平方の定理で求める
>
> **三平方の定理**
>
> 直角三角形の直角をはさむ2つの辺の長さをa、bとして、斜辺の長さをcとする。このとき、a、b、cに次の式が成り立つ。
>
> $$a^2 + b^2 = c^2$$
>
> つまり $c = \sqrt{a^2 + b^2}$
>
>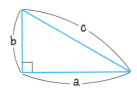

三平方の定理は重要

今まで図形の話は、あまり役に立つものではないといってきましたが、この三平方の定理だけは違います。単に三角形の斜辺の長さを求める定理にとどまりません。これは、**何かの「長さを求める」ときの基本となる定理**ですし、**三角関数の基本**ともなります。また、ベクトルの大きさや統計の分散、標準偏差を求めるときなど、他分野においても重要な概念となります。目的が教養、実用、受験、何であっても重要なので、しっかり押さえておきたい定理です。

三平方の定理は、まったく難しいものではありません。直角三角形において、斜辺以外の二辺の長さをa、bとし、斜辺の長さをcとしたときに$a^2 + b^2 = c^2$となるというだけのことです。教科書や参考書には証明が書いてあると思いますが、一度目を通せばあとは忘れても問題ありません。

三平方の定理を空間図形に拡張してみる

三平方の定理の重要性を説明しましたが、定理自体は簡単で話がすぐに終わってしまうので、少し発展させた空間図形の長さの求め方の話をしたいと思います。

右のような直方体があったとします。各辺の長さはAEがa、EFはb、FGはcです。このときに対角線ECの長さはどう表されるでしょうか。

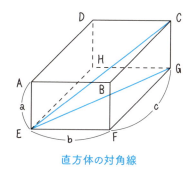

直方体の対角線

この場合三平方の定理を2回使って解きます。まず、三角形EFGに着目すると、これは∠Fを直角とする直角三角形なので、EFの長さがb、FGの長さがcであることから三平方の定理を使って、EGの長さは$\sqrt{b^2+c^2}$と表されます。

次に三角形CGEに注目すると、これは∠Gを直角とする直角三角形になっていることがわかります。そして、CGの長さがa、EGの長さが先ほど求めた$\sqrt{b^2+c^2}$であることから三平方の定理を使って、対角線ECの長さは$\sqrt{a^2+b^2+c^2}$と表されます。

ポイントは、平面であっても、立体であっても、**長さは辺の2乗の和の平方根で表される**ということです。この形はこれからベクトルの絶対値、標準偏差などいろいろな場面で登場します。

Business テレビの画面の大きさ

テレビの画面の大きさは、「〇〇インチ」といいます。実は、この長さは画面の対角線の長さです。つまり、三平方の定理より、縦と横の長さを2乗して足したものの平方根になります。ですから、4:3画面と16:9画面（より横に長い）では同じインチ数でも、4:3画面のほうが画面の面積は広いです。

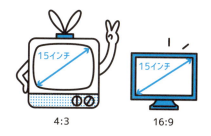

4:3   16:9

絶対値は距離である

正負の数を勉強すると「絶対値」という言葉が登場します。中学では単に「符号を外した数」と教えられがちです。でも、「絶対値」はこれからずっと登場する概念なので、根本的に理解してほしいと思います。

では、絶対値をどう考えれば良いか。それは「距離」です。符号を外した数ではなく「距離」として理解してください。

というのも、絶対値という概念は正負の数だけでなく、この後で出てくる平面図形、空間図形、ベクトル、行列、複素数などでも使われるからです。それらの絶対値に共通する要素が「距離」なのです。

下図の一次元では、aを正の数とするとき、$-a$を意味する点Aの絶対値は0（原点）から距離がaにあるのでaとなります。そして、これは$\sqrt{a^2}$と表されます。

これが二次元になると点A(a, b)と原点の距離は$\sqrt{a^2+b^2}$になります。そして三次元になると点A(a, b, c)の原点の距離は$\sqrt{a^2+b^2+c^2}$と表されるわけです。この距離が点Aの位置ベクトルの絶対値となります。これらは三平方の定理の式です。「距離」は三平方の定理と深く関係しています。

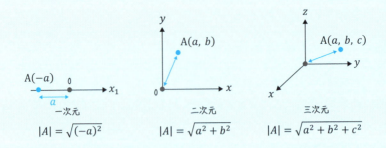

絶対値をただ「符号を外した数」として理解しても問題は解けますが、その先の応用には結びつきません。ぜひ、「絶対値は距離」という感覚を身につけてください。

Chapter 02

1次、2次関数と方程式、不等式

Introduction

関数は何のために使うのか？

　数学を学び始めると、**関数**という言葉が出てきます。多くの人は、最初はこの言葉に違和感があったものの、そのうち慣れたというのが現状ではないでしょうか。しかし、改めて「関数とは何か」と問われると答えに困ってしまうことでしょう。

　後で説明しますが、関数とはある数を入れると、ある数が出てくる箱のようなものです。そしてこの関数を通じて、人は未来を見ています。

　たとえば、ハレー彗星を知っているでしょうか。これは約75年おきに地球に接近する彗星で、最近の接近は1986年、次の接近は2061年といわれています。なぜ、こんなことがわかるのでしょうか。それは時間と彗星の位置を表す関数があるからなのです。

　このように、**未来を予測するため、直接見られないものを見るために関数を使いながら、人類は発展してきました。**

1次関数と2次関数が重要なわけ

　さて、この章で紹介するのは1次関数と2次関数が主になります。この1次関数と2次関数は非常に重要です。理由は2つあります。

　1つ目の理由は、**1次や2次の関数で変化するものがたくさんある**ということです。1次関数は直線なので、直線的に変化するものはすべて1次関数で表現できます。また、2次関数のグラフは放物線と呼ばれ、ものを投げたときの軌跡は2次関数に従います。

　2つ目の理由は、**1次関数、2次関数が簡単であること**です。本章でもこれからいろいろな関数を紹介します。その中でも最も簡単なものが1次関数、2次関数なのです。したがって、多少誤差があっても、簡略化のために1次関数や

2次関数を無理やり当てはめるケースもあります。

このように本章は数学を学ぶ上で非常に重要なので、他の章を後回しにしてでも勉強するようにしてください。さらに、3次以上の高次関数についても本章で扱っています。

方程式と不等式はグラフで考えると理解しやすい

本章では方程式、不等式もあわせて説明しています。なぜなら、関数のグラフと一緒に理解したほうが頭に入りやすいからです。

方程式はグラフを描いたときのx軸($y=0$)との交点と理解すると良いでしょう。不等式は扱いが複雑ですが、グラフにするとすっきりと整理できます。

 教養として学ぶには

1次関数や2次関数のグラフが頭に浮かぶことがゴールです。1次関数は直線の変化、2次関数は放物線の変化であることを学びましょう。用語としては切片、傾き、頂点くらいの言葉は押さえておきましょう。

仕事で使う人にとっては

非常に重要な項目です。ここに不安があると、数学で仕事をすることはできないといっても過言ではありません。不安がある人はパソコンなどでグラフを描きながら勉強すると、より理解が深まるでしょう。

 受験生にとっては

1次関数、2次関数は頻出の上に基礎的な事項ですから、完璧にしてください。式だけでは難しいのであれば、グラフを描いてみることをお勧めします。高次関数の問題も見かけるので、こちらも慣れておきたいところです。

01 関数とその定義

関数という言葉の定義の問題です。すんなり受け入れられれば読み流してしまっても問題ありません。

> **Point**
> **関数は数字を入れると数字が出てくる箱**
>
> 2つの変数xとyがあり、ある変数xの値についてyの値が1つに決まるときに、yをxの関数と呼び、$y = f(x)$と表す。
>
> この場合、xにaという値を代入したときの値を$f(a)$と表す。

関数とは何か?

関数は一言でいうと「**数字を入れると、数字が出てくる箱のようなもの**」です。具体的な例で考えてみましょう。1本130円のジュースをx本買ったときの合計金額は関数で表されます。

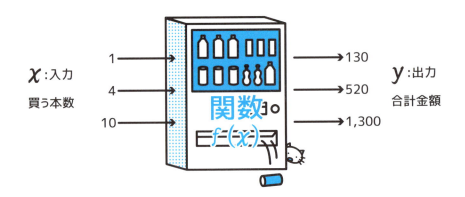

1本買うときは130円、4本買うときは520円、10本買うときは1,300円と本数を入れると合計金額が出てくる箱、これを関数と呼んでいます。

これは非常に簡単な例のため、「わざわざ関数なんて持ち出さなくても」と思う

かもしれません。しかし、数学は抽象化する学問なので、こんな関係を"$y = f(x)$"とひとくくりにして表現するのです。なお、f はfunction（機能）の頭文字といわれています。関数の数が増えれば、任意のアルファベットを用いて表記して良いです。実際に $y = g(x)$、$y = h(x)$ といった表記はよく見かけます。

逆関数、多変数関数、合成関数

さらに、少し高度な関数を紹介します。

まず**逆関数**です。先ほどの説明では買う本数を x として、合計金額 y を出力する箱を $f(x)$ としました。この逆関数は合計金額を x として、そこから買った本数を y とした関数です。この逆関数は"$y = f^{-1}(x)$"と表記します。

次に**多変数関数**です。先ほどは合計金額に対するインプットが買う本数だけでした。今回はミルクのトッピング有無を y で表します。そしてトッピング有だと20円高くなるとします。するとトッピング有（$y = 1$）の場合は1本150円、トッピング無（$y = 0$）の場合は1本130円となります。この合計金額を算出する関数を"$f(x, y)$"と表記します。

最後は**合成関数**です。今度は入力を子どもの数として、ジュースは1人2本ずつ買うとします。すると、子どもの数からジュースの本数を出力する関数 $g(x)$ とジュースの本数から合計金額を算出する関数 $f(x)$ を合成したものとなります。この関数を合成関数と呼んで"$y = f(g(x))$"と表記します。

逆関数や合成関数はやや難しい概念ではありますが、こうやって具体化すればすんなり理解できることでしょう。

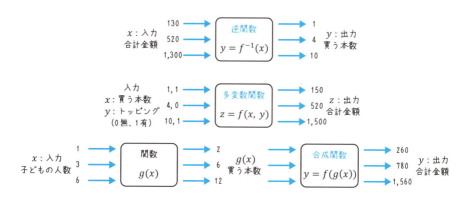

02 1次関数のグラフ

微積分でも重要になる必須項目です。傾きという考え方はしっかり理解しておきたいところです。

> **Point**
>
> **1次関数の直線は傾きと切片で決まる**
>
> 1次関数 $y = ax + b$ のグラフは下図のように直線になる。
> ここで a を傾き、b を切片と呼ぶ。
>
>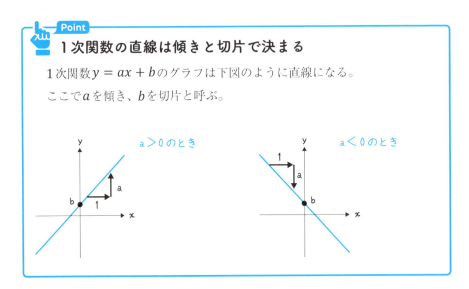

📖 1次関数は直線

1次関数は**直線**で、これから登場するいろいろな関数の中で最も単純なものです。なお、Chapter01で登場した比例は、1次関数のうち特に切片 b が 0 のものを指します。原点を通る直線ともいえます。

1次関数で重要なパラメータは a で、これは**傾き**と呼びます。意味は x が 1 増えたときの y の増分です。したがって、a が正の数のときは x が増加すると y も増加する右上がりの直線となり、a が負の数のときは x が増加すると y は減少する右下がりの直線となります。

傾きという概念は後ほど微分のところで重要な意味を持ちますので、しっかり理解しておきましょう。なお、b は**切片**と呼ばれ、y 軸との交点の y 座標（$x = 0$ のときの y の値）です。

📖Business 傾きと切片が重要なわけ

ここでは、実際に1次関数を使う例を通して、傾きと切片の意味を再確認しておきます。

年賀状の印刷をお店にお願いすることを考えてみましょう。A店は5枚印刷すると2,000円、15枚印刷すると4,000円かかります。B店は、初期費用は2,000円で、印刷は1枚150円です。

このときにA店とB店それぞれでx枚の年賀状を印刷したときの総費用をy円としてグラフを描いてみます。

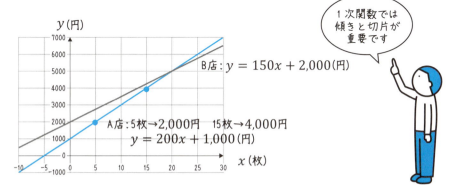

グラフにしてみると、A店の初期費用は安く1枚当たりの値段が高い、一方B店の初期費用は高く1枚当たりの値段が安い、そして20枚以上印刷したときにA店とB店の総費用が逆転することがわかります。

ここでA店の「5枚印刷すると2,000円、15枚印刷すると4,000円かかる店」という表現とB店の「初期費用は2,000円で、印刷は1枚150円の店」という表現のどちらがわかりやすいでしょうか。

情報量は同じなのですが、B店のほうがわかりやすいと思います。B店は傾き（1枚当たりの値段）と切片（初期費用）で総費用を示しています。

1次関数を実際に使うときに、切片と傾きは特別な意味を持つことが多いです。だから、1次関数では傾きと切片を重視するのです。

03 2次関数とグラフ

受験はもちろん、2次関数的に変化する量が多く実用面でも必須です。教養の人も放物線と頂点くらいは押さえておきましょう。

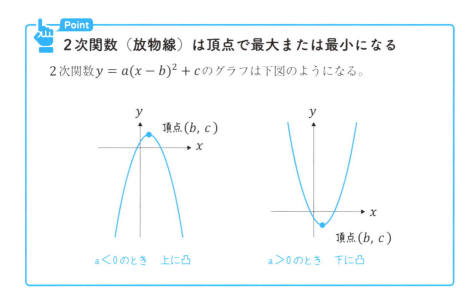

📖 2次関数は放物線

1次関数が直線になるのに対し、2次関数は上図のような**放物線**になります。モノを投げたときの軌跡が2次関数になるので、放物線と名づけられました。x^2の係数が正か負かで向きが変わり、正の場合を**下に凸**、負の場合は**上に凸**といいます。

放物線で重要となるのは**頂点**です。頂点とは放物線の下限または上限となる部分で、その2次関数の最小値または最大値を取ります。また、頂点のx座標を特に**軸**と呼ぶこともあります。放物線は軸に対して左右対称です。

グラフを描く場合は$y = ax^2 + bx + c$の形ではなく、$y = a(x-b)^2 + c$という形（平方完成）にすると、頂点がはっきりするためわかりやすいです。

参考として、$y = \frac{1}{2}(x-2)^2 - 1$と$-\frac{1}{2}(x-2)^2 + 1$のグラフを示します。

x	-1	0	1	2	3	4	5
$\frac{1}{2}(x-2)^2 - 1$	$\frac{7}{2}$	1	$-\frac{1}{2}$	-1	$-\frac{1}{2}$	1	$\frac{7}{2}$
$-\frac{1}{2}(x-2)^2 + 1$	$-\frac{7}{2}$	-1	$\frac{1}{2}$	1	$\frac{1}{2}$	-1	$-\frac{7}{2}$

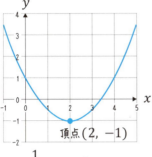

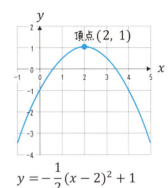

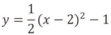

Business なぜ頂点が重要なのか？

　実例を出してみましょう。あるお菓子屋さんが新製品を発売します。その原価は100円です。もちろん値段が高いほど利益は大きくなりますが、値段を高くすると販売数が減ります。ここでは値段をx円とすると販売数は$500 - x$個になるとしましょう。このとき、値段をいくらにすれば利益が最大となるでしょうか。

　xを値段、yを総利益とすると、総利益は利益×販売数ですから、$y = (x - 100)(500 - x)$と表され、整理すると、$y = -(x - 300)^2 + 40000$となります。

　これは2次関数なのでグラフを描いてみましょう。すると下図のようになります。ここから最大利益は放物線の頂点で値段が300円のときに利益は40,000円となることがわかります。

　この場合は頂点が関数の最大値となりました。このように2次関数を実用に使った場合、**頂点は意味のある数字となることが多い**です。だから、頂点は重要なのです。

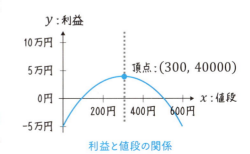

利益と値段の関係

04 2次方程式の解法

教養 ★★　実用 ★★★　受験 ★★★★★

2次方程式の解の公式は、受験生は絶対に暗記しないといけませんが、教養レベルの人は存在することだけ知っておけば十分でしょう。

> **Point**
> **2次方程式は解の公式を使えば確実に解ける**

解の公式

$ax^2 + bx + c = 0$ に対して、下の公式に a、b、c を代入する。

$$x = \frac{-b \pm \sqrt{b^2 - 4ac}}{2a}$$

例）$2x^2 - 5x - 3 = 0$
$a = 2 \quad b = -5 \quad c = -3$
を解の公式に代入して

$$x = \frac{-(-5) \pm \sqrt{(-5)^2 - \{4 \times 2 \times (-3)\}}}{2 \times 2}$$

$$= \frac{5 \pm \sqrt{49}}{4} = \frac{5 \pm 7}{4}$$

$$x = 3, \quad -\frac{1}{2}$$

平方完成

下の形に整理して
$(x - b)^2 = c$
$x - b = \pm\sqrt{c}$
$x = b \pm \sqrt{c}$ とする。

例）$2x^2 - 5x - 3 = 0$

$$\left(x^2 - \frac{5}{2}x + \frac{25}{16}\right) = \frac{3}{2} + \frac{25}{16}$$

$$\left(x - \frac{5}{4}\right)^2 = \frac{49}{16}$$

$$x = \frac{5}{4} \pm \sqrt{\frac{49}{16}}$$

$$x = 3, \quad -\frac{1}{2}$$

因数分解

まず $(ax - b)(cx - d) = 0$ の形にする。
$ax - b = 0$ または $cx - d = 0$ のとき
$(ax - b)(cx - d) = 0$ となるから
$x = \frac{b}{a}, \quad \frac{d}{c}$ となる。

例）$2x^2 - 5x - 3 = 0$
$(2x + 1)(x - 3) = 0$
$x = 3, \quad -\frac{1}{2}$

📖 2次方程式の解き方は3種類ある

2次方程式の解き方は3種類あります。1つ目は**解の公式に代入する方法**、2つ目は**平方完成する方法**、3つ目は**因数分解で解く方法**です。

このうち、一番確実なのは解の公式に代入する方法です。与えられた2次方程式に対してaとbとcを代入して間違えずに計算すれば必ず解けます。**一般的に2次方程式の解は2つある**ので、式の中に「$\pm$」が入っています。

2つ目の平方完成は計算が複雑なので、教育的な意味があるだけで実際にこの方法を選ぶことはないと思われます。しかし、2次関数のグラフを描くときには平方完成の計算をしたほうが良いので、この方法を身につけておくと役に立つこともあります。

3つ目の因数分解は、うまく因数分解できれば一番早く解くことができます。計算ミスも少なく、できるならばこの方法がベストです。しかし、複雑な解になると簡単に因数分解はできないので、あきらめて解の公式に当てはめましょう。

💻Business お菓子屋さんの利益

前節のお菓子屋さんの設定を流用した問題を考えます。

あるお菓子屋さんが新製品を発売します。その原価は100円です。もちろん値段が高いほど利益は大きくなりますが、値段を高くすると販売数が減ります。ここでは値段をx円とすると、販売数は$500-x$個になるとします。この商品で30,000円の利益を得るためには、値段を何円にすれば良いでしょうか。

値段をx円とすると、1個当たりの利益は$x-100$(円)だから、総利益は$(x-100)(500-x)$(円)と表される。これが、30,000円となるから、

$$(x-100)(500-x) = 30000$$

整理して $x^2 - 600x + 80000 = 0$

因数分解して$(x-400)(x-200) = 0$、よって$x = 400, 200$

つまり、値段を400円、または200円とすると30,000円の利益を得られることがわかりました。

05 2次方程式の虚数解

虚数を導入すると、ルートの中が負になっても方程式を解けます。しかし、応用するときにはその解に意味はありません。

> **Point**
>
> ### $i^2 = -1$ はただのルール、深く考えない
>
> すべての2次方程式を解くためには、虚数の導入が必要になる。
> - 2乗して-1になる数を虚数単位と呼び"i"で表す。つまり$i^2 = -1$
> - 虚数単位iを使って、$a + bi$（a,bは実数）で表される数を複素数と呼ぶ
> - 複素数の計算で、虚数単位iは普通の文字式のように扱える
>
> 例）$(2 + 3i) + (3 + i) = 5 + 4i \quad i(i + 5) = i^2 + 5i = -1 + 5i$

ルートの中が負になってしまったとき

解の公式を使えば2次方程式は解けます。しかし、気をつけなければならないことがあります。解の公式のルートの中、つまり$b^2 - 4ac$が負となってしまったらどうするのでしょうか。

このときは「方程式の解はなし」となります。そんな数はないからです。正の数と正の数を掛けても正の数ですし、負の数と負の数を掛けても正の数です。

しかし、ここでどうしてもこの方程式を解きたい数学者が2乗して-1になる数を想定しました。これをiと置いて、$i^2 = -1$とすると、たとえば$x^2 = -4$といった方程式も$x = 2i$という解が出てきます。しかし、この数はあくまで想定で実体はありません。「虚数」というくらいなので嘘の数字なのです。

ただ、虚数自体に意味がないわけではありません。Chapter13の複素数平面のところで紹介するように、虚数という概念は次の数学へ進む鍵となります。しかし、実数係数の2次方程式を解いて得られる虚数解には意味がないのです。

🖥️Business 虚数の値段!?

前節のお菓子屋さんの設定を流用した問題を考えます。

あるお菓子屋さんが新製品を発売します。その原価は100円です。もちろん値段が高いほど利益は大きくなりますが、値段を高くすると販売数が減ります。ここでは値段をx円とすると販売数は$500-x$個になるとします。この商品で$80,000$円の利益を得るためには、販売価格を何円にすれば良いでしょうか。

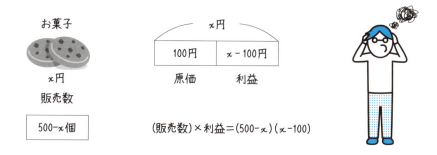

xを値段とすると、1個当たりの利益は$x-100$(円)だから、総利益は$(x-100)(500-x)$と表される。これが、$80,000$円となるから、

$$(x-100)(500-x) = 80000$$

整理して $x^2 - 600x + 130000 = 0$

解の公式に $a=1$ $b=-600$ $c=130000$を代入して

$$x = 300 - 200i,\ 300 + 200i$$

つまり値段を$300-200i$円、または$300+200i$円にすれば$80,000$円の利益を出せる計算になります。しかし、当然こんな値段にすることはできません。つまり、$80,000$円の利益を出すことは不可能なことがわかるだけです。

2次方程式を実際に使うときには、解が意味のある数字かどうか確認することが必要です。この問題のように虚数になると意味がありませんし、負の数になったときも値段は負にできませんから、意味がないことになります。

06 2次方程式の判別式、解と係数の関係

試験でしか使わない項目です。教養や実用の用途で学ぶ方は飛ばしても構いません。

> **Point**
>
> **これらは計算をラクにするための単なるツール**
>
> 2次方程式の解の公式のルートの中 $b^2 - 4ac$ を判別式と呼ぶ。判別式を $D = b^2 - 4ac$ としたとき、実数係数の2次方程式は、
> - $D > 0$ のとき2つの実数解を持つ
> - $D = 0$ のとき1つの実数解を持つ（重解）
> - $D < 0$ のとき2つの虚数（複素数）解を持つ
>
> **解と係数の関係**
>
> 2次方程式 $ax^2 + bx + c = 0$ の2つの解を α、β とすると、次の関係が成り立つ。
>
> $$\alpha + \beta = -\frac{b}{a} \qquad \alpha\beta = \frac{c}{a}$$

少しラクをするための判別式

前節で虚数解についての説明をしました。ここで取り上げる判別式は2次方程式が実数解を持つか、虚数解になるか判別する式です。

とはいえ、難しいものはありません。$ax^2 + bx + c = 0$ の解の公式である $x = \dfrac{-b \pm \sqrt{b^2 - 4ac}}{2a}$ のルートの中、$b^2 - 4ac$ を抜き出しただけのことです。これが正の数であれば2次方程式は2つの実数解を持ちます。0であればルートの項がなくなり1つの実数解を持ちます。そして、負であれば2つの虚数解となるわけです。なお、判別式が0となるときは、元の2次方程式は $(x - \alpha)^2 = 0$ という形にまとめられます。この解を**重解**と呼びます。

もちろん判別式など持ち出さなくても、解がどうなるかは解の公式に入れて解いてみればわかることです。ですが、解の公式よりも判別式$D = b^2 - 4ac$の計算のほうがラクなので、少しラクをするための公式といえるでしょう。とはいえ、試験中は時間との戦いなので、受験生には必要な知識です。

さらに理解を深めるために、判別式の値と$y = ax^2 + bx + c$のグラフの関係を示します。2次方程式$ax^2 + bx + c = 0$の解とは、このグラフとx軸（$y = 0$）の交点を意味しています。$D > 0$のときはグラフとx軸は2つの交点を持つ、$D = 0$のときは1点で接する、$D < 0$のときは交点を持たないことがわかります。

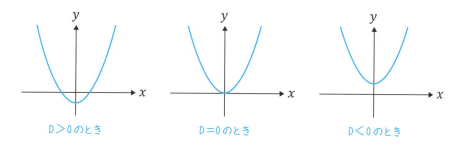

📺 Business 素早く問題を解く

解と係数の関係は、次のような問題を解くときに使います。
（問題）2次方程式 $2x^2 + 5x + 4 = 0$の解をα、βとするとき、$\alpha^2 + \beta^2$の値を求めなさい。

この場合、解と係数の関係を使えばラクに解くことができる。
$\alpha^2 + \beta^2 = (\alpha + \beta)^2 - 2\alpha\beta$と表され、解と係数の関係から$\alpha + \beta = -\dfrac{b}{a} = -\dfrac{5}{2}$、$\alpha\beta = \dfrac{c}{a} = 2$で、$\alpha^2 + \beta^2 = \left(-\dfrac{5}{2}\right)^2 - 2 \times 2 = \dfrac{9}{4}$となる。

2次方程式を解いて解を求め、$\alpha^2 + \beta^2$に代入しても良いのですが、それよりも速く計算できるというわけです。速さと正確さが大事な受験生には必須のテクニックですが、それ以外の人には必要ありません。

07 高次関数

実用数学では高次関数を使って近似する（フィッティング）ケースもあるので、関数の性質は十分身につけておきたいところです。

> **Point**
> ## 次数が高くなると増加（減少）速度が速くなる
>
> 3次関数、4次関数のグラフは、一般に下図のようになる（$a > 0$のとき）。
>
>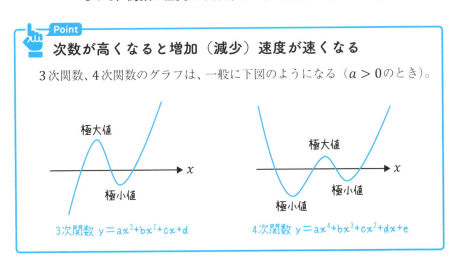
>
> 3次関数 $y = ax^3 + bx^2 + cx + d$
>
> 4次関数 $y = ax^4 + bx^3 + cx^2 + dx + e$

📖 次数が増えるごとにくねくね曲がる

次に3次以上の関数の説明をします。高い次数になると、上図のようにグラフがくねくね曲がり始めます。つまり、**極大や極小を取るところ**が出てきます。これが3次関数の場合2個、4次関数の場合3個あります。勘の良い方ならお気づきかもしれませんが、n次関数の場合は$n - 1$個（最大）になります。

高次関数で次に重要なことは、その**増加速度**です。右図に簡単な例として$y = x^2$と$y = x^4$と$y = x^6$のグラフを示しました。xが3のとき、x^2とx^4とx^6はそれぞれ9、81、729となります。次

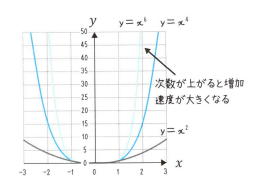

数が大きくなると関数の増加速度が急激に大きくなることがわかります。

2次関数、4次関数、6次関数と関数がその最高次数だけで分類されることを不思議に思った人はいないでしょうか。これは最高次数の増加（減少）速度が速く、xが大きい（小さい）領域では最高次数の項が関数の値を決めてしまうからなのです。

Business 高次関数を使った数値データのフィッティング

実用上ではあるデータを関数でフィッティングすることが多いです。Excelなどの表計算のソフトには、たいていこの機能が搭載されています。

下図にあるデータを1次関数から6次関数でフィッティングした例を示します。図中のR^2は決定係数と呼ばれ0～1の値をと取ります。これが大きいほど、フィッティングの誤差が少ないことを意味しています。

図から関数の次数が増えるほど、グラフが曲がってR^2値が大きくなりフィッティング精度が高くなっていることがわかります。

ただし次数を増やすと、変数が増えるなど扱いが難しくなるため、誤差が許容できる範囲内で、できるだけ小さな次数の関数でフィッティングすることが望ましいです。

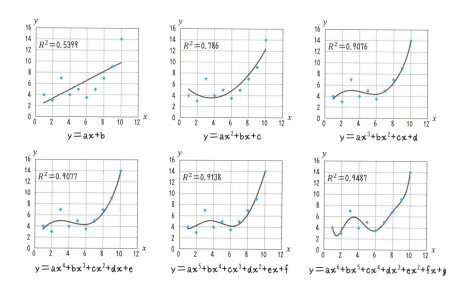

08 因数定理と剰余定理

抽象的で難しそうですが、整式の解がわかれば因数分解できることがポイントになります。実用数学ではあまり使いません。

Point

$f(a) = 0$ なら $f(x)$ は $(x - a)$ を因数に持つ

因数定理

整式 $f(x)$ が $ax - b$ で割り切れるなら、$f\left(\dfrac{b}{a}\right) = 0$

逆に $f\left(\dfrac{b}{a}\right) = 0$ なら、整式 $f(x)$ は $ax - b$ で割り切れる。

例)$f(x) = x^3 - 2x^2 - x + 2 = (x - 2)(x + 1)(x - 1)$ は $x - 2$, $x + 1$, $x - 1$ で割り切れる。だから、$f(2) = f(-1) = f(1) = 0$

剰余定理

整式 $f(x)$ を $ax - b$ で割ったときの余りは $f\left(\dfrac{b}{a}\right)$

例)$f(x) = x^3 - 2x^2 - x + 5 = (x - 2)(x + 1)(x - 1) + 3$ を $x - 2$, $x + 1$, $x - 1$ で割ったときの余りは、$f(2) = f(-1) = f(1) = 3$

因数定理は具体例で考えれば難しくない

因数定理や剰余の定理は「余りがいくつか」という話よりも、整式 $f(x)$ が $f(a) = 0$ となるとき $f(x)$ は $(x - a)$ を因数に持つ、と理解したほうが良いと思います。つまり、たとえばある3次式 $f(x)$ が 1, 2, 3 という解を持つのであれば、$f(x)$ は a を定数として、$f(x) = a(x - 1)(x - 2)(x - 3)$ と表せる、ということです。この式を見れば $f(1) = f(2) = f(3) = 0$ は明らかですね。この関係は整式の次数が増えても成り立ちます。

一方、剰余定理も同様に考えることができます。たとえば、3次の整式 $g(x)$ を $x - 1$ で割ったときの余りが2とすると、$g(x)$ は $g(x) = a(x - 1)(x - b)(x - c) + 2$ と表されます。当然、この場合は $g(1) = 2$ となります。

📖 整式の割り算の方法

整式の割り算の方法を紹介しておきます。小学校で習った筆算が文字式になっただけなので、よく見れば理解できるでしょう。

右の例では$x^3 + 2x^2 + 3x + 1$を$x + 1$で割ったときの計算方法を示しています。

最初は$x^3 + 2x^2$と$x + 1$を比較してx^2がたちます。そして、$x^3 + x^2$を元の式から引いて、xの2次式になります。こうやって次数を下げると、最後に余りの-1が残ります。

```
              x² +  x + 2
        ┌─────────────────
  x + 1 │ x³ + 2x² + 3x + 1
          x³ +  x²
          ─────────
                x² + 3x
                x² +  x
                ─────────
                     2x + 1
                     2x + 2
                     ──────
                         -1
```

整式の割り算

💻Business 高次方程式の解き方

2次方程式と同様に、3次、4次方程式の解の公式も存在します。ただ、とても複雑で長いため、ここでは紹介できません。興味がある方は、ご自身で調べてみてください。

5次以上の方程式については、解の公式が存在しないことが証明されています。ただ、解が存在しないわけではありません。四則演算とべき乗の式として解が表現できないというだけです。

実用上で高次方程式を解くときには、近似計算が一般的です。実用上は厳密解でなく、近似解で十分なのです。

高校数学の問題として、高次方程式を解くときには、因数定理を使って次数を下げます。たとえば$x^3 - 2x^2 - x + 2 = 0$という方程式は$x = 1$という解を持つのは明らかです。だから、$x^3 - 2x^2 - x + 2$は$x - 1$を因数に持つので、割り算をして次数を下げます。それで2次以下になれば、2次方程式の解の公式が使える、というわけです。最初の解は何とかひらめきで見つけるしかありません。でも、普通は± 1とか± 2とか簡単な数字が解になっているはずです（そうでないと解けませんから）。

09 不等式の解き方

受験はもちろん、実用用途でも不等式はよく使われます。両辺に負の数を掛けると不等号の向きが変わることがポイントです。

Point
両辺に負の数を掛けると不等号の向きが変わる

不等式の性質、$A > B$ のとき、次の不等式が成り立つ（下式において不等号＞を＜、≦、≧などに変えても同様）。

- $A + m > B + m$

例) $5 > 2$ だから $5 + 2 > 2 + 2$ $(7 > 4)$

- $A - m > B - m$

例) $5 > 2$ だから $5 - 2 > 2 - 2$ $(3 > 0)$

- $Am > Bm$（$m > 0$ のとき） $Am < Bm$（$m < 0$ のとき）

例) $5 > 2$ だから $10 > 4$ $(5 \times 2 > 2 \times 2)$、また
$-10 < -4$ $(5 \times (-2) < 2 \times (-2))$

不等式は両辺に負の数を掛けるときには注意！

不等式の扱いはほとんど方程式と同じです。"＜"などの不等号を "=" のように扱って、方程式を解くようにして、最終的に $x < a$ というような形にすれば良いわけです。つまり移項や「両辺に同じ数を掛ける」という操作をするわけです。

しかし、1点気をつけなければいけないことがあります。それは**両辺に負の数を掛けると不等号の向きが逆になる**ということです。

たとえば、不等式「$-2x + 4 > 8$」を解いてみましょう。

両辺から4を引いて（移項）　$-2x > 4$

両辺に $-\dfrac{1}{2}$ を掛けて　　　　$x < -2$

ここでは移項した後に、両辺に$-\frac{1}{2}$を掛けています。ここで不等号の向きが前の式から逆になっていることに注目してください。

正の数は絶対値（符号を取った数）が大きいほど大きくなるのに対し、負の数は絶対値が大きいほど小さくなります。つまり、－2より－10のほうが小さいです。両辺に負の数を掛けるということは、符号をひっくり返すということですから、そのときに絶対値の関係が逆になり、不等号の向きが変わるのです。

2次不等式の解き方

次に、2次不等式の解き方を説明します。

たとえば、$x^2 - 3x + 2 < 0$という問題を考えてみます。

2次不等式を解くときには、まず因数分解をします。暗算で因数分解できない場合は解の公式で解を求めて因数分解します。

今回の例の場合は$x^2 - 3x + 2 = (x-1)(x-2)$と因数分解できるので、問題の不等式は下記のように変形できます。

$$(x-1)(x-2) < 0$$

ここで$y = (x-1)(x-2)$という関数のグラフを描いてみます。かなり簡略化していますが右のようになります。この関数は$x = 1$と2でx軸と交わり、この間で値が0以下になります。だから、この不等式を満たすxの範囲は、$1 < x < 2$となるわけです。

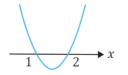

$y = (x-1)(x-2)$のグラフ

一方、$(x-1)(x-2) > 0$（不等号の向きが変わった）だったらどうなるでしょうか。このときはグラフより、xが1より小さいかxが2より大きいときが解になります。つまり、$x < 1$または$2 < x$となります。

なお、$ax^2 + bx + c = 0$が虚数解になるときはx軸との交点を持ちません。たとえば、$x^2 + 1 = 0$の解は虚数iになります。だから、$x^2 + 1 > 0$なら常に成り立ちますし、$x^2 + 1 < 0$の場合は解がない、という答えです。

不等式が出てきて大小関係がつかめないときは、**グラフを描いてみる**と確実です。

10 不等式と領域

試験はもちろん、線形計画法など実用的にもよく使います。慣れないうちはグラフを描いて確実に理解しましょう。

> **Point**
> ☝ **わかりにくかったら、まずグラフを描いてみる**
>
> 直線 $y = mx + n$ について、
> 不等式 $y > mx + n$ の表す領域は直線の上側部分
> 不等式 $y < mx + n$ の表す領域は直線の下側部分となる。
>
> 例）直線 $y = x + 1$ によって、平面は右図のように二分される。たとえば、点A（－4, 2）は領域 $y > x + 1$、点B（1, －3）は領域 $y < x + 1$ にある。

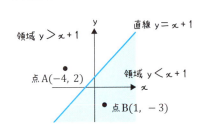

📖 不等式と領域の問題は丁寧に図示化する

前節の不等式は変数が x だけの一次元的な問題でした。一方、本節では x と y が表す平面の領域を扱います。

不等式と領域の応用としては、**線形計画法**と呼ばれる方法があります。これは工場などで、設備などの制約条件の下に生産量を最大化させる、といった問題を解くときに使われるものです。

条件が複数になって複雑にはなりますが、ひとつひとつの条件を丁寧にグラフに描いて図示化すれば、理解できるはずです。時間をかけてじっくりと取り組んでみましょう。

💼 Business 線形計画法で売上げを最大化する

このような例題を考えてみます。あるケーキ屋さんが製品Aを作るのに必要な

小麦粉は200g、生クリームは200mlです。製品Bは小麦粉が300g、生クリームは100mlです。また、小麦粉の在庫は1,900g、生クリームは1,300mlです。製品Aが700円、Bが500円とするとき、AとBをそれぞれ何個作ると売上げが最大になるでしょうか。

Aをx個、Bをy個作るとすると、x, yは0以上の整数なので、
$x \geq 0$……①　　$y \geq 0$……②
小麦粉の制限から　$200x + 300y \leq 1900$……③
生クリームの制限から　$200x + 100y \leq 1300$……④

①〜④の条件を満たしながら、$700x + 500y$を最大にするx, yの値を求めることを考えます。$700x + 500y = k$と置くと、$y = -\frac{7}{5}x + \frac{k}{500}$となりますから、①〜④を満たす領域中で傾き$-\frac{7}{5}$の直線の切片が最大になる条件を求めることになります。

直線$700x + 500y = k$の傾きは$-\frac{7}{5}$で、③の直線の傾き$-\frac{2}{3}$と④の直線の傾き-2の中間にあります。ですから、各直線と領域Dの関係は右図のようになります。

ですから、領域Dを通りつつ、直線$y = -\frac{7}{5}x + \frac{k}{500}$の

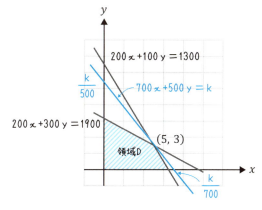

切片が最大となるのは直線③と④との交点（5, 3）を通るときになります。

よって、売上げが最大となるのはAを5個、Bを3個作るときで、その売上高は5,000円となります。

これはかなり単純な問題で、変数が2つしかありません。しかし、現実の問題に用いるためにはもっとたくさんの変数が必要です。そのときは人間が手で解くには問題が煩雑になりすぎるので、計算はコンピュータに任せます。しかし、内部ではこのような計算をしていると知っておくことはとても大切です。

整数の素因数分解がネットの平和を守っている

　本章では文字式の因数分解を紹介しました。しかし、因数分解と聞いて別のものを想像した人もいるでしょう。整数の素因数分解です。

　素因数分解とはある整数、たとえば36を$2^2 \times 3^2$と素数（2以上の自然数の中で、1とその数以外で割り切れないもの）の積にすることです。

　「ただの数字遊びでこんなものは何の役にも立たない」と思われる方も多いかもしれませんが、実はこの素因数分解がネット社会で非常に重要な役割を果たしています。

　それは暗号技術です。たとえばネットでクレジットカードの番号を送る場合、途中の人にその情報を盗まれると大変なことになります。だから、情報を暗号化する必要があり、暗号化に素因数分解が使われています。

　その方法の要点を説明しましょう。まず非常に大きな素数PとQ（秘密鍵）を用意し、その積$P \times Q$（公開鍵）という数を作ります。決済会社は公開鍵を公開しますが、秘密鍵は極秘です。情報を送りたい顧客はその公開鍵（$P \times Q$）を使って情報を暗号化します。

　その暗号を解読するためにはPやQが必要です。しかし、$P \times Q$は大きすぎて、現在のコンピュータでは現実的な時間で計算できません。だから、最初からPやQを知っている決済会社だけが情報を解読することができるわけです。

　このように素因数分解は、ネットの便利さと安全を両立させる「キー」技術として、社会を支えているのです。

公開鍵 $P \times Q$

114381625788886766923577997614661201021829672124236256256184293570693524573389783059712356395870505989907514759929002687954 3541

素数 P（秘密鍵）

32769132993266709549961988 1908344614131776429679929 42539798288533

素数 Q（秘密鍵）

34905295108476504914784961990389 81334177646384933878439908 20577

指数、対数

Introduction

指数は大きな数、小さな数を便利に扱える

指数は一言でいうと**大きな数、小さな数を簡単に扱うテクニック**です。

中学で習った「2^3」（2の3乗）という書き方を指数と呼びます。でも、「変な書き方をしないで『$2 \times 2 \times 2$』と書けば良いじゃないか」と思った人も多いのではないでしょうか。

確かにそれももっともだと思います。しかし、とても大きな数を扱うときには指数の便利さを感じることになります。

たとえば、化学にアボガドロ数という数が出てきます。

これは、600000000000000000000000（6の後に0が23個）くらいの大きさで、これを計算しなくてはなりません。ゼロが多すぎて、数え間違いしてしまいそうです。

こんなときにこの数を6.0×10^{23}と表してみましょう。すると、ゼロの数が指数として表現されているので、とても読みやすくなります。

エンジニアとして仕事をしていると、頻繁にこんな大きな数字、また逆に小数点○○桁の小さな数字というものが出てきます。こんな数字をわかりやすく扱うテクニックが指数なのです。

対数は指数の逆

対数は指数の逆の演算です。つまり、指数は「10を4乗すると10000（$10^4 = 10000$）」というものですが、対数は「10000は10を4乗した数（$\log_{10} 10000 = 4$）」という考え方になります。

なぜ、こんなことを考えるかというと、対数を使うと、「**掛け算を足し算に変えて、割り算を引き算に変える**」ことができるからです。

たとえば、1234×5678という計算は、多くの人にとって暗算できるものではありません。しかし、$1234 + 5678$であれば、かなり簡単になって、暗算できる人も多いでしょう。

昔、電卓さえなかった時代には、桁数の多い計算をするのは大変な労力でした。そのため対数を使って、掛け算を足し算に変換することにしたのです。というわけで「対数は天文学者の寿命を2倍にした」とさえいわれています。

　世の中には対数を使った単位がたくさんあります。地震の大きさを表すマグニチュードや音の大きさを表すdB（デシベル）など、対数の考え方がわからないと意味を正しく理解できません。
　また、対数を使ったグラフなどもたくさんあって、対数グラフの読み方を理解していないと、誤解することにもなりかねません。
　順を追えばそれほど難しくはないので、しっかりマスターしましょう。

教養として学ぶには

　指数や対数が大きな数を扱うテクニックであること、デシベルやマグニチュードの単位の意味を理解して、あとは対数グラフの読み方をマスターしておきましょう。

仕事で使う人にとっては

　日常的に出てくるので自然に慣れるでしょう。対数の底は10だけでなく、e（ネイピア数）もよく使います。関数の使い分けに気をつけましょう。あとは、目的に合わせて、対数のグラフを描くことも必要です。

受験生にとっては

　それほど難しい項目ではありませんし、覚える公式もそれほど多くありません。ただ、logの計算は少々クセがあるので、練習しておいたほうが良いでしょう。

01 指数

必須項目です。指数はとても大きな数や小さな数を表すのに役に立ちます。

Point
指数は掛け算を足し算、割り算を引き算にする

- $a^n = a \times a \times \cdots\cdots \times a$（$a$を$n$回掛ける）

例）$2^5 = 2 \times 2 \times 2 \times 2 \times 2 = 32$

- $a^n \times a^m = a^{(n+m)}$

例）$2^3 \times 2^2 = 2^{(3+2)} = 2^5 = 32$

- $a^n \div a^m = a^{(n-m)}$

例）$2^4 \div 2^2 = 2^{(4-2)} = 2^2 = 4$

- $(a^n)^m = a^{(n \times m)}$

例）$(2^2)^3 = 2^2 \times 2^2 \times 2^2 = 2^6 = 64$

指数は大きな数字を表すためのテクニック

指数は2^2のように数字の右上に小さな数字があるものです。この数字は、その数字を掛ける回数を表しています。

つまり、$2^2 = 2 \times 2$、$2^3 = 2 \times 2 \times 2$ということです。

この程度だと、わざわざこんなことを考えずに、普通に掛け算で表せば良いと思うかもしれません。でも、下の計算をするときはどうでしょうか。

$$20000 \times 3000000000 \times 10000$$

計算自体はとても簡単なのですが、ゼロの数を数え間違えてしまいそうです

ね。こんな問題をミスなしで計算するためには、よほどの注意力が必要です。

そこで指数の登場です。指数を使うと先ほどの計算はこのように書くことができます。

$$2.0 \times 10^4 \times 3.0 \times 10^9 \times 1.0 \times 10^4$$
$$= 6.0 \times 10^{(4+9+4)} = 6.0 \times 10^{17}$$

このようにすっきりと表すことができます。

指数の部分は**掛け算が足し算になっていること**に注目してください。この性質が重要で計算をラクにしてくれます。指数は便利なテクニックなのです。

Business 探査機「はやぶさ」の速さを求める

探査機のはやぶさは地球とイトカワ間、往復約60億kmを約7年かけて飛行しました。平均速度は秒速何kmになるでしょうか。

1年は約31,536,000秒だから、7年は約220,000,000秒です。

したがって、6000000000［km］÷ 220000000［秒］となります。

これだとゼロの数が多すぎて、混乱するから指数を使います。

先ほどより、だいぶすっきりとしていることがわかるでしょう。

$$6.0 \times 10^9 \div (2.2 \times 10^8) = 6.0 \div 2.2 \times 10^{(9-8)} \fallingdotseq 2.7 \times 10^1 \ [km/秒]$$

1秒に27km進むわけですから、私たちの感覚からすると非常に速い速度です。

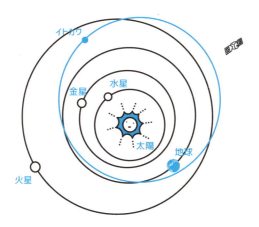

02 指数の拡張

 教養 ★★★★  実用 ★★★★★ 受験 ★★★★★

指数は自然数から、0や負の数、無理数、最終的に複素数まで拡張されます。数学における拡張を学ぶ良い例です。

Point

指数は0や負の数、そして無理数でも定義できる

- $a^0 = 1$ （すべての数の0乗は1）

例）$3^0 = 2^0 = 5^0 = 1$

- $a^{-n} = \dfrac{1}{a^n}$

例）$2^{-3} = \dfrac{1}{2^3} = \dfrac{1}{8}$

- $a^{\frac{n}{m}} = \left(\sqrt[m]{a}\right)^n = \sqrt[m]{a^n}$ （$\sqrt[m]{a}$ は m 乗すると a になる数）

例）$8^{\frac{2}{3}} = \sqrt[3]{8^2} = \left(\sqrt[3]{8}\right)^2 = 2^2 = 4$

- すべての正の数 b は a とすべての数 x を使って $b = a^x$ と表せる

例）$23.4 = 10^{1.3692\cdots}$ （無理数なので永遠に続く）

指数はすべての無理数まで拡張できます

なぜ指数を拡張したいのか？

前節で述べたように指数は掛け算を足し算に、割り算を引き算にしてくれるという便利な性質があります。でも、1000とか100000などの数しか10のべき乗で表せません。これでは不便なので、たとえば2345などといった数も10のべき乗で表したくなりました。

このことから昔の数学者は a^x の x を自然数だけでなく、**すべての数に拡張しよう**と考えたのです。指数を無理数まで拡張すると、すべての正の数を a^x という形で表すことができます。こうして、掛け算を割り算に、割り算を掛け算にという指数のメリットがすべての正の数で使えるようになります。

📖 指数を拡張してみる

　これから指数を拡張します。このときa^nはaをn回掛けるという定義はいったん忘れてください。たとえば、「aを－1回掛けるって何だろう」といくら考えても答えは出ないからです。数学的につじつまが合っていればそれで良いのです。数学はそうやって発展してきました。

　それでは、まずnが0のときを考えてみましょう。
　たとえば、$5^2 \div 5^2 = 5^{(2-2)} = 5^0$となります。$25 \div 25 = 1$ですから、$5^0 = 1$とするとうまくいきそうです。実際、これはすべての正の数aについて成立するので$a^0 = 1$です。

　次にnがマイナスになるときを考えてみましょう。
　この場合、指数は掛け算を足し算にするので、たとえば$5^2 \times 5^{-2} = 5^0 = 1$となるはずです。このとき、$5^{-2}$は$5^2$の逆数$\frac{1}{5^2} = \frac{1}{25}$とするとうまくいきます。これもすべての正の数$a$と$n$について成り立ちますから$a^{-n} = \frac{1}{a^n}$です。

　最後は指数が分数のときです。
　この場合、たとえば$5^{\frac{2}{3}}$という数を考えてみましょう。これは前節の公式から$5^{\frac{2}{3}} = \left(5^{\frac{1}{3}}\right)^2$となります。つまり、$5^{\frac{1}{3}}$という数を2乗した数というわけです。さらに$5^{\frac{1}{3}}$という数を3回掛けると$5^{\frac{1}{3}} \times 5^{\frac{1}{3}} \times 5^{\frac{1}{3}} = 5$となります。つまり、3回掛けると5になる数ということです。これを5の3乗根と呼び、$\sqrt[3]{5}$と書きます。だから、$5^{\frac{1}{3}} = \sqrt[3]{5}$となります。
　以上から、$5^{\frac{2}{3}} = \left(\sqrt[3]{5}\right)^2 = \sqrt[3]{5^2}$となります。これもすべての自然数$n$、$m$と正の数$a$について成り立ちますから$a^{\frac{n}{m}} = \sqrt[m]{a^n}$となるわけです。

　ここまでで、指数を分数（すべての有理数）まで拡張できました。なお解説は省きますが、指数はすべての無理数まで拡張できます。

03 指数関数のグラフと性質

そんなに難しくありません。a^xのaが1未満か1を超えるかで増加の方向が異なることに注意してください。

> **Point**
> **指数関数は増加速度がとても速い**
>
> **指数関数　$y = a^x$のグラフ**
> - $a > 1$なら単調に増加する。$0 < a < 1$なら単調に減少する
> - $y = a^x$と$y = \left(\dfrac{1}{a}\right)^x$は$y$軸に対して対称
> - $a > 1$のときはxが大きくなるとyは急激に大きくなる。xが小さくなればなるほど0に近づく。$0 < a < 1$のときはその逆
>
>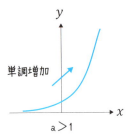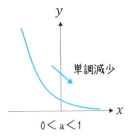

指数関数の特徴

　指数関数は、たとえば住宅ローンの計算、物理現象だったらデバイスの電圧電流特性、コンピュータ関連だったら計算回数などで頻繁に登場します。
　一番重要な特徴は**とにかく増加速度が速い**ということです。本書でもさまざまな関数が登場しますが、これほど早く増加する関数はありません。たとえば$y = 2^x$だったら倍々に増えていくので、2, 4, 8, 16, 32, 64, 128, 256, ……とあっという間に大きくなります。指数関数を見かけたら、急激に変化する量なのだな、と考えてください。

指数関数のグラフ

具体例として、$y = 2^x$ と $y = \left(\dfrac{1}{2}\right)^x$ のグラフを描いてみます。急激に値が増加していく様子がわかると思います。

x	-3	-2	-1	0	1	2	3
2^x	$\dfrac{1}{8}$	$\dfrac{1}{4}$	$\dfrac{1}{2}$	1	2	4	8
$\left(\dfrac{1}{2}\right)^x$	8	4	2	1	$\dfrac{1}{2}$	$\dfrac{1}{4}$	$\dfrac{1}{8}$

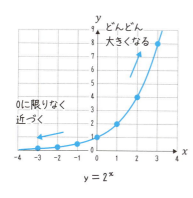
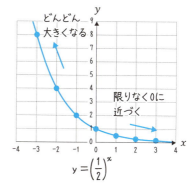

Business 複利運用の計算

10万円を年利2%、6%、10%で複利運用したときの元本総額は n を運用年数として、それぞれ $10 \times (1.02)^n$、$10 \times (1.06)^n$、$10 \times (1.10)^n$ 万円となります。

すると、25年預けた場合、下のような莫大な差になります。指数関数は増加速度が非常に速いのでこのような差が起こるのです。

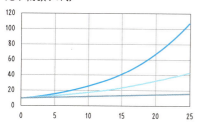

10% → 108.3万円

6% → 42.9万円

2% → 16.4万円

04 対数関数の定義

対数は指数の逆の計算です。指数が理解できていればスムーズに理解できるでしょう。重要な概念なので覚えてください。

> **Point**
> ### 対数は指数の逆の使い方
>
> $a^x = p$ を満たす x の値を "$x = \log_a p$" と表す。
> このとき a を底と呼ぶ。
> 例）$\log_{10} 1000 = 3$　$(10^3 = 1000)$
>
> - $\log_a 1 = 0$
> 例）$\log_2 1 = 0$　$(2^0 = 1)$
>
> - $\log_a a = 1$
> 例）$\log_2 2 = 1$　$(2^1 = 2)$
>
> - $\log_a M^r = r \log_a M$
> 例）$\log_2 2^4 = 4 \log_2 2 = 4$
>
> - $\log_a(M \times N) = \log_a M + \log_a N$
> 例）
> $\log_2(4 \times 16) = \log_2 4 + \log_2 16$
> 　$= \log_2 2^2 + \log_2 2^4 = 2 + 4 = 6$
>
> - $\log_a(M \div N) = \log_a M - \log_a N$
> 例）
> $\log_2(4 \div 16) = \log_2 4 - \log_2 16$
> 　$= \log_2 2^2 - \log_2 2^4 = 2 - 4 = -2$

対数は指数の逆

対数は指数の逆です。指数は2を3乗すると8になる、つまり「$2^3 = 8$」となります。一方、対数8は2を3乗した数、つまり log を使って「$\log_2 8 = 3$」と表します。log は英語の logarithm（対数）の略です。

なぜ、こんなややこしいことを考えるのでしょう。それは対数が一般に無理数になるからです。たとえば $\log_2 10$ という数、つまり $2^x = 10$ を満たす x は確かに存在するのですが、これは無理数なので分数を使って表すことはできません。だから、log を使って $\log_2 10$ と表記することにしたのです。

Business 対数のメリットは？

対数導入のメリットは大きく2つあります。

1つ目は計算をラクにしてくれることです。

たとえば、次の計算をしろといわれたら、一目見るだけでうんざりします。

$$255434 \times 2578690 \div 34766$$

けれども、指数や対数を使えば、次のように
書くことができます。

$$10^{5.407} \times 10^{6.411} \div 10^{4.541}$$

たとえば255434に着目すると、$\log_{10} 255434 ≒ 5.407$ ということです（"="ではなく"≒"なのは、この数は無理数で5.407は誤差を含んでいることを意味します）。この計算は$5.407 + 6.411 - 4.541 = 7.277$と、最初の掛け算、割り算よりはるかにラクに計算できます。この考え方は3-7で詳しく説明します。

2つ目は大きく変化する数を扱いやすくすることです。

科学技術の分野では、非常に大きく変化する量がたくさんあります。そのため対数を使った単位も身近に存在します。たとえば、地震のエネルギーのマグニチュードや音の大きさなど表すdB（デシベル）という単位です。これらの単位を理解するには対数の考え方が必要です。詳しくは3-9で説明します。

また、社会でも非常に大きく変化する数はあります。たとえば、株価です。急騰や暴落する銘柄では1～10,000円まで広い範囲で変化するものもめずらしくありません。これは普通のグラフにすると非常に見にくいです。しかし、対数グラフを使えば、これを見やすくすることができます。対数グラフは3-8で詳しく説明します。

対数のメリットはいずれも人を「ラク」にしてくれるということです。人間の味方ですから、「難しいものが出てきた」と思わずに、ぜひマスターしましょう。

05 対数関数のグラフと性質

教養 ★　実用 ★★★　受験 ★★★

頻繁に登場するものではありません。指数関数の逆関数であることを理解していれば、特徴はその逆ということになります。

Point

対数関数は増加速度がとても遅い

対数関数　$y = \log_a x$ のグラフ（$x > 0$）

- $a > 1$ なら単調に増加する。$0 < a < 1$ なら単調に減少する
- $y = \log_a x$ と $y = \log_{\frac{1}{a}} x$ は x 軸に対して対称
- x 軸との交点は $(1, 0)$。この点を必ず通る
- $a > 1$ のときは x が大きくなると単調に増加するが、増加のスピードは非常に遅い。x が小さくなると急速に小さくなる。$0 < a < 1$ のときはその逆

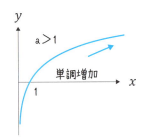 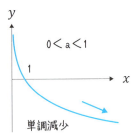

- 指数関数 $y = a^x$ の逆関数となり、$y = a^x$ と直線 $y = x$ について対称

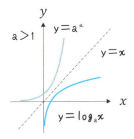 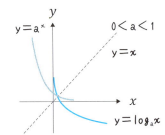

対数関数の特徴

指数の関数と比べて、対数の関数のグラフを描く機会はそれほど多くはないと思います。**対数関数は指数関数の逆関数**です。だから、**指数関数の特徴を裏返せば、そのまま対数関数の特徴となります**。この2つはセットで覚えましょう。

具体例として、$y = \log_2 x$ と $y = \log_{\frac{1}{2}} x$ のグラフを描いてみます。

$y = \log_2 x$ は $x = 8$ のとき $y = 3$ ですが、$x = 1024$ まで大きくなっても、$y = 10$ にしかなりません。とても増加の速度が遅い関数です。

x	$\frac{1}{8}$	$\frac{1}{4}$	$\frac{1}{2}$	1	2	4	8
$\log_2 x$	-3	-2	-1	0	1	2	3
$\log_{\frac{1}{2}} x$	3	2	1	0	-1	-2	-3

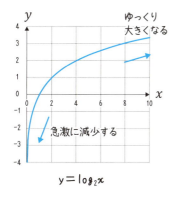

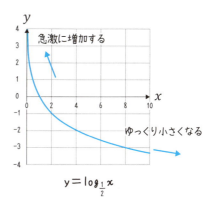

Business エントロピーは対数を使って定義される

統計力学という物理の分野でエントロピーという物理量があります。エントロピー S は対数を使って $S = k \log_e W$ と表されます。ここで k はボルツマン定数という数で、W は量子状態の数です。

W はとても大きい量で、たとえば20リットル程度の空気では2の10^{24}乗程度と非常に大きな数になります。これではあまりに大きくて扱いきれません。だから対数の増加速度が遅い性質を利用して、定義にlogが入れられています。

底変換の公式

高校の教科書には登場しますが、実用的に対数の底を変えるケースはほとんどありません。変換できることだけは覚えておきましょう。

> **Point**
> **対数の底は公式によって変換できる**
>
> 底がaの対数$\log_a b$を底がcの対数に変換する（ただしbは正の数、a、cは1以外の正の数）。
>
> $$\log_a b = \frac{\log_c b}{\log_c a}$$
>
> 例）$\log_{10} 8 = \dfrac{\log_2 8}{\log_2 10} = \dfrac{3}{\log_2 10}$

📖 底変換を使う問題の例

実用上、対数を使うときには、底は固定の場合が多く、変換する必要があるケースは少ないです。ただ、対数に関する理解を問うために、数学の問題としては出題されることがあります。代表的なものは、下のような問題です。

（問題）方程式 $\log_{10} X - 3\log_X 10 = 2$ を解きなさい。

対数の変換公式を使って、底を10にそろえると、

$$\log_{10} X - \frac{3\log_{10} 10}{\log_{10} X} = 2$$

$$(\log_{10} X) - \frac{3}{(\log_{10} X)} = 2$$

両辺に $\log_{10} X$ を掛けて整理すると、$(\log_{10} X)^2 - 2(\log_{10} X) - 3 = 0$

$(\log_{10} X - 3)(\log_{10} X + 1) = 0$

$\log_{10} X = -1, 3$　ゆえに　$X = 1000, \dfrac{1}{10}$ となる。

実用的に上のような方程式を解く必要のあるケースはありませんが、**底を変換できる公式がある**ことは覚えておきましょう。

なぜ底は1や負の数であってはいけないのか？

ここまで対数の底には必ず $a > 0$ かつ $a \neq 1$ という条件がついていました。これはなぜなのでしょうか。

たとえば指数関数 a^x の x は、最初は自然数の範囲でした。それが整数、有理数（すべての分数）、実数（有理数と無理数）に拡張していったように、数学という学問は拡張できるのであれば拡張する学問です。

となると対数の底 a が1や0や負の数になると、どうしても矛盾が生じてしまって、拡張できなかったことになります。

まず、底が1のときです。$y = \log_1 x$ だから $1^y = x$ ということになります。しかし、この式は y が何であっても x は1になります。となると、x を決めたとき y がただ1つに定まるという関数の条件を満たすことができません。だから泣く泣く、底が1のときを除外したのです。これは底が0のときにも同じことがいえます。

そして、次に底が負のときです。この場合は対数関数以前に指数の拡張が難しくなります。たとえば、底が -2 の場合、指数関数は $y = (-2)^x$ となります。これは x が整数の場合は問題ありません。たとえば、$x = 1, 2, 3, 4, \cdots\cdots$ の場合は $y = (-2), 4, (-8), 16, \cdots\cdots$ となります。

しかし、x が $\dfrac{1}{2}$ の場合はどうなるでしょうか。底が正の数の場合は $\sqrt{2}$ とできました。しかし、マイナスという符号はどうしようもありません。符号はマイナスとプラスしかないのです。というわけで、底が負の場合も指数関数、対数関数の定義をあきらめました。

加えて、高校数学の範囲では真数（$y = \log_a x$ の x）は正の数という条件がつきます。正の数を何乗しても負にはならないので当たり前です。しかし、**数学者は y の範囲を複素数に広げ、真数は正の数という制限を外してしまいます**。やはり、数学は拡張できるものは何でも拡張する学問なのです。

07 常用対数と自然対数

対数の底は常用対数（10）か自然対数（e）がほとんどです。まず常用対数、次に自然対数を身につけましょう。

Point

底が10の常用対数は「ゼロの数」を表す

実際に使う対数は常用対数（底が10）、自然対数（底がe）の場合がほとんど。

- **常用対数**：底が10の対数。「ゼロの数」という直観的な意味を持つ。対数表は常用対数の計算結果
- **自然対数**：ネイピア数 $e \fallingdotseq 2.718281 \cdots\cdots$ を底とする対数。底を略して "ln 2"（$\log_e 2$）と表記されることも多い

    ※ネイピア数は $y = e^x$ の導関数が自分自身 $y = e^x$、つまり微分しても同じ形という重要な性質がある

常用対数と自然対数の特徴

常用対数は**底が10の対数**です。つまり、ある数 x を $x = 10^y$ の形で表したときの y の値になります。

常用対数は「ゼロの数」という直観的な意味を持ちます。つまり、100は 10^2 で常用対数は2、10000は 10^4 で常用対数は4となります。

10のべき乗でない2000は約3.30となり、ゼロが3.3個分（4桁の数）と表現することができます。

また、底が10の対数と真数を対応させた表を**対数表**といいます（72ページに掲載しています）。計算機がない時代、この対数の発明が劇的に計算をラクにしてくれました。だから、対数が天文学者の寿命を倍にした、ともいわれています。

自然対数は**ネイピア数 $e \fallingdotseq 2.718281 \cdots\cdots$ を底とする対数**です。ネイピア数

には $y = e^x$ の導関数が自分自身 $y = e^x$ という特徴があります。

つまり、微分しても同じ形という重要な性質があるため、自然界のいたるところに登場する重要な数なのです。また、底が e の対数は"ln 2"（$\log_e 2$ を表す）と表記されることも多いです。

対数が登場する場合、ほとんどが常用対数か自然対数ですが、コンピュータサイエンスの分野では2が使われることもあります。

Business 対数表を使って計算してみる

対数表を使うと、掛け算を足し算に、割り算を引き算に変えて計算をラクにできます。対数表では縦に1.0〜9.9の数字が並んでおり（次ページの例の表は5.4以上は省略）、この表を使ってこの計算をしてみましょう。

$$11600 \times 1210 \times 18900 \div 19.8$$

まず、11600を対数にしてみます。11600は 1.16×10^4 と考えます。1.16は、表では縦1.1と横6が交差するところに相当します。つまり、0.0645です。10^4 は単純に4ですから、11600を対数に変換すると4に0.0645を加えた4.0645になります。

その他の数も同様に対数にすると、最初の計算は次のようになります。

$$4.0645 + 3.0828 + 4.2765 - 1.2967$$

これを計算すると、10.1271となります。対数表から0.1271に近い数字を探してみると、そのものズバリが縦1.3と横4のところにありました。つまり、$\log_{10} 1.34 = 0.1271$ ということです。よって、答えは1.34に 10^{10} を掛けた 1.34×10^{10} となるのです。

対数表を使うと計算をラクにできます

このように対数は複雑な掛け算や割り算を、足し算や引き算に変換して、計算をラクにミスなく行えるようにしてくれるわけです。

対数表

数	0	1	2	3	4	5	6	7	8	9
1.0	0.0000	0.0043	0.0086	0.0128	0.0170	0.0212	0.0253	0.0294	0.0334	0.0374
1.1	0.0414	0.0453	0.0492	0.0531	0.0569	0.0607	0.0645	0.0682	0.0719	0.0755
1.2	0.0792	0.0828	0.0864	0.0899	0.0934	0.0969	0.1004	0.1038	0.1072	0.1106
1.3	0.1139	0.1173	0.1206	0.1239	0.1271	0.1303	0.1335	0.1367	0.1399	0.1430
1.4	0.1461	0.1492	0.1523	0.1553	0.1584	0.1614	0.1644	0.1673	0.1703	0.1732
1.5	0.1761	0.1790	0.1818	0.1847	0.1875	0.1903	0.1931	0.1959	0.1987	0.2014
1.6	0.2041	0.2068	0.2095	0.2122	0.2148	0.2175	0.2201	0.2227	0.2253	0.2279
1.7	0.2304	0.2330	0.2355	0.2380	0.2405	0.2430	0.2455	0.2480	0.2504	0.2529
1.8	0.2553	0.2577	0.2601	0.2625	0.2648	0.2672	0.2695	0.2718	0.2742	0.2765
1.9	0.2788	0.2810	0.2833	0.2856	0.2878	0.2900	0.2923	0.2945	0.2967	0.2989
2.0	0.3010	0.3032	0.3054	0.3075	0.3096	0.3118	0.3139	0.3160	0.3181	0.3201
2.1	0.3222	0.3243	0.3263	0.3284	0.3304	0.3324	0.3345	0.3365	0.3385	0.3404
2.2	0.3424	0.3444	0.3464	0.3483	0.3502	0.3522	0.3541	0.3560	0.3579	0.3598
2.3	0.3617	0.3636	0.3655	0.3674	0.3692	0.3711	0.3729	0.3747	0.3766	0.3784
2.4	0.3802	0.3820	0.3838	0.3856	0.3874	0.3892	0.3909	0.3927	0.3945	0.3962
2.5	0.3979	0.3997	0.4014	0.4031	0.4048	0.4065	0.4082	0.4099	0.4116	0.4133
2.6	0.4150	0.4166	0.4183	0.4200	0.4216	0.4232	0.4249	0.4265	0.4281	0.4298
2.7	0.4314	0.4330	0.4346	0.4362	0.4378	0.4393	0.4409	0.4425	0.4440	0.4456
2.8	0.4472	0.4487	0.4502	0.4518	0.4533	0.4548	0.4564	0.4579	0.4594	0.4609
2.9	0.4624	0.4639	0.4654	0.4669	0.4683	0.4698	0.4713	0.4728	0.4742	0.4757
3.0	0.4771	0.4786	0.4800	0.4814	0.4829	0.4843	0.4857	0.4871	0.4886	0.4900
3.1	0.4914	0.4928	0.4942	0.4955	0.4969	0.4983	0.4997	0.5011	0.5024	0.5038
3.2	0.5051	0.5065	0.5079	0.5092	0.5105	0.5119	0.5132	0.5145	0.5159	0.5172
3.3	0.5185	0.5198	0.5211	0.5224	0.5237	0.5250	0.5263	0.5276	0.5289	0.5302
3.4	0.5315	0.5328	0.5340	0.5353	0.5366	0.5378	0.5391	0.5403	0.5416	0.5428
3.5	0.5441	0.5453	0.5465	0.5478	0.5490	0.5502	0.5514	0.5527	0.5539	0.5551
3.6	0.5563	0.5575	0.5587	0.5599	0.5611	0.5623	0.5635	0.5647	0.5658	0.5670
3.7	0.5682	0.5694	0.5705	0.5717	0.5729	0.5740	0.5752	0.5763	0.5775	0.5786
3.8	0.5798	0.5809	0.5821	0.5832	0.5843	0.5855	0.5866	0.5877	0.5888	0.5899
3.9	0.5911	0.5922	0.5933	0.5944	0.5955	0.5966	0.5977	0.5988	0.5999	0.6010
4.0	0.6021	0.6031	0.6042	0.6053	0.6064	0.6075	0.6085	0.6096	0.6107	0.6117
4.1	0.6128	0.6138	0.6149	0.6160	0.6170	0.6180	0.6191	0.6201	0.6212	0.6222
4.2	0.6232	0.6243	0.6253	0.6263	0.6274	0.6284	0.6294	0.6304	0.6314	0.6325
4.3	0.6335	0.6345	0.6355	0.6365	0.6375	0.6385	0.6395	0.6405	0.6415	0.6425
4.4	0.6435	0.6444	0.6454	0.6464	0.6474	0.6484	0.6493	0.6503	0.6513	0.6522
4.5	0.6532	0.6542	0.6551	0.6561	0.6571	0.6580	0.6590	0.6599	0.6609	0.6618
4.6	0.6628	0.6637	0.6646	0.6656	0.6665	0.6675	0.6684	0.6693	0.6702	0.6712
4.7	0.6721	0.6730	0.6739	0.6749	0.6758	0.6767	0.6776	0.6785	0.6794	0.6803
4.8	0.6812	0.6821	0.6830	0.6839	0.6848	0.6857	0.6866	0.6875	0.6884	0.6893
4.9	0.6902	0.6911	0.6920	0.6928	0.6937	0.6946	0.6955	0.6964	0.6972	0.6981
5.0	0.6990	0.6998	0.7007	0.7016	0.7024	0.7033	0.7042	0.7050	0.7059	0.7067
5.1	0.7076	0.7084	0.7093	0.7101	0.7110	0.7118	0.7126	0.7135	0.7143	0.7152
5.2	0.7160	0.7168	0.7177	0.7185	0.7193	0.7202	0.7210	0.7218	0.7226	0.7235
5.3	0.7243	0.7251	0.7259	0.7267	0.7275	0.7284	0.7292	0.7300	0.7308	0.7316
5.4	0.7324	0.7332	0.7340	0.7348	0.7356	0.7364	0.7372	0.7380	0.7388	0.7396

なお、対数は一般に無理数です。だから、対数表は誤差を含んでいるので、必要な精度には注意しなくてはいけません。

コンピュータで指数・対数の計算をするには？

表計算ソフトやプログラミング言語を使って、指数や対数の計算を行う方法を紹介しましょう。

以下ではExcelの例を記載します。ただ、たいていのソフトでは同じような関数や書式が使えると思います。詳しくはお使いのソフトのマニュアルで確認してください。

まず、指数の計算をするときには、**"^"（ハット）** を使うことが一般的です。たとえば2の5乗であれば、2^5と入力すれば、32という結果が得られます。また、指数部は自然数だけでなく、負の数や小数などの入力も可能です。たとえば、10^ - 1.6990とすれば0.02という数値が返ってきます。

これを使う際に、1点注意があります。"^"は**計算の順番が一番先**になります。つまり、2*2^2という計算があるときに（ちなみに"*"は掛け算を表します）、2*2を先に計算して4^2とはならずに、2^2を先に計算して2*4となるのです。

計算の順序で、掛け算や割り算は、足し算や引き算より先に計算するということを知っているでしょう。"^"で計算をするときには、掛け算や割り算よりも先に計算する、というルールになっているのです。

下記にExcelで使う、指数・対数関連の関数を示します。科学技術関連の計算をする場合、EXP（）という関数は非常によく使います。

関数名	説　明
POWER（X, Y）	XのY乗の値を返す
EXP（X）	ネイピア数eのX乗を返す
LOG（X, Y）	$\log_Y X$を返す、Yを省略するとY=10となる
LN（X）	$\ln X$ ($\log_e X$)を返す
LOG10（X）	$\log_{10} X$を返す

08 対数グラフの使い方

教養 ★★★★　実用 ★★★★★　受験 ★

数学のテストには出ませんが、世の中でよく使われているので、ぜひマスターしておきましょう。特にエンジニアには必須の知識です。

Point
対数軸は等倍したときの長さが同じになる

対数グラフとは対数軸を持つグラフ、変化の範囲が大きい数値をグラフ化するときに使われる。

対数軸の特徴

- 通常の軸（右図の横軸）は 0, 2, 4, 6 と差が等間隔であるが、対数軸（同縦軸）は等倍（$2 \to 4, 4 \to 8$）が等間隔になっている
- よって、1, 2, 3, 4, ……と目盛りを振ると右図のようにゆがむ
- 右図は x 軸が普通の軸で y 軸が対数軸だが、その逆も、両方対数の場合もある。軸の片方が対数軸のグラフを片対数グラフ、両軸が対数軸のグラフは両対数グラフと呼ぶ。

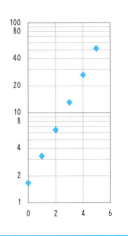

奇妙な軸の意味

対数グラフ（**対数軸**）は、指数関数のように、桁が変わるほど変化が大きい量の変化を表すときに役立ちます。非常に便利で、世の中でもよく見かけますが、その奇妙な目盛りの打ち方に戸惑う人も多いようです。

これは一見おかしく見えますが、ちゃんとした意味があります。実は普通の軸が同じ差が（つまり、2と4、4と6などが）等間隔になっているのに対し、対数軸では等倍したときの距離が同じになっているのです。

上図で、定規を当てて確認してみると、たとえば1から2、2から4、4から8の距離が同じであることがわかるでしょう。他には1から3と3から9の距離も同じです。もちろん1と10、10と100の距離も同じです。

🖥Business ダイオードの電流—電圧特性を対数グラフで表す

下図はダイオードという半導体素子の電流—電圧特性を普通軸と対数軸でグラフにしたものです。普通軸だと0.2〜0.6Vは0に張りついていて、変化の様子がまったくわかりません。一方、同じデータでも、対数軸だと関係が正しくつかめることがわかります。

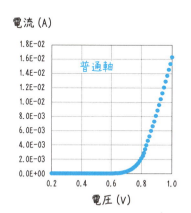
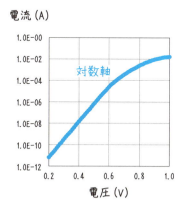

このように対数グラフは便利なものです。しかし、同じデータの見栄えがあまりに変わるため、**変化をごまかすテクニック**として使う人もいます。だから、グラフの軸には十分注意しましょう。

09 指数・対数の物理単位

教養 ★★★★　実用 ★★★★★　受験 ★

テストの題材とはなりませんが、よく見かけるので慣れておきましょう。エンジニアにとっては必須の知識です。

> **Point**
>
> **よく見るミリ、マイクロ、キロ、メガは単位ではなく接頭語**
>
> **指数を表す接頭語**
>
> | 記号 | 読み | 大きさ | 記号 | 読み | 大きさ |
> |---|---|---|---|---|---|
> | da | デカ | 10^1 | d | デシ | 10^{-1} |
> | h | ヘクト | 10^2 | c | センチ | 10^{-2} |
> | k | キロ | 10^3 | m | ミリ | 10^{-3} |
> | M | メガ | 10^6 | μ | マイクロ | 10^{-6} |
> | G | ギガ | 10^9 | n | ナノ | 10^{-9} |
> | T | テラ | 10^{12} | p | ピコ | 10^{-12} |
> | P | ペタ | 10^{15} | f | フェムト | 10^{-15} |
> | E | エクサ | 10^{18} | a | アト | 10^{-18} |
> | Z | ゼタ | 10^{21} | z | ゼプト | 10^{-21} |
> | Y | ヨタ | 10^{24} | y | ヨクト | 10^{-24} |
>
> **対数を使った単位**
> - デシベル(dB): 音の大きさを表す
> - マグニチュード: 地震の大きさを表す

指数を表す接頭語

たとえば1kmは1,000mであることはご存じでしょう。ここでk(キロ)というのは1000を表す**接頭語**です。

大きい数を表す接頭語はコンピュータのデータ量でよく見かけます。コンピュータの世界では、厳密には1,000倍ずつではなく1024(2^{10})倍ごとになっています。

小さい数を表す接頭語は、小さい長さを表現するときに1mm（ミリメートル）の$\frac{1}{1000}$である **1μm（マイクロメートル）** という単位がよく使われます。普通の人だとこのくらいまで覚えておけば良いでしょうが、物理や電子工学の分野ではf（フェムト）くらいまで日常的に使います。

Business デシベルとマグニチュード

対数を使った単位が、世の中にはたくさんあります。たとえば音の大きさを表すdB（デシベル）は、エネルギーが10倍になると10増える量です。つまり20dBは10dBの10倍のエネルギーで30dBは10dBの100倍のエネルギーということになります。

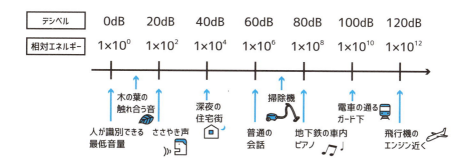

他に身近なところでは地震の単位であるマグニチュードも対数の量です。マグニチュードは2増えるとエネルギーが1,000倍になります。つまり、M（マグニチュード）7の地震は、M5の1,000倍のエネルギーの地震ということです。

2011年の東日本大震災のときに、地震の規模が後にM8.8からM9.0に訂正されました。微細な差に思えますが、この0.2の差はエネルギーがおよそ倍になったことに相当します。対数の単位の増分は感覚以上の差があるのです。

数学の世界の爆弾

　本文中でも触れましたが、対数や指数には制限（ルール）が多いです。たとえば、底が1とか0とか負の数になることは許されません。このように数学の世界には、いくつかのルールがあります。その中でも最強のものが「0で割ってはいけない」です。

　電卓で$1 \div 0$を計算してみてください。エラーの表示が出ることでしょう。数学の世界において、0で割ることは絶対的なタブーなのです。
　2乗して-1になる虚数を考えるくらいだから、たとえば$1 \div 0 = 1p$といった数を考えてもいいような気もします。それなのに、なぜ0で割ることだけがそんなに忌み嫌われるのでしょうか。
　それは数学の論理を破壊してしまうからです。もし0で割ることを認めると、下のように「$2 = 1$」が論理的に証明できてしまいます。

まず、$x = y$とする	
この式の両辺にxを掛けて	$x^2 = xy$
この式の両辺からy^2を引いて	$x^2 - y^2 = xy - y^2$
因数分解すると	$(x - y)(x + y) = y(x - y)$
両辺を$x - y$で割って	$(x + y) = y$
この式に、$x = y$を代入すると	$2y = y$
両辺をyで割って	$2 = 1$

　1997年9月21日、米国海軍のミサイル巡洋艦ヨークタウンの航行中、乗組員があるデータベースに0を入力しました。その結果、艦のコンピュータでエラーが発生し、すべてのマシンがダウン。なんと2時間30分にわたって航行不能に陥りました。まさに爆弾なみの破壊力！
　数学の世界で0の割り算とは、これほどまでに恐ろしいものなのです。

Chapter 04

三角関数

Introduction

三角形よりも波を表す関数

　サインコサインなんて何の役に立つんだ！　と数学批判のやり玉に挙げられることが多いのが三角関数です。

　しかし、実際は三角関数がないとスマートフォンを作ることができません。スマホ中毒の学生が多い現状では、数学の中で一番お世話になっているのは三角関数なのかもしれません。

　ただ、三角関数の「三角」にお世話になっているのではありません。実は三角関数は**波を表す関数**として用いられます。そして、電波はすべて三角関数で表されています。だから、三角関数がなくなるとスマートフォンが使えないということになるのです。

　数学の教科書でも三角関数は数ページで三角を裏切ります。というのも、$\sin\theta$ の θ は直角三角形の直角以外の角です。つまり、三角形の3つの角の和が180°ですから θ は0〜90°になるはずです。しかし、実際は教科書を5ページもめくると、$\sin 135°$ だとか $\cos(-45°)$ とかになります。もはや三角形でも何でもありません。

　こんな暴挙に出る理由は、三角関数で波を表したいからです。やはり三角関数は波の関数なのです。

三角関数のポイント

　三角関数は実に公式の多い単元です。加法定理、2倍角の公式、3倍角の公式、積和の公式、和積の公式、合成公式、……。しかもそれぞれの符号が微妙に違うなど、間違えやすい公式です。受験生は無視というわけにはいきませんが、教養や実用目的で勉強する方は無視してしまって構いません。

　ただ、本文中でも紹介しますが、その公式の中に電波の技術の中核である周波数変換技術の影が隠れていたりもするので、そういうところには注目しても

らうと良いと思います。

　実用で勉強する方はフーリエ級数の概念は理解してほしいところです。すべての波をsin、cosで表現するための基本となります。

　地味な項目ですが、弧度法も注意してください。Excelなどのソフトでは、三角関数の入力が度数法（0〜360°の慣れ親しんだ角度の単位）ではなく、ラジアンという単位を使う弧度法である場合が多いのです。だから、これを知らないと計算ができません。

 教養として学ぶには

　三角関数の重要性は、「波」を表現するための基本となっていることにあります。三角関数は三角形だけでなく、波を表現するために使われる関数であることを覚えてください。

 仕事で使う人にとっては

　加法定理までは必要ありませんが、$\sin\theta$と$\cos\theta$の変換など基本的な公式は覚えておきたいところです。三角関数のグラフの特徴はつかんでください。度数法と弧度法を相互に変換できるようにしておきましょう。フーリエ級数の考え方も重要です。

受験生にとっては

　細かい公式が多く、受験生泣かせかもしれません。しかし、公式といくつかの典型的な問題のパターンさえ覚えてしまえば、それほど難しいものではないと思います。

三角関数の基本公式

受験生や実用の人はもちろん、教養としても最低限このくらいは覚えておいてほしい項目です。

> **Point**
>
> ### 三角関数は直角三角形の辺の長さ比
>
> 三角関数は下図のように定義される。
>
>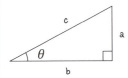
>
> $$\sin\theta = \frac{a}{c} \quad \cos\theta = \frac{b}{c} \quad \tan\theta = \frac{a}{b}$$
>
> **三角関数の主な公式**
>
> - $\tan\theta = \dfrac{\sin\theta}{\cos\theta}$
> - $\sin^2\theta + \cos^2\theta = 1$
> - $\sin^2\theta + \cos^2\theta = \dfrac{(a^2+b^2)}{c^2} = \dfrac{c^2}{c^2} = 1$ （三平方の定理より）

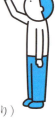

まずは直角三角形で三角関数を覚えよう

上図のように直角が右側に来るように直角三角形を置いたとき、それぞれsin（サイン）とcos（コサイン）とtan（タンジェント）をPointのように定義します。これは定義ですから決められたことです。

この三角形は直角三角形なので、三角形の3つの角の和が180°であることを考えると$0° < \theta < 90°$となります（この予想はすぐに裏切られます）。高校数学の問題では30°と45°と60°の値がよく出るので覚えておきましょう。

$$\sin 30° = \cos 60° = \frac{1}{2}, \quad \sin 60° = \cos 30° = \frac{\sqrt{3}}{2},$$

$\sin 45° = \cos 45° = \dfrac{\sqrt{2}}{2}$ となります。

三角関数の定義から $\tan \theta = \dfrac{\sin \theta}{\cos \theta}$ という関係は簡単に導くことができます。$\sin^2 \theta + \cos^2 \theta = 1$ は少しだけ頭を使います。三平方の定理より $a^2 + b^2 = c^2$ が成り立つのでこの公式が成立します。

三角関数の基礎で覚える必要がある事柄はこれだけです。

Business 三角法で高さを求める

三角関数の応用として**三角法**という考え方があります。

これはある物体の高さを測るときに、それを直接測るのではなく、ある点から物体までの距離と頂上までの角度を測定することによって高さを測るという方法です。

たとえば、下図のように木の高さを測ることを考えます。木までの距離が20mで頂上を見上げたときの角度が30°のとき、図のような計算により木の高さを求めることができます。

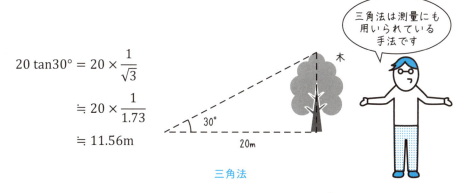

$$20 \tan 30° = 20 \times \dfrac{1}{\sqrt{3}}$$
$$\fallingdotseq 20 \times \dfrac{1}{1.73}$$
$$\fallingdotseq 11.56\text{m}$$

三角法

世の中には直接高さを測ることが難しいものもたくさんあります。これは測量などにも使われている方法になります。

ちなみに三角関数の値は一般に無理数で、簡単には求められません。そのため、計算には**三角関数表**というある角度における三角関数の値をまとめた表を使います。

02 三角関数の拡張とグラフ

三角関数の定義が三角形から単位円に変わります。三角関数のグラフを見て、「サイン、コサインは波」というイメージを持ちましょう。

> **Point**
>
> ### 三角関数は「単位円関数」「波関数」に変わる
>
> 三角関数を右下図のような単位円で定義する。
>
> 単位円周上の（1,0）を起点とした点がθだけ回転したとき、そのx座標を$\cos\theta$、y座標を$\sin\theta$と定義する。
> $\tan\theta$は$\dfrac{\sin\theta}{\cos\theta}$とする。
>
>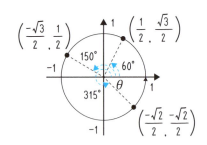
>
> 負のθは逆回転、360°以上は1回転以上と定義するとすべての実数θで三角関数が定義できる。

直角三角形から単位円に定義が変わる

前節の宣言通り、すぐに三角関数は直角三角形を離れます。θの範囲が$0° < \theta < 90°$という制限を外そうというのです。

それは意外に簡単で、上図に示すように単位円（半径1の円）上を動く点とその回転角という形で表されます。こうすると、直角三角形での定義と矛盾せずに三角関数をすべての実数に拡張することができます。

そして、三角関数を拡張したい理由は、**三角関数を利用して波を表現したいから**です。

📖 三角関数のグラフを描いてみる

三角関数が波である理由は三角関数のグラフを描いてみるとよくわかります。

単位円の定義に基づいて、$\sin\theta$、$\cos\theta$、$\tan\theta$のグラフを描いてみると下のようになります。回転するものなので360°周期となり、$\cos\theta$は$\sin\theta$を90°平行移動させた形になります。この形はまさに波ですね。だから三角関数で波を表すことになったのです。

$\tan\theta$は$\dfrac{\sin\theta}{\cos\theta}$なので、$\cos\theta=0$となる$\theta$（$-90°$、$90°$、$270°$、……）では分母がゼロになって定義されません。ですから周期が180°と$\sin$や$\cos$の半分となり、不連続点（$\cos\theta=0$）に向けて、急激に変化するグラフになります。

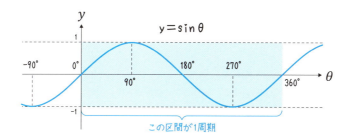

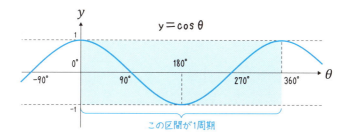

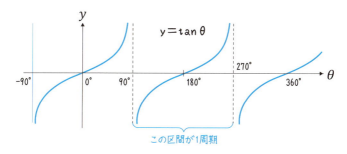

🖥️Business 三角関数で波を表す

「三角関数は波を表す関数だ」ということを繰り返していますので、具体的に三角関数を使ってどのように波を表現するのか説明します。

$$A \sin\left\{ f\left(t - \frac{x}{v}\right) \right\}$$

- 波の振幅: A
- 時間(変数): t
- 距離(変数): x
- 周波数: f
- 波の速さ: v

波は三角関数（sin）を使って上のように表されます。変数が多いので混乱するかもしれませんが、ひとつずつ押さえていけばそれほど難しいものではありません。

まず、波は時間（t）と距離（x）の2変数の関数ということに気をつけてください。波は同じ位置でも時間によって状態が変わりますし、同じ時間でも位置によって変わります。関数の書き方をすれば $y = F(t, x)$ となるのです。

まず、Aは波の振幅です。先ほど紹介したグラフのように $\sin(x)$ は-1から1までの値を取ります。ここではAにより波の振幅の大小を表現します。振幅を変えたときのグラフを図に示します。この図では $x = 0$ として、位置0における波の時間変動を見ています。

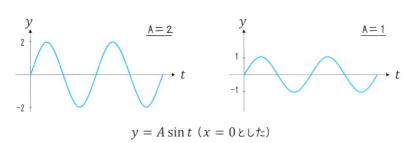

$y = A \sin t$ ($x = 0$ とした)

波の振幅

f は波の周波数です。これは波の周期の速さを表します。この f が大きければ大きいほど波の「振動」が速くなります。下図に $x = 0$ での波の時間変動を示しました。

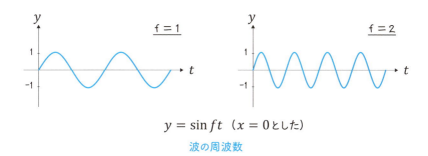

$y = \sin ft$ （$x = 0$ とした）

波の周波数

次は波の速さです。これは「振動」の速さではなく、波の速さです。自動車の速さと同じように、ある波が1秒後にどこまで進んでいるのか、ということを意味します。下図に波の速さの概念を示します。この図では先ほどまでとは異なり、グラフの横軸が x （位置）になっていることに気をつけてください。

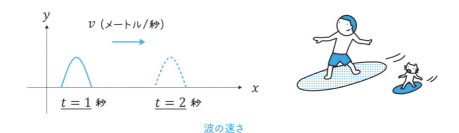

波の速さ

身近な波として音や光があります。音の速さは約340m/秒であるのに対し、光は約 3.0×10^8 m/秒（1秒間に30万km進む）になります。花火を見るとき、光が見えてから爆発音が聞こえる理由は、音と光に大きな速度の差があるからです。

音、光、電波、地震など波を数学で扱うときには、このように三角関数を使って表しています。だから、三角関数は科学技術の根幹に位置しているといえるでしょう。

03 三角関数の加法定理と諸公式

基本的に受験生が覚えるだけの項目ですが、本文で紹介するように公式の中にも意外な実用ネタが隠れています。

Point

加法定理がほとんどの公式の起点

三角関数では、下式が成り立つ。

加法定理

$$\sin(\alpha \pm \beta) = \sin\alpha\cos\beta \pm \cos\alpha\sin\beta$$
$$\cos(\alpha \pm \beta) = \cos\alpha\cos\beta \mp \sin\alpha\sin\beta$$
$$\tan(\alpha \pm \beta) = \frac{\tan\alpha \pm \tan\beta}{1 \mp \tan\alpha\tan\beta}$$

和積公式

$$\sin\alpha + \sin\beta = 2\sin\frac{\alpha+\beta}{2}\cos\frac{\alpha-\beta}{2}$$
$$\sin\alpha - \sin\beta = 2\cos\frac{\alpha+\beta}{2}\sin\frac{\alpha-\beta}{2}$$
$$\cos\alpha + \cos\beta = 2\cos\frac{\alpha+\beta}{2}\cos\frac{\alpha-\beta}{2}$$
$$\cos\alpha - \cos\beta = -2\sin\frac{\alpha+\beta}{2}\sin\frac{\alpha-\beta}{2}$$

合成公式

$$a\sin\theta + b\cos\theta = \sqrt{a^2+b^2}\sin(\theta+\alpha)$$

αは下式を満たす角度
$$\cos\alpha = \frac{a}{\sqrt{a^2+b^2}} \quad \sin\alpha = \frac{b}{\sqrt{a^2+b^2}}$$

受験生泣かせの公式群

三角関数では公式の大群に苦しめられた人も多いでしょう。Pointで紹介した以外にも、倍角公式、三倍角公式、半角公式、積和公式と、とにかく数が多いです。微妙に符号が異なっていたりするのもとてもやっかいです。

088

これらの公式は加法定理から導かれるので覚えなくても良い、という人もいますが、試験の現場では時間がとにかく足りないのでそういうわけにもいきません。受験生はとにかく覚えてください。

🖥️Business スマートフォンで使われている電波の周波数変換

苦労する受験生を横目に、教養や実用用途の人はもちろんこんな公式を覚える必要はありません。しかし、何の意味もないと思われるこの公式の中にも、通信技術の根底に関わる知見が隠れています。

先ほど、波はsinを使って表せるという話をしました。それでは周波数f_1の波とf_2の波を掛け合わせることを考えてみましょう。つまり、$\sin(f_1 t)$と$\sin(f_2 t)$という波です。これは、三角関数の積和の公式が適用できます。

$$\sin(f_1 t)\sin(f_2 t) = -\frac{1}{2}\{\cos(f_1+f_2)t - \cos(f_1-f_2)t\}$$

この式を見ると、掛け合わせることによって、$\cos(f_1+f_2)t$と$\cos(f_1-f_2)t$が出てきています。つまり、周波数f_1+f_2とf_1-f_2の波が発生しているのです。

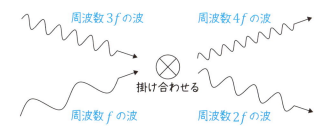

たとえば、周波数$3f$の波とfの波を掛け合わせた場合、周波数$4f$の波と$2f$の波が作り出されるということです。

一般的にスマートフォンは2GHz（2×10^9Hz）程度と高い周波数の電波を使います。この高い周波数の電波に伝えたい情報を載せるために、三角関数の公式から導かれる周波数変換の技術が使われているのです。

04 弧度法(ラジアン)

受験生、実用レベルの方は絶対必須です。教養レベルの方も360度法以外に角度の表し方があることは覚えてください。

> **Point**
> ## 弧度法の360°は2πラジアン
>
> **弧度法(ラジアン)**
>
> 右図のように半径1の円の扇形の角度 θ を L (ラジアン) と定義する。半径1のとき、円周の長さは 2π (π は円周率) となるから、度数法の360°は 2π (ラジアン) となる。
>
>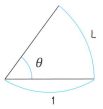
>
> よって、$1° = \dfrac{\pi}{180}$ (ラジアン)　　1 (ラジアン) $= \left(\dfrac{180}{\pi}\right)°$
>
> 例) $30° \to \dfrac{\pi}{6}$ (ラジアン)、$45° \to \dfrac{\pi}{4}$ (ラジアン)
> 　　$180° \to \pi$ (ラジアン)、$360° \to 2\pi$ (ラジアン)

なぜ弧度法を使うのか?

今まで角度は度という単位を使って表していました。しかし、三角関数では**ラジアン(弧度法)**という単位を使います。慣れ親しんだものをわざわざ変える理由は、ラジアンを使うと数式がシンプルになるからです。

たとえば、Chapter05で説明する三角関数の微分で、その効果がわかります。$\sin\theta$ を微分すると度数法の場合は $\dfrac{\pi}{180}\cos\theta$ となりますが、ラジアンにすると単に $\cos\theta$ となり大変シンプルです。そのためラジアンを用いるのです。

逆に、なぜ今まで360°法を使っていたかというと、古代メソポタミアの天文学者によって地球が太陽の周りを1周する1年を360日と定義したからといわれて

います。

　ただ、個人的には360°はとても良い数字だと思います。360は約数が多くて2～6までの整数できっちり割り切れます。だから、とても計算しやすい数字です。

📖 コンピュータにおける三角関数の角度の単位

　数学を実用目的で利用する人は、コンピュータで三角関数を扱うことも多いでしょう。このとき、気をつけなければいけないことがあります。それは**角度の単位**です。たとえば、Excelを使って、θが0～180の範囲内で$\sin\theta$のグラフを描いてみると、下図の青線のようになります。

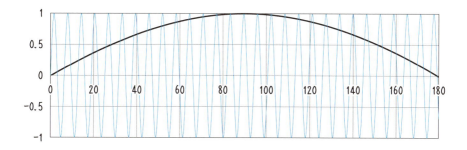

　本当は黒線のように180°まで半周期のグラフを書かせたかったのですが、ずいぶんと周期が違っています。これは**Excelのsin関数における角度の単位がラジアンである**ことが原因です。

　度の単位でグラフを描きたい場合は自分でθに$\dfrac{\pi}{180}$を掛けるか、もしくはExcelに用意されている"RADIANS"という関数を使って、度をラジアンに変換しなくてはいけません。

　このように単純な例であれば、すぐに間違いがわかります。しかし、複雑な計算の一部となると、このような角度の単位の間違いは非常に見つけにくいです。私も計算のプログラムを作っているときに、途中式の角度の単位を間違えて丸3日以上を無駄にしたことがあります。角度を扱う際には、単位に細心の注意を払うようにしましょう。

05 正弦定理と余弦定理

これは受験生だけわかれば良い項目なので、教養や実用用途の方は飛ばしてしまっても構いません。

> **Point**
> ## 三角形の辺の長さや角の大きさを求めたいときに使う
>
> **正弦定理**
>
> 三角形ABCにおいて下式が成り立つ
> (Rは三角形ABCの外接円の半径)。
>
> $$\frac{a}{\sin A} = \frac{b}{\sin B} = \frac{c}{\sin C} = 2R$$
>
>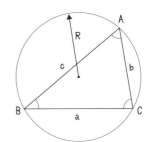
>
> **余弦定理**
>
> 三角形ABCにおいて、下式が成り立つ。
>
> $$a^2 = b^2 + c^2 - 2bc \cos A$$
> $$b^2 = a^2 + c^2 - 2ac \cos B$$
> $$c^2 = a^2 + b^2 - 2ab \cos C$$
>
>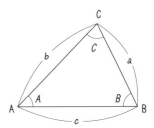

試験では頻出の正弦定理、余弦定理

正弦定理、余弦定理はあまり実用化されませんが、試験には頻出です。

正弦定理は三角形の三辺の長さの比は、対向する角度のサインに等しい、つまり「$a:b:c = \sin A : \sin B : \sin C$」とも理解できます。

余弦定理は三平方の定理を直角三角形以外に拡張したものとも考えられます。たとえば、"$a^2 =$"の式で$A = 90°$だと$\cos A = 0$となり、$a^2 = b^2 + c^2$という三平方の定理になることがわかります。

いろいろな三角形の面積の公式

　三角形の面積というと、「底辺×高さ÷2」が真っ先に思い浮かぶでしょう。しかし、三角関数と正弦定理、余弦定理を使うと、他にもさまざまな算出方法が導かれます。ここではそれらを紹介しましょう。

　下図のAの方法は本質的に「底辺×高さ÷2」と同じです。図のような垂線を引くと、$a\sin\theta$は三角形の高さになります。底辺はbですから、これは底辺×高さ÷2をしていることがわかります。

　下図のBの方法は**ヘロンの公式**と呼ばれるものです。3辺の長さの情報のみから三角形の面積を求められる公式です。

　下図のCの方法は内接円を使った方法です。これは三角形を3つに分割して、それぞれの面積を「底辺×高さ÷2」で求めて、足し合わせた形になっています。

　下図のDの方法は正弦定理から導かれる方法です。3辺の積の形で表されるので、最も美しい三角形の面積の公式ともいわれます。この感覚、理解できるでしょうか。

A
$$S = \frac{1}{2}ab\sin\theta$$

C
$$S = \frac{1}{2}r(a+b+c)$$
ただし r は内接円の半径

B
$$S = \sqrt{s(s-a)(s-b)(s-c)}$$
ただし $s = \dfrac{a+b+c}{2}$

D
$$S = \frac{abc}{4R}$$
ただし R は外接円の半径

三角形の面積の公式

06 フーリエ級数

計算はできなくても良いですが、任意の波がsin、cosの和で表されることは覚えておきましょう。高校数学の範囲外です。

> **Point**
> **すべての波はサイン、コサインの和で表される**
>
> $f(x)$が周期Tの関数であるならば、下記のように表される。
>
> $$f(x) = \frac{a_0}{2} + \sum_{n=1}^{\infty}\left(a_n \cos\frac{2\pi nx}{T} + b_n \sin\frac{2\pi nx}{T}\right)$$
>
> ただし、
>
> $$a_n = \frac{2}{T}\int_0^T f(x)\cos\frac{2\pi nx}{T}dx \qquad b_n = \frac{2}{T}\int_0^T f(x)\sin\frac{2\pi nx}{T}dx$$
>
> 例） 右のようなノコギリ形の波は下式のように展開できる。
>
> $$f(x) = \frac{2}{\pi}\left(\sin x - \frac{1}{2}\sin 2x + \frac{1}{3}\sin 3x - \frac{1}{4}\sin 4x + \cdots\right)$$
>
>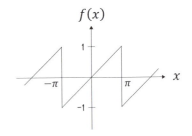

📖 すべての波はサインコサインに通じる

本節の要点は「**すべての波はサインコサインで表せますよ**」ということです。Pointにある難しそうな式は、まずは理解できなくても大丈夫です。

サインとコサインの波形は**正弦波**といいます。波の一番きれいな形ともいえます。でも、波というものは一般的に正弦波のようなきれいな波ではありません。三角関数で表せない波もあるのではないか、と思う人もいるでしょう。しかし、このフーリエ級数により、ノコギリ波だろうが方形波であろうがどんな波でも、

周波数の異なる複数の正弦波の重ね合わせで表現できるのです。

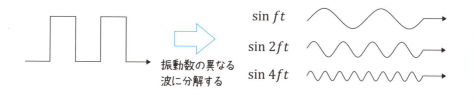

Business 音・光と周波数の関係

先ほど任意の波は「周波数の異なる」複数の正弦波で表現できるという話をしました。実はこの周波数というものが波を語る上で重要なパラメータになります。

たとえば、音は波です。そして、音の周波数の違いは音の高さを表します。ドレミファソラシドという音階で、最後のドは最初のドより1オクターブ高いといいますよね。ここで最後のドは最初のドの2倍の周波数です。だから、1オクターブという言葉は、周波数が2倍になることを意味しているのです。

楽器はその音を出す波の周波数に最適化して作られています。たとえば、低音を出す楽器は高音の楽器より大きいです。その理由は、周波数が低い波は長く、その長い音を響かせるためには楽器を大きくしなければならないからです。このように音の設計には波、つまり三角関数やフーリエ級数が深く関わっています。

また、光も波です。光の場合は周波数の違いは色に相当します。虹は外側から、赤、オレンジ、黄色、緑、水色、青、紫という順に並びますが、これは周波数が低い順番になります。そして、周波数の違う色を混ぜてさまざまな色を作ります。だから、ディスプレイなどで色を設計するときにも三角関数やフーリエ級数が大きく関わっているのです。

07 離散コサイン変換

三角関数の身近な応用例として紹介します。画像や動画の圧縮に使われます。トピックス的に眺めてもらうだけで良いと思います。

> **Point**
>
> ## 二次元の画像も三角関数の重ね合わせで表せる
>
> **離散コサイン変換**
> - JPEGやMPEGの画像圧縮で使われている
> - フーリエ級数を二次元に展開したものと考えられる
>
> **JPEGで使われている離散コサイン変換の式**
>
> $$D_{vu} = \frac{1}{4} C_u C_v \sum_{x=0}^{7} \sum_{y=0}^{7} S_{yx} \cos\frac{(2x+1)u\pi}{16} \cos\frac{(2y+1)v\pi}{16}$$
>
> DCT変換
>
> S_{yx} → 二次元画素値
> D_{vu} → 二次元DCT係数
>
> ただし、$C_u, C_v = \begin{cases} \frac{1}{\sqrt{2}} & u, v = 0 \text{のとき} \\ 1 & \text{それ以外のとき} \end{cases}$

📖 スマートフォンの写真で使われている三角関数

　本節では三角関数の応用として、**離散コサイン変換**を紹介します。画像処理のエンジニアでもない限りは細かい数式の理解は必要ありません。画像圧縮に波の重ね合わせの考え方が使われていて、それに三角関数が関わっていることをイメージしていただければ十分です。読み物として読んでみてください。

　まず、デジタルの画像はどのようにしてできているか解説します。

下図のようにスマートフォンやデジカメで撮った写真を拡大していくと、最後は四角の画素という最小単位にたどり着きます。よくいわれるデジカメの画素数とはこの画素の数になります。当然、多いほどきれいな写真を撮ることができます。

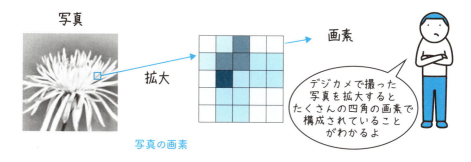

写真の画素

　そして、1つの画素は1つの色を持っています。たとえば、白黒写真で白から黒までを256段階で表すと、256は8ビット（2^8）なので、必要なデータ量は画素数×8ビットとなります。カラー写真の場合は、光の三原色である赤と緑と青についてそれぞれ8ビットの情報が必要で、白黒の3倍のデータになります。

　これをそのままデータにした画像形式は**ビットマップ形式**と呼ばれます。ただ、これだと情報が大きすぎてディスクの容量を取りすぎてしまうので、圧縮の必要が出てくるわけです。

　例として、あるビットマップ形式の画像（1280×800）の容量が3MB（メガバイト）程度でした。これをJPEG形式にすると0.2MBになりました。圧縮率は画像によって異なりますが、一般的に10分の1程度に圧縮ができます。これだけデータ通信量やメモリ容量を節約できるのですから、圧縮とは重要な技術であることがわかります。

Business 画像の圧縮方法

　JPEGで使われている離散コサイン変換というデータ圧縮方法の手順について説明します。

　まず、全体の画像をブロックに分けます。JPEGでは画像を8画素×8画素のブロックに分けます。そして、各ブロックを周波数成分に分けます。ここが少し難しい部分ですが、重要なので詳しく説明します。話を単純にするために、8×8ではなく、3×3のブロックを例として使います。

　まず、下図のように左にある実際の画素のブロックを、右にある9種類の基本ブロックの重ね合わせとして表します。

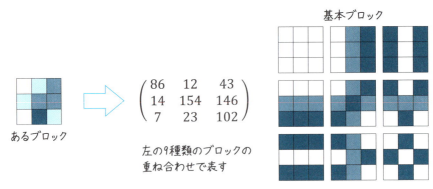

画像をブロックに分ける

　フーリエ級数の項で、どんな波でもサインとコサインの和で表されるという話をしました。それと同じようにどんな画素ブロックでも、基本ブロックの和で表されるのです。そして、図中の数字の列がその結果となります。

　この重みづけの数字を求めるときに「離散コサイン変換」が使われます。ここでは数式の理解が目的ではないので説明はしません。ただ、コサイン変換というくらいなので、それはコサインの和という形で表されます。

　96ページの離散コサイン変換の式に戻ってもらえれば、確かにそこにコサインがあることがわかるでしょう。

次に高周波部分を間引きます。

ここで高周波成分と呼んでいるのは先ほどの基本ブロックの下側にあるような、黒と白が激しく変化している部分です。こうした高周波の白と黒が混ざったパターンは、人間が遠くから見るとほとんどグレーの単色に見えます。つまり、人間の目には判別しにくい部分なのです。

だから、この成分を思い切って無視してしまったり、重みづけを減らしたりします（256階調を16階調に落としてしまうイメージです）。この作業により、データを少なくする（圧縮する）ことができるのです。

高周波のパターン　　　　　　　　遠くから見ると単色に見える

高周波のパターン

一般的なJPEGのフォーマットはこんな方法が使われています。MPEGという動画フォーマットの画像にも、これと同様な方法が使われます。

ちなみに、JPEGはこのような仕組みで、高周波成分を無視してしまうので、文字のように黒と白のコントラストがはっきりしているパターンは苦手です。

パソコンで書いた文字をjpeg形式で画像ファイルにすると、文字の輪郭がにじみます。風景の写真などでは気になることはないでしょうが、このにじみが気になる用途ではJPEGではなく、他の圧縮方式が使われることもあります。

さらにJPEGは不可逆（元に戻せない）の圧縮であることに注意してください。高周波の成分を捨ててしまうため、圧縮後のデータから圧縮前のデータを復元することができないのです。そのため、何回も保存を繰り返すと、どんどん情報が捨てられ画質が劣化してしまいます。

20 と 20.00 の違い

　本章の中で三角法で木の高さを求める方法を紹介しました。ここでは $\sqrt{3} ≒ 1.73$ として計算しています。でもよく考えてみれば、$\sqrt{3}$ は無理数で 1.73205……と無限に続くはずです。本当に 1.73 で良いのでしょうか。

　実際の世界の数字、つまり測定値には必ず誤差があります。「測定してみると 20m だった」といっても、その数字は誤差を含んでいます。ここでは有効数字という考え方を使います。

　たとえば 20m で有効数字 2 桁だとすると、2 桁目の数字 0 までが正しいだろうと考えます。つまり、四捨五入して 20m になる数字ですから、真値は 19.5〜20.5m くらいの幅の間にあるだろうと考えるのです。

　一方、精密な測定で、cm 単位まで正しい測定結果を得たとします。このとき、20m は 20.00m になります。これは有効数字が 4 桁の数です。つまり、真値は 19.995〜20.005m の間に収まるわけです。

　「$\sqrt{3}$ の近似値に何を使うのか？」という問題も、測定値の有効数字に関わってきます。計算は普通、有効数字より 1 桁多い数字で計算し、最後に四捨五入します。だから、測定値の有効数字が 2 桁であれば $\sqrt{3} ≒ 1.73$ と 3 桁目までで良いですし、4 桁であれば $\sqrt{3} ≒ 1.7321$ と 5 桁目まで使う必要があるのです。

　ちなみに有効桁数は小さいほうにそろえられます。たとえば、長方形の面積を求めるときに、1 辺が有効数字 2 桁の 1.1cm でもう一辺が有効数字 4 桁の 2.112cm だとします。このとき、面積は $1.1 × 2.112 = 2.3232\mathrm{cm}^2$ となりますが、この数字は有効数字 2 桁なので、約 $2.3\mathrm{cm}^2$ という精度しかありません。

　ですから、計算する中に精度の低い数字がある場合、他の数字をいくら精密に測定しても無駄になります。数学を実用する人にとっては、この有効数字の感覚はとても大事です。

Chapter 05

微分

Introduction

微分とは何か？

微分とは何か。これは意外に理解されていません。高校で数学を得意としてテストで高得点を取る学生でさえも、その本質を理解していない場合が多いです。何を隠そう、私も大学2年で電磁気学を勉強してはじめてその意味が理解できました。今思えば、高校生のときは問題が解けても、本質的な意味はわかっていなかったと感じます。

微分の本質を一言でいうと「**割り算**」です。ただ、小学校で習う割り算から、少しだけグレードアップしています。

例を出します。60kmの道のりを車で2時間かけて移動した、ということを考えてみましょう。その速さは $60 \div 2 = 30$ で時速30km/hということがわかります。これが小学校で習う割り算です。

次に高校で習う微分の「割り算」は設定が複雑になります。現実的に考えて60kmの道のりを2時間同じスピードで走り続けた、ということはありません。ということは、実際は速度と時間の関係は下図のように変化しているはずなのです。たとえば、矢印で示している1時間後のスピードは明らかに時速30km/hより速いはずです。

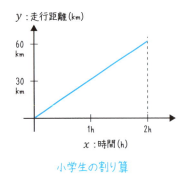

小学生の割り算

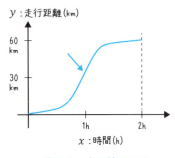

高校生の割り算（微分）

この1時間後の速さは時速何km/hでしょうか。車を運転しているとスピードメーターはどんどん変化します。時間と距離との関係からスピードメーターの速度、つまりある時刻における速度を求めるにはどうしたらいいのでしょうか。これを計算するのが**微分**です。

確かに微分は小学生の割り算よりは複雑です。しかし、本質的な意味は距離と時間から速さを求めるという小学生の計算と変わりません。だから「微分とは何か？」と聞かれたら、「すごい割り算です」と私は答えるのです。

無限を扱えるようになる

微分の陰に隠れていますが、ここでは新しい概念が登場します。

それは**∞（無限大）**です。微分を学ぶと∞を扱えるようになります。また、関数が「無限」に何かに近づいていく、という「**極限**」の理論も登場します。

微分が数学的に完全な理論となるには、極限や無限を適切に扱わなくてはなりません。数学の世界の中で「**∞をいかに矛盾なく扱うか**」は、特に大学で専門的な数学を学ぶ人にとっては重要です。

小学校ではじめて分数が出てきたときのように、あるいは中学校ではじめて負の数を学んだときのように、微分を通じて新しい数を学べます。

この無限の話を聞いて、心が震える人は数学の適性があります。数学の研究者になれるかもしれません。

ただ、大多数の人は（実は私もその一人です）、そこまで厳密なことには興味がなく、試験や仕事で使うことを目的としているでしょう。その場合、このあたりの議論は面倒で難しく感じると思うので、深入りしなくても構いません。極限や微分の定義に深く足を踏み入れなくても、微分を利用することはできます。ただ、ざっくりと「∞とは何か」という感覚は必要になります。この感覚を身につけることを意識しましょう。

積分との関係

よく微積分といわれるように、微分と積分はセットで語られます。なぜかというと、積分は微分の逆演算だからです。簡単にいうと、先ほど微分は「すごい割り算だ」といいましたが、積分は「**すごい掛け算**」なのです。

この本でもそうですが、数学の授業では微分を勉強してから積分を学習します。しかし、これは微分と積分が登場した歴史から見ると逆なのです。

積分は紀元前の時代から考案、実用化されています。しかし、微分の登場は紀元1000年以降で、本格的に実用化され始めたのは1600年代のニュートンやライプニッツの時代です。

「微分より積分のほうが歴史は古い」。これが何を意味しているかというと、一言でいうと「**積分は微分より簡単である**」ということです。積分量としてわかりやすいものは身近にたくさんありますが、微分量でわかりやすいものは「速さ」くらいしか思いつきません。

ですから、微分が理解できない人は、一度微分を学習することをあきらめて積分から勉強してみると良いでしょう。積分を勉強した後に、微分は積分の逆なのだ、と理解するほうが学習が進みます。

それでは、なぜ学校では微分から教えられているのでしょうか。それには2つの理由があります。

1つ目の理由は積分の考え方は微分より理解しやすい反面、計算は積分のほうが複雑だからです。公式だけ覚えてしまえば、関数を微分することは比較的簡単ですが、積分はそうはいきません。

2つ目の理由は理論的に筋が通るということです。数学的に矛盾なく理論を進めるためには、極限→微分→積分の順がベストです。だから、微分を先に教えるのです。理解のしやすさはこの逆の順なのですが……。

数学の専門家はわかりやすさより議論の厳密性を重視します。ですから、必ずしも教科書の順に勉強することは得策でないこともあるということを頭に入れておきましょう。

 教養として学ぶには

まずは微分の意味を理解してください。微分はすごい割り算です。「微分がなぜ割り算なのか」「『すごい』とは何がすごいのか」、この2点を押さえましょう。さらに数学がどのように無限を扱っているか、それを理解できれば完璧です。

 仕事で使う人にとっては

計算はコンピュータに任せられますが、だいたいのイメージを持つことが大事です。ある関数を微分するとどんな関数になるか、数式だけでなくグラフ（変化）が頭に浮かぶようにしましょう。

受験生にとっては

受験数学のハイライトともいえます。接線、関数の変化（最大値、最小値）などは特に頻出です。公式を覚えるのはもちろん、確実かつ素早く計算できるように徹底的に訓練しましょう。

極限と無限大

教養の人も言葉だけは覚えてください。微分を理解する土台となります。実用面でも、得られた式の極限値を押さえることは重要です。

> **Point**
> 「限りなく近づく」と「その値そのもの」は少し違う
>
> **極限**
>
> 関数$f(x)$において、xがcと異なる値を取りながら、限りなくcに近づくとき、その$f(x)$の値がLに限りなく近づくことを下式で表現する。
>
> $$\lim_{x \to c} f(x) = L$$
>
>
>
> 例)
>
> $\lim_{x \to 5} 2x = 10$：xが限りなく5に近づくとき、$2x$は10に近づく。
>
> $\lim_{x \to \infty} \dfrac{1}{x} = 0$：$x$が無限大に近づくとき(限りなく大きくなるとき)、$\dfrac{1}{x}$は$0$に近づく。
>
> $\lim_{x \to 0} \dfrac{1}{x^2} = \infty$：$x$が限りなく$0$に近づくとき、$\dfrac{1}{x^2}$は限りなく無限大に近づく(限りなく大きくなる)。
>
> ※∞は限りなく大きな値(無限大)を表す。一方、$-\infty$は負で絶対値が無限大を表す

📖 誤解されやすい極限

上記の説明を読んで違和感がありませんか。数学では通常、誤解が生じないように明確な言葉が使われるのにもかかわらず、ここでは「限りなく近づく」などのあいまいに取られる言葉が使われています。

確かにこの表現は厳密ではありません。そして、その議論は難しく大学の数学を学ぶまで、この問題は解決されません。「限りなく近づく」ことは、例題を通して体得しましょう。

簡単な例だと、$f(x) = 2x$ の x が 5 に近づくとき、$f(x)$ は $f(5) = 10$ に近づきます。ここで重要なことは、極限はあくまで「限りなく近づく値」であって**代入した値そのものではない**ということです。

$f(x) = \dfrac{1}{x^2}$ としたときに、$x \to 0$ の極限を考えてみます。ここで数学の絶対的なルールとして 0 で割ることはできません。ですから $f(0)$ という値は存在しません。しかし、限りなく 0 に近づくということは考えても良いのです。そして、限りなく 0 に近づくとき、$f(x)$ は限りなく大きくなる、つまり ∞（無限大）になることがわかります。

極限がある値になるときは**収束**するといいます。一方、無限大になってしまうときなど、値が定まらないときは**発散**するといいます。

Business 複雑な式の読み解き方

極限や無限大は数学上の概念なので、直接何かに使うことはありません。しかし、数式に関わる仕事をしていると極限の考え方を使って数式の意味を理解することが多いです。

たとえば、下式は私の担当している半導体のモデリングという仕事で出てくる式のひとつです。

$$\mu_{eff} = \frac{U0 \cdot f(L_{eff})}{1 + (UA + UCV_{bseff})\left(\dfrac{V_{gsteff} + 2V_{th}}{TOXE}\right) + UB\left(\dfrac{V_{gsteff} + 2V_{th}}{TOXE}\right)^2 + UD\left(\dfrac{V_{th} \cdot TOXE}{V_{gsteff} + 2V_{th}}\right)^2}$$

さすがにこんな式をじっと眺めていても何もわかりません。こんなときには、まず各変数を 0 や ∞ など極端な値にしたときの値を調べます。それをとっかかりにして、式の意味をつかんでいくのです。そんな意味で極限という考え方は実用する上でも役に立ちます。

02 微分係数（微分の定義）

微分の定義です。しかし、結構難しいので、わからなかったら飛ばして先に進みましょう。定義が理解できなくても使うことはできます。

> **Point**
> **定義式と格闘するより、まずは実例で学んでみる**
>
> **微分係数**
>
> 関数$f(x)$のある点$f(a)$において下記の極限値が存在すれば、この極限値を関数$f(x)$の$x = a$における微分係数と呼び、$f'(a)$と表す。
>
> $$f'(a) = \lim_{h \to 0} \frac{f(a+h) - f(a)}{h}$$
>
> 例）関数$f = x^2$の$x = 1$における微分係数は、次の通り。
>
> $$f'(1) = \lim_{h \to 0} \frac{f(1+h) - f(1)}{h} = \lim_{h \to 0} \frac{(1+h)^2 - 1}{h} = \lim_{h \to 0}(2+h) = 2$$

📖 まずは微分のイメージをつかもう

微分とは微分係数を求めることなので、上記の微分係数の定義は**ほぼ微分の定義と同じ**と考えて良いです。しかし、はじめて微分を勉強する人がこの式を見て

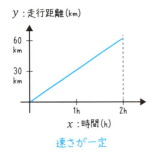

速さが一定

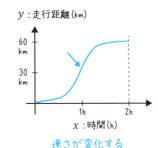

速さが変化する

も何のことかよくわからないでしょう。そこで、これから速さと時間と距離の関係を例として、微分係数の意味を説明します。

たとえば車で60kmを2時間かけて走ったとき、前ページの左側の図のように一定速度で走ったとすれば、$60 \div 2 = 30$で時速30km/hとなります。しかし、実際は速度が変化していて、時間と距離の関係が前ページの右側の図のようになっていたとします。2時間で60km走ったことには変わりありませんが、速度が変化しています。このとき、たとえば1時間後（図の矢印の箇所）における瞬間の速度をどうやって求めれば良いでしょうか。

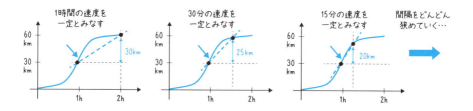

微分の考え方は上図のようなものです。全体としては2時間で60km走りました。そして、その時間間隔をどんどん短くしていきます。1時間で30km、30分で25km、15分で20km……。

そうやって、たとえば1秒くらいまで短くしてやると、事実上**その間は速度が一定とみなせる**ようになることは感覚的に理解できると思います。急加速または急減速しているときは、1秒でも不十分かもしれません。その場合でも、さらに時間間隔を短くしていくと、いつか速度を一定とみなせるはずです。

すると、その速度が一定とみなせる時間間隔で（距離）÷（時間）を計算すると、瞬間での速さとすることができます。

これが微分の定義式の意味するところです。$f(x)$は時間と距離の関係、aは速さを求めたい時刻（上の例では1時間後）、hが時間間隔です。すると分子は$f(a+h) - f(a)$で、hの時間に動いた距離です。そして分母がhで時間ですから、（距離）÷（時間）で速度になります。そして、hをどんどん小さくする（極限）と瞬間の速度が求められます。この**極限を使った割り算が微分の本質**です。つまり「すごい割り算」なのです。

03 導関数

教養 ★★★★★　実用 ★★★★★　受験 ★★★★★

教養レベルであっても、導関数という言葉と表記を覚え、x^nの微分くらいは計算できるようにしましょう。簡単です。

Point
x^n を微分すると nx^{n-1} となることだけは覚えておく

導関数

関数$y=f(x)$の微分係数の関数、すなわち下記の関数を$y=f(x)$の導関数と呼び、$f'(x)$、y'、$\dfrac{dy}{dx}$、$\dfrac{d}{dx}f(x)$などと表記される。

導関数を求めることを微分するという。

$$f'(x) = \lim_{h \to 0} \frac{f(x+h)-f(x)}{h}$$

$y=x^n$ の導関数と微分の線形性

- $y=x^n$の導関数y'は$y'=nx^{n-1}$となる。$y=c$（定数）の導関数は0
- 導関数は線形性、つまり下の性質がある。

$$\bigl(af(x)+bg(x)\bigr)' = af'(x)+bg'(x)$$

例） $(5x^4+3x^2+10)' = 5 \times 4x^{(4-1)} + 3 \times 2x^{(2-1)} = 20x^3+6x$

$\left(\dfrac{2}{x}\right)' = (2x^{-1})' = 2 \times (-1)x^{(-1-1)} = -2x^{-2} = -\dfrac{2}{x^2}$

$(\sqrt{x})' = \left(x^{\frac{1}{2}}\right)' = \dfrac{1}{2}\left(x^{\left(\frac{1}{2}-1\right)}\right) = \dfrac{1}{2}\left(x^{-\frac{1}{2}}\right) = \dfrac{1}{2\sqrt{x}}$

📖 x^n の微分は簡単

前節で解説した微分係数の定義は難しいですが、微分係数を与える関数を求めること、つまり関数を微分することは簡単です。

Pointに示すようにax^nを微分すると$a \times nx^{n-1}$となります。つまり$2x^3$を微

分すると$6x^2$になります。これだけのことなので、中学生でも15分くらい教えれば理解できます（意味の理解は難しいでしょうが……）。

📖 導関数の意味

次に導関数を語る上で最低限つかんでほしいことを説明します。それは、「**導関数はグラフの傾きを表している**」ということです。

導関数の値は微分係数、つまり1次関数でいう傾きを表します。そのため、導関数が正の領域では元の関数は増加します。そして、値が大きくなるほど傾きが急、つまり増加の速度は速くなります。

一方、導関数が負の領域では元の関数は減少しています。そして、値が小さくなるほど傾きが急、つまり減少の速度が速くなります。

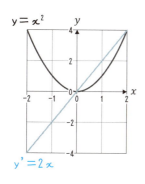

$y = x^2$と導関数

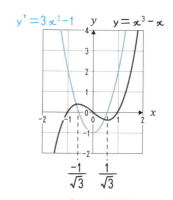

$y = x^3 - x$と導関数

例を挙げて説明しましょう。まず、左図に$y = x^2$とその導関数$y' = 2x$のグラフを描いています。導関数は$x = 0$を境にして正と負が入れ替わります。そのため、$y = x^2$のグラフは$x = 0$で減少から増加に転じています。そしてxが正の領域では、xが大きくなるほど傾きが急になります。

さらに複雑な例を出します。右図は$y = x^3 - x$とその導関数$y' = 3x^2 - 1$です。導関数y'は$-\dfrac{1}{\sqrt{3}}$と$\dfrac{1}{\sqrt{3}}$の間のときだけが負でその他の領域では正となります。だから、元の関数$y = x^3 - x$は$-\dfrac{1}{\sqrt{3}} < x < \dfrac{1}{\sqrt{3}}$の区間でだけ減少していて、他の領域では増加関数であることがわかります。

三角関数、指数・対数関数 の微分

ここで有名なネイピア数が登場します。教養レベルの人でも最低限 e^x という関数は微分しても e^x となることは押さえておきましょう。

> **Point**
>
> e^x は微分しても e^x
>
> **三角関数の微分**
>
> 右の $\sin x$ と x の極限式を使うと三角関数の導関数は下のように求められる。
>
> $(\sin x)' = \cos x$　　$(\tan x)' = \dfrac{1}{\cos^2 x}$
> $(\cos x)' = -\sin x$
>
>
>
> **指数・対数関数の微分**
>
> 指数・対数関数の導関数は下記のようになる。
>
> $(e^x)' = e^x$　　$(\log_e x)' = \dfrac{1}{x}$
>
> $(a^x)' = a^x \log_e a$　　$(\log_a x) = \dfrac{1}{x \log_e a}$
>
> ただし、e はネイピア数と呼ばれ、下式で定義される無理数。
>
> $\displaystyle\lim_{n \to \infty} \left(1 + \dfrac{1}{n}\right)^n = e = 2.71828182845\cdots\cdots$

📖 三角関数の微分

三角関数の微分は $\sin x$、$\cos x$、$\tan x$ の導関数、それと $x \to 0$ の極限で $\dfrac{\sin x}{x}$ が 1 になるということ、つまり $\sin x$ と x が同じ値に近づいていくことを覚えておきましょう。

またsin x の導関数はcos x なので、sin x のx における傾きはcos x になっています。これが三角関数の性質です。

📖 ネイピア数の登場

指数・対数関数の微分では、有名な**ネイピア数" e "**が登場します。e はPointで示した極限の式で定義される無理数です。この数は数学の世界で円周率π に並ぶ重要な数です。教養レベルの方でも、必ず覚えましょう。

ネイピア数の一番重要な性質は**関数e^x の導関数が自分自身のe^x になること**です。つまり、e^x の傾きはe^x 自身ということです。このような性質を持つので、指数関数や対数関数の導関数にはe がよく登場します。また、Chapter07で紹介する微分方程式の解にもe が頻繁に出てきます。

e は数学を実用するときに特によく使います。対数の底はほとんどがe になるので、底がe になる対数、つまり$\log_e X$ を$\ln X$ と表記することもあります。

また、コンピュータに計算させるときに、専用の関数が用意されていたりします。Excelを含むほとんどの表計算ソフトやプログラミング言語ではe^x の関数値を求めるときに、"exp( )"という関数が割り当てられています。たとえば、e^5 を計算したければ、exp(5)とすれば良いです。

高校の課程の範囲外ですが、数学の実用時には**ハイパボリック関数**という関数もよく出てきます。これはsinh（ハイパボリックサイン）、cosh（ハイパボリックコサイン）、tanh（ハイパボリックタンジェント）と呼ばれ、下式のように定義されています。

サイン、コサインなどという言葉がつきますが、三角関数ではありません。式を見るとe を使った指数関数であることがわかります。

$$\sinh x = \frac{e^x - e^{-x}}{2} \quad \cosh x = \frac{e^x + e^{-x}}{2} \quad \tanh x = \frac{e^x - e^{-x}}{e^x + e^{-x}}$$

05 積の微分、合成関数の微分

受験生には重要です。実用の人は手を動かして計算することは少ないですが、このくらいの公式は覚えておきたいところです。

> **Point**
>
> **公式を忘れても、x^n の微分から導ける**
>
> ### 積の微分
>
> 関数 $f(x)$、$g(x)$ の積、商を微分すると次のようになる。
>
> $$\{f(x)g(x)\}' = f'(x)g(x) + f(x)g'(x)$$
>
> $$\left(\frac{f(x)}{g(x)}\right)' = \frac{f'(x)g(x) - f(x)g'(x)}{(g(x))^2}$$
>
> 例) $\{x^2 \sin x\}' = (x^2)' \sin x + x^2(\sin x)' = 2x \sin x + x^2 \cos x$
>
> $\left(\dfrac{\sin x}{x^2}\right)' = \dfrac{(\sin x)'(x^2) - (\sin x)(x^2)'}{(x^2)^2} = \dfrac{x^2 \cos x - 2x \sin x}{x^4} = \dfrac{x \cos x - 2 \sin x}{x^3}$
>
> ### 合成関数の微分
>
> $y = f(u)$、$u = g(x)$ という関数に対して、合成関数 $y = f(g(x))$ を定義する。この関数を微分すると下のようになる。
>
> $$\{f(g(x))\}' = f'(g(x))g'(x) \quad \text{つまり、} \quad \frac{dy}{dx} = \frac{dy}{du}\frac{du}{dx}$$
>
> 例) $\sin(x^3)$ を微分する。
>
> この場合、$y = f(u) = \sin(u)$、$u = g(x) = x^3$ とみなせるので、
>
> $\dfrac{dy}{du} = (\sin u)' = \cos u = \cos x^3 \quad \dfrac{du}{dx} = (x^3)' = 3x^2$
>
> したがって、$\dfrac{dy}{dx} = \dfrac{dy}{du}\dfrac{du}{dx} = 3x^2 \cos x^3$ となる。

📖 公式の確認の仕方

受験生はもちろん、それ以外の方も積と合成関数程度であれば、公式を覚え、手でも計算できるようになっておきたいところです。

しかし、公式に自信がないこともありますよね。そんなとき、簡単に公式を確認する方法があります。それは $f(x) = x^6$ といった**簡単な関数の微分を考える**のです。

$f'(x) = 6x^5$ ということは簡単に求められます。ここで x^6 を x^2 と x^4 の積だと考えてみましょう。すると、$f'(x) = (x^4)'(x^2) + (x^4)(x^2)' = (4x^3)(x^2) + (x^4)(2x) = 4x^5 + 2x^5 = 6x^5$ となります。こうやって、積の公式が問題ないことを確認するのです。

一方、合成関数の公式は x^6 を $f(u) = u^2$、$g(x) = x^3$ として $y = f(g(x))$ となる合成関数だと考えてみましょう。すると $f'(u) = 2u$、$g'(x) = 3x^2$ だから、$u = x^3$ であることを考えると、$\{f(g(x))\}' = (2u)(3x^2) = (2x^3)(3x^2) = 6x^5$ となります。

📖 $\frac{dy}{dx}$ は分数のように扱える

微分の $\frac{dy}{dx}$ という表記は分数ではありません。しかし、あたかも分数として扱うことができます。合成関数の微分公式は $\frac{dy}{dx} = \frac{dy}{du}\frac{du}{dx}$ となり、du を約分？すると両辺が等しくなる形になっています。

実は、$\frac{dy}{dx}$ は**分数のように扱う**ことができます。

逆関数の微分の例で考えてみましょう。たとえば、$x = e^y$ という関数があったとします。いつもと x と y が逆ですが微分は普通に可能で、y で微分すると $\frac{dx}{dy} = x' = e^y$ となります。そしてこの式の逆数を取ると $\frac{1}{dx/dy} = \frac{1}{e^y}$ となり、$x = e^y$ を使って整理すると $\frac{dy}{dx} = \frac{1}{x}$ となります。

一方、$x = e^y$ を y について解くと $y = \log_e x$ となり、これを x で微分すると $\frac{dy}{dx} = \frac{1}{x}$ で、先ほどの結果と一致します。つまり、$\frac{dy}{dx}$ は $\frac{dx}{dy}$ の**逆数**となっているのです。

06 接線の公式

受験では頻出の接線です。微分の本質にも関わる話なので、確実に押さえておきましょう。

Point
微分係数はその点における接線の傾きを表している

関数 $y = f(x)$ のグラフ上の点 (a, b) における接線の方程式は、$y - b = f'(a)(x - a)$ である。

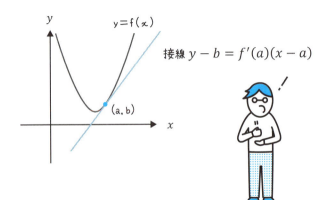

例）

$y = x^2$ の点 $(2, 4)$ における接線の方程式を求める。

$f(x) = x^2$ とすると $f'(x) = 2x$ だから、$(2, 4)$ における傾きは $f'(2) = 4$ となる。

だから、接線の方程式は、$y - 4 = 4(x - 2)$、すなわち $y = 4x - 4$ となる。

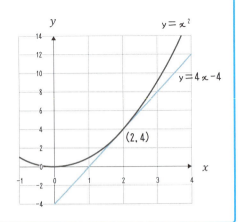

微分がわかれば接線は簡単なはず

微分を使って接線を引く問題は、試験でとてもよく出題されます。

微分がある点での変化率（微分係数）を表すことがわかっていれば、接線は簡単に理解できるはずです。問題が解ける必要はありませんが、もし「なぜ、微分を使って接線が引けるのかわからない」と思うのであれば、微分の定義を勉強し直す必要があります。

逆にいえば、**接線は微分がわかっているかどうかを調べるのに最適な問題**です。ですから、試験に頻出するのです。

Business コンピュータでの曲線の編集

コンピュータのソフトを使って曲線を描くとき、コンピュータ内部では曲線を式として保存していることがあります。たとえば、下図はマイクロソフトのPowerPointで曲線を書いたものです。

PowerPointでは曲線を描いた後に、「**頂点の編集**」という機能を使って、頂点の位置と傾きを変更することができます。

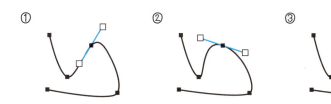

上の3つの図形は、頂点の位置は変えていません。ある頂点での接線の傾きを変えています。ソフト内部では曲線のデータは頂点と傾きで保存されており、それを編集することにより形を変えることができるようになっています。編集中は青い線が表示され、これがその頂点での接線となります。

気をつけてほしいのが③のケースです。この青線は確かに接線なのですが、接点で曲線と接線が交わっています。接線というと①や②のケースだけを想像しがちですが、③のような場合もあることを覚えておきましょう。

07 高次導関数と関数の凹凸

受験ではそれほど重要度は高くないですが、実用時には関数の凹凸という概念は重要なので理解しておきましょう。

Point 「上に凸」と「下に凸」のグラフをイメージする

高次導関数

関数 $y = f(x)$ の導関数が $f'(x)$ で、その $f'(x)$ の導関数を $f''(x)$ と書く。一般に $f(x)$ を n 回微分して得られる関数を n 次導関数といい $f^{(n)}(x)$ と書く。$\dfrac{dy}{dx}$ の表記では、2次の導関数は $\dfrac{d^2y}{dx^2}$、n 次の導関数は $\dfrac{d^ny}{dx^n}$ と表記する。

例) $f(x) = x^4 \quad f'(x) = 4x^3 \quad f''(x) = 12x^2 \quad f'''(x) = 24x$

関数の凹凸と2次導関数の関係

① $f''(x) > 0$ の区間では、$y = f(x)$ のグラフは下に凸になる
② $f''(x) < 0$ の区間では、$y = f(x)$ のグラフは上に凸になる
③ $f''(x) = 0$ となる位置の前後で $f''(x)$ の符号が変化するとき、その点を変曲点という

下に凸 $f''(x) > 0$

上に凸 $f''(x) < 0$

変曲点 $f''(x) = 0$
($f''(x)$ の符号が入れ替わる)

高次導関数

高次導関数は $f(x)$ を何回も微分したときの関数という概念です。1次微分が傾きで、それをさらに微分すると2次微分、それをさらに微分すると3次微分……、

と続きます。

「n次微分って何？」と聞かれても直観的な説明は難しいです。ここではまず2次微分までを押さえましょう。たとえば、運動方程式では位置の時間微分が速度、速度の時間微分（位置の2次の時間微分）が加速度になります。他の分野でも、2次微分まではよく使います。

Business 関数の凹凸

関数の変化を議論するときに、2次微分係数も重要な要素です。微分の説明のときに1次微分係数$f'(x)$が正のときは$f(x)$が増加していて、$f'(x)$が負のときは$f(x)$が減少しているという話をしました。一方、2次微分係数$f''(x)$が正のとき$f(x)$が**下に凸**、$f''(x)$が負のときは$f(x)$が**上に凸**という性質があります。$f'(x)$の正負と$f''(x)$の正負で、計4パターンがありますので、その変化を下表にまとめてみました。

	$f'(x) > 0$ 増加↑	$f'(x) < 0$ 減少↓
$f''(x) > 0$ 正 下に凸	↗	↘
$f''(x) < 0$ 負 上に凸	↗	↘

こうしてみると、関数$y = f(x)$が増加しているとき、つまり$f'(x)$が正のときでも、上に凸か下に凸かによって、ずいぶん変化の様子が変わっていることがわかります。上に凸のときは、増加しているけれども、踊り場にさしかかっていて増加が止まっていくイメージです。一方、下に凸のときは加速度をつけていきおいよく増加していくイメージになります。

$y = f(x)$が減少している、つまり$f'(x)$が負のときは、上に凸のときは急激に減少していて、下に凸のときは下がっているけれども下げ止まっていくようなイメージになります。

世の中の変化する量を分析するときに、増加と減少だけでなく、上に凸か下に凸かという視点を持てば思考が深まっていくはずです。

08 平均値の定理と微分可能性

大学で専門的な数学を学ぶ土台となる項目です。しかし、実用上で応用することは少ないので、流してもらっても大丈夫です。

> **Point**
> **当たり前に思えるが、関数が微分不可能だと成り立たない**
>
> **平均値の定理**
>
> $y = f(x)$のグラフが$a \leqq x \leqq b$の区間で滑らかにつながっているとき、次式を満たす実数cが必ず存在する。
>
> $$f'(c) = \frac{f(b) - f(a)}{b - a}$$
>
> $a < c < b$
>
>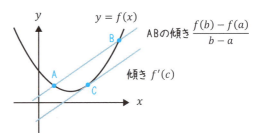

📖 当たり前の定理？

平均値の定理は、数式で書くと難しく見えますが、意味がわかれば当たり前に思えるでしょう。

ある関数$y = f(x)$上の点AとBを取ります。そして、AとBを結ぶ直線ABを引いたときに、AとBの間に接線が直線ABと平行となる点Cが存在します。これが**平均値の定理**です。

直観的に説明します。右図において点AとBで接線を引いてみました。そして、接線の傾きはAからBまで連続的に変わります。だから、接線が

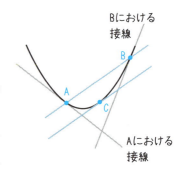

直線ABと平行になる点Cが存在するのは明らかでしょう。

当たり前のことをいっているようですが、1つポイントがあります。それは平均値の定理の条件にある「$a \leqq x \leqq b$の区間で滑らかにつながっているとき」という条件です。つまり、**滑らかにつながっていない場合は成り立たないことがある**、ということです。具体的にいうと下のような場合がそれにあたります。

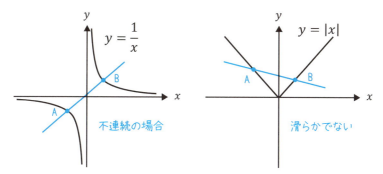

平均値の定理が成り立たない例

📖 微分可能であるということ

上図で$y = \dfrac{1}{x}$のときは$x = 0$でグラフがつながっておらず、平均値の定理が成り立ちません。また、$y = |x|$のときは$x = 0$でグラフがつながってはいるものの、傾きが不連続で変わっており平均値の定理が成り立ちません。実際$y = |x|$を微分すると$x < 0$では$y' = -1$、$x > 0$では$y' = 1$となりますが、$x = 0$では定義式が1つの値を持てず微分係数が定義できません。

逆に微分係数が定義できる、すなわち微分可能な関数であれば、平均値の定理は成り立ちます。

つまり、**平均値の定理は関数$f(x)$が$a \leqq x \leqq b$の区間で「微分可能」なときに成り立つ定理**といえるのです。この定理が微分可能ということと深くつながっていることがおわかりでしょう。

数学を実用するときには、関数に微分不可能な箇所があると非常に扱いづらくなります。だから、式をつなげるときには、スムージング関数という数学テクニックを使って、式を微分可能にします。

$\frac{dy}{dx}$ は分数ではない？

$\frac{dy}{dx}$ を「ディーエックス分のディーワイ」と読んで、数学の先生に怒られたという高校生がいました。実際、$\frac{dy}{dx}$ は「ディーワイディーエックス」と読み、これは分数でないといわれています。だから、数学の先生はそれが気に入らなかったのでしょう。

「$\frac{dy}{dx}$ は分数か？」これはとても微妙な問題です。積分や微分方程式を解くときなど、$\frac{dy}{dx}$ を分数のように扱うこともあります。だから、この問題が熱くネットで議論されているようです。しかし明確な結論は出ていません。本当はどちらが正しいのでしょうか。

ちなみに、この問題に対する私の意見は「そんなのどうでも良いのではないですか」です。1つ確かなことは、この怒られた高校生はこの先生や数学に対して良くない感情を持つだろう、ということです。

数学が嫌いな人にその理由を聞いてみると「中学（高校）のときの先生が嫌いだった」という人が多いのです。数学は論理の学問ですから、細かいところにこだわる人のほうが向いています。しかし、大雑把なイメージを大事にする人との相性はどうしても悪くなってしまいます。

実は、私は数学をバリバリ使う仕事をしていますが、性格は大雑把です。どちらかというと「細かいことはどうでもいいよ」というタイプになります。だから数学という学問の適性はないのかもしれませんが、それでもある程度は数学を理解して使うことができています。数学は細かいことに敏感な人しか使えないものではありません。

だからこそ私は「大雑把なタイプの読者に寄り添っていきたい」、そう強く思うのです。

Chapter 06

積分

Introduction

積分とは何か？

「積分とは何か？」という質問には大きく2つの答えがあります。ひとつは**「微分の逆の演算である」**ということ、もうひとつは**「面積を求める手段である」**ということです。

もちろんどちらも正しいのですが、1つ目の微分の逆演算という考え方では試験問題は解けても、本質的な理解は困難です。Chapter05で説明したように、本質的な意味は微分より積分のほうが簡単です。積分が微分の逆だとすると、難しい微分で簡単な積分を説明することになります。ですから、**まずは面積を求める手段としての積分を理解しましょう。**

積分による面積の計算方法

それでは積分で面積を計算する方法を説明します。下の2つの図形の面積を計算しましょう。左はただの長方形なので簡単です。$4 \times 10 = 40$ですから、40cm^2となりますね。一方、右の図形はどうでしょうか。

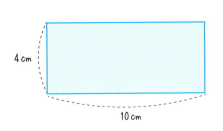
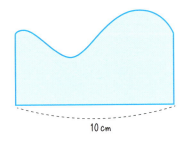

これは曲線を含んでいるので、小学校で習った式で計算することはできません。さて、どうしたら良いでしょうか。実は、このような図形の面積を計算する方法が積分なのです。

積分によって、どのように面積を求めるのか説明しましょう。まず、次の図

のように面積を求める図形を長方形に区切ります。図形は長方形により分割されて、面積は長方形の面積の和として計算できます。つまり、掛け算の和ということです。

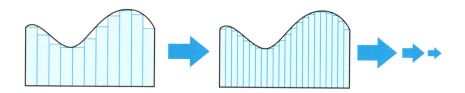

しかし、長方形を足した面積はあくまで近似であり、真の面積に対して誤差があります。しかし、1個1個の長方形を「無限」に小さくしていけば誤差は0に近づき、面積の和の極限値は真の面積になります。

つまり、積分とは**掛け算の和に「無限」の力を加えたもの**となります。だから、「すごい掛け算」と呼ぶことができるのです。

教養として学ぶには

積分は「すごい掛け算」で微分（すごい割り算）の逆演算であること、あとは積分により面積や体積が計算できることを覚えてください。

仕事で使う人にとっては

仕事で使う人は、たいていの場合計算をコンピュータに任せますから、部分積分などの計算テクニックは必要ありません。文献の式を追えるだけの知識があれば十分です。それより本質的な理解を深めましょう。

受験生にとっては

微分と同様、受験数学のハイライトです。積分はとても計算が複雑なので、これを正確に速く行うことが一番のポイントになってきます。繰り返し練習して体にたたき込みましょう。

01 積分の定義と微積分の基本定理

🎓 教養 ★★★★★　💼 実用 ★★★★★　🎓 受験 ★★★★★

積分の根幹となる項目です。積分が面積を求めるためにあるということ、積分が微分の逆演算であることを理解してください。

Point

積分で面積が求められる 積分は微分の逆演算

関数 $f(x)$ の区間 $a \leqq x \leqq b$ において、下図に示すように $y = f(x)$ と x 軸、直線 $x = a$ と $x = b$ で囲まれた領域の面積を S として、定積分を下記のように表す。

$$S = \int_a^b f(x)\,dx$$

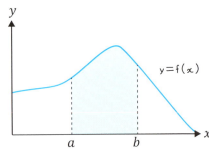

例) 直線 $y = x$ の $0 \leqq x \leqq 2$ の領域は底辺 2、高さ 2 の三角形になるから、領域の面積は 2 である。よって、下式が成り立つ。

$$\int_0^2 x\,dx = 2$$

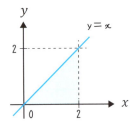

微積分の基本定理

連続関数 $f(x)$ について下式が成り立つ（積分は微分の逆演算である）。

$$\frac{d}{dx}\int_a^x f(t)dt = f(x)$$

積分は面積を求める道具

積分の一番の目的は、**面積を求めること**です。たとえば一辺2mの正方形の面積は2m×2mで4m²と求められます。そして面積を求めるとは掛け算をすることです。だから、積分の本質は掛け算、それも「**すごい掛け算**」なのです。

「すごい」というのは、長方形や三角形だけでなく、曲線などで囲まれた領域の面積も求められるからです。

その手順を説明します。まず、図の領域の面積を求めるのに領域内を長方形で5つに分割してみます。この長方形は底辺がΔx（aからbを5等分するから長さは$\frac{b-a}{5}$）で高さが$f(x_i)$となります。すると5つの長方形の面積の和は下式で表されます。

$$S = f(x_0)\Delta x + f(x_1)\Delta x + f(x_2)\Delta x + f(x_3)\Delta x + f(x_4)\Delta x$$

ただ、これは長方形で近似しているので、曲線で囲まれた面積に対しては誤差があります。

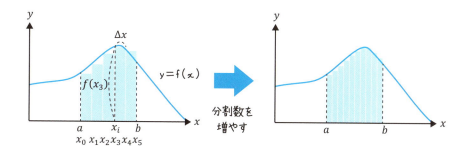

ここで、今は5つの長方形に分割していますが、この分割数を増やしていくとどうなるでしょうか。分割数を増やせば増やすほど曲線で囲まれた面積に近づいていきます。そして、分割数を無限大に増やした極限では、長方形の面積の和は曲線の面積に等しくなるのです。

これを式で書くと、下のようになります（ここで$\sum$とは$f(x_0)\Delta x + f(x_1)\Delta x$ +……という和を表します）。

長方形を足し合わせるという小学生でもできる単純な演算が、「極限」の力を得て、積分となるわけです。

$$\int_a^b f(x)\,dx = \lim_{n\to\infty}\sum_{i=0}^{n-1} f(x_i)\Delta x$$

📖 積分の記号の意味

積分には"$\int$"（インテグラルと読みます）という記号が出てきます。意味がわからない人にとっては難しく見えることでしょう。しかし、記号には意味があります。その意味を理解すれば、記号へのアレルギーは消えてくれるものと思います。

aからbまで足し合わせる　→　$\int_a^b f(x)\,dx$　←　$f(x) \times dx$を

積分の記号は、上式のように2カ所に分けるとわかりやすいです。

ここで右部は$f(x)\,dx$です。これは高さ$f(x)$で幅がdxの長方形を表します。ここでdxは微小の極限という意味も含みます。

左部はaからbまで足し合わせるという意味です。"$\int$"という記号はアルファベットのSをもじったもので、SUM（和）を表しています。

合わせるとこの表現の意味は$f(x)$にdxを掛けて、aからbまでの和を取った、ということになります。やはり、積分の本質は掛け算なのです。

積分は微分の逆演算である

微積分の基本定理が示していることは、**積分は微分の逆演算**ということです。

ここまで微分は「すごい割り算」で、積分は「すごい掛け算」だと述べてきました。ある数xをaで割ると$\frac{x}{a}$となります。そして、それにaを掛けると元のxに戻ります。だから、割り算は掛け算の逆演算です。

同様にある関数$f(x)$を微分すると$\frac{d}{dx}f(x)$となります。これをxで積分すると$\int \frac{d}{dx}f(x)\,dx$となり、元の$f(x)$に戻ります。だから、積分は微分の逆の演算といえるわけです。

これを面積の考え方で説明すると、下図のようになります。先ほど説明したように積分とは、関数のある領域における面積でした。ここで関数を$f(t)$、領域を$a \leqq t \leqq x$とします。この領域の面積の関数を$F(x)$とすると、$F(x)$をxで微分したものが$f(x)$($f(t)$のtをxに置き換えた関数)になります。

直観的な表現をすると、関数$f(x)$とx軸で囲まれた領域の面積の増加率が$f(x)$となるとも考えられます。

この$F(x)$を$f(x)$の原始関数と呼びます。なお、原始関数の求め方は次節で詳しく説明します。

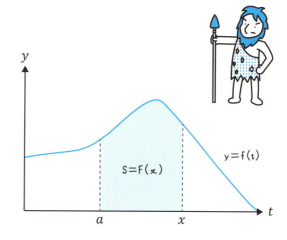

02 不定積分

🎓 教養 ★★★　💼 実用 ★★★　🎓 受験 ★★★★★

ここでは積分が微分の逆演算であることが重要です。受験生を除き、公式は必ずしも覚えなくても良いと思います。

Point
原始関数を求めたら、微分して元の式になるか確かめる

基本的な不定積分の公式（式中のCは積分定数）

$$\int x^a\, dx = \frac{x^{a+1}}{a+1} + C \qquad \int \tan x\, dx = -\log_e |\cos x| + C$$

$$\int \frac{1}{x}\, dx = \log_e |x| + C \qquad \int e^x dx = e^x + C$$

$$\int \sin x\, dx = -\cos x + C \qquad \int a^x\, dx = \frac{a^x}{\log_e a} + C$$

$$\int \cos x\, dx = \sin x + C \qquad \int \log_e x\, dx = x\log_e x - x + C$$

不定積分の線形性

$$\int kf(x)\, dx = k\int f(x)\, dx$$

$$\int \{f(x) \pm g(x)\}\, dx = \int f(x)\, dx \pm \int g(x)\, dx$$

例）$f(x) = 2x^2 + x$の不定積分を求める。

$$\int (2x^2 + x)\, dx = \frac{2}{3}x^3 + \frac{1}{2}x^2 + C \quad (C\text{は積分定数})$$

不定積分の方法

不定積分とは$f(x) = F'(x)$を満たす関数$F(x)$、すなわち原始関数を求めることで、$f(x)$の不定積分を$\int f(x)\,dx$と表記します。

積分よりも微分のほうが計算は簡単なので、不定積分を計算したら答えを微分して検算をしてみると良いでしょう。

なお、すべての関数で原始関数が求められるわけではありません。実用時に使う複雑な関数のほとんどは、厳密な不定積分を行うことが不可能です。学校の試験で出題される積分の問題は、計算のできる式を選んで出題されています。

積分定数Cとは何か？

関数$f(x)$の不定積分は、1つには定まりません。

たとえば、x^2を微分すると$2x$になるので、x^2は$2x$の原始関数です。

一方、たとえば$x^2 + 1$とか$x^2 - 1$なども$2x$の原始関数となっていることがわかるでしょう。定数項（3とか5など変数を含まない項）は微分すると0になってしまうためこのようなことが起きます。

不定積分はすべての原始関数を求める必要があるため、定数項をCとして、$x^2 + C$と書きます。試験ではこれを忘れて減点され、悔しい思いをした人もいるかもしれません。ただ、こんなことを問われるのは学生だけです。学生以外は**原始関数が1つの関数に定まらない**ことを理解していればそれで大丈夫です。

03 定積分の計算方法

教養レベルの方は、細かい計算方法は不要です。しかし、定積分は原始関数を使って行うことは押さえてください。

> **Point**
> **定積分は原始関数の差の形で計算できる**
>
> $f(x)$ の区間 $a \leqq x \leqq b$ における定積分は $f(x)$ の原始関数を $F(x)$ として下記のように計算できる。
>
> $$\int_a^b f(x)\,dx = [F(x)]_a^b = F(b) - F(a)$$
>
> 例）$f(x) = x$ の $x = 1$ から $x = 3$ までの定積分値を計算する。
>
> $$\int_1^3 x\,dx = \left[\frac{1}{2}x^2\right]_1^3 = \frac{9}{2} - \frac{1}{2} = 4$$

定積分の計算方法

定積分の求め方はPointのように、まず計算する関数の原始関数を求めます。そして、その原始関数に上端（終点）b の値を代入したものから、下端（始点）a の値を代入したものを引いて求められます。

ちなみにPointの例で原始関数を求めるときに、「積分定数 C は出てこないのか」という疑問を持つ人はいないでしょうか。

定積分の場合、$F(b) - F(a)$ と計算をするので、定数項 C があったとしても、$(F(b) + C) - (F(a) + C)$ となり、C は消えてしまいます。ですから簡単に $C = 0$ の場合で計算するのです。

ただ、この定積分のやり方に慣れると、不定積分の問題でも C をつけ忘れることがあるので、学生は気をつける必要があります。

📖 定積分の区間、面積の符号

定積分を行うときは**積分の区間**を間違えないようにしましょう。

上端と下端を入れ替えると、下式のように積分値の符号が逆転します。

$$\int_a^b f(x)dx = -\int_b^a f(x)dx$$

また、積分の区間は、下式のように任意の c により分割ができます。

$$\int_a^b f(x)dx = \int_a^c f(x)dx + \int_c^b f(x)dx$$

前述したように定積分は曲線と x 軸で囲まれた領域の面積を求めるときに使われます。そのとき、$f(x)$ の符号に注意する必要があります。

下図①の例のように、$y = f(x)$ が $a \leq x \leq b$ で正であれば、積分値 S は正になります。

逆に②の例のように $f(x)$ が負であれば積分値 S は負になります。ですから、この面積を求めたいときは符号を反転させなければなりません。

③の例のように途中で符号が反転する場合は、正の領域の面積 S_a から負の領域の面積 S_b を引いた値 $S = S_a - S_b$ になります。ですから、$S_a + S_b$ の値を求めたいときは、$f(x)$ の正負が入れ替わる点 c を求めて、それを境に関数 $f(x)$ の正負を逆転させなければなりません。

$$S = \int_a^b f(x)\,dx \quad (a < b)$$

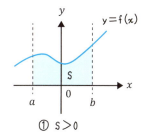

① $S > 0$

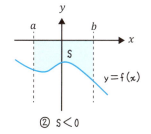

② $S < 0$

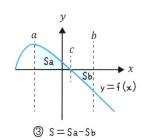

③ $S = Sa - Sb$

04 部分積分法

積分の計算テクニックです。受験生は必須ですが、それ以外の人は言葉を覚えるくらいで十分でしょう。

> **Point**
> **部分積分は積の微分を逆に使ったもの**
>
> **部分積分法**
>
> 関数 $f(x)$、$g(x)$ とその導関数の積の関数で、下式が成り立つ。
>
> - 不定積分：$\displaystyle \int f(x)g'(x)\,dx = f(x)g(x) - \int f'(x)g(x)\,dx$
>
> - 定積分：$\displaystyle \int_a^b f(x)g'(x)\,dx = \bigl[\,f(x)g(x)\,\bigr]_a^b - \int_a^b f'(x)g(x)\,dx$
>
> 例）関数 $f(x) = x\sin x$ の不定積分と 0 から π までの定積分を求める。
> $f(x) = x$、$g(x) = -\cos x$ とすると、$f(x)g'(x) = x\sin x$ となるから、公式より、
>
> - 不定積分：
> $$\int x\sin x\,dx = x(-\cos x) - \int (x)'(-\cos x)\,dx$$
> $$= -x\cos x + \int \cos x\,dx$$
> $$= -x\cos x + \sin x + C$$
>
> - 定積分：
> $$\int_0^\pi x\sin x\,dx = [x(-\cos x)]_0^\pi - \int_0^\pi (x)'(-\cos x)\,dx$$
> $$= [-x\cos x]_0^\pi + \int_0^\pi \cos x\,dx$$
> $$= \pi + [\sin x]_0^\pi$$
> $$= \pi$$

📖 部分積分法は積の微分公式の逆である

部分積分は微分のときに出てきた、**積の微分公式を逆に使ったもの**です。

積の微分公式：$\{f(x)g(x)\}' = f'(x)g(x) + f(x)g'(x)$

この式をxで積分すれば部分積分の公式が得られます。だから、積の微分公式とセットにして覚えると良いでしょう。

ただ、適用するときに少しコツが必要です。Pointの$x\sin x$の積分で$f(x) = x$、$g(x) = -\cos x$としました。これを逆にして$f(x) = \sin x$、$g(x) = \dfrac{1}{2}x^2$として積の積分公式を使うと下のようになります。

$$\int (\sin x)x\, dx = \frac{1}{2}x^2 \sin x - \int \frac{1}{2}x^2 \cos x\, dx$$

しかし、これだと$\dfrac{1}{2}x^2 \cos x$という関数を積分しないといけなくなり、当初の$x\sin x$という関数よりもかえって問題を複雑にしています。

つまり、部分積分は公式を適用すれば積分できるというものではなく、適切に使ってやらないと積分をすることはできないのです。

公式をうまく使うためには、練習問題をたくさんこなすしかありません。そのうちに直観力が磨かれて、速く正確に計算できるようになるでしょう。

積分はすべての関数で可能なわけではありませんが、試験に出る式は必ず積分できるはずです。パズルを解くような感覚で臨んでもらうと良いのかもしれません。

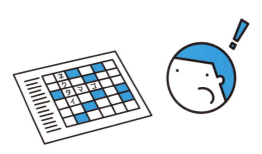

05 置換積分法

部分積分法と同様、積分の計算テクニックです。高校数学の中では難関な項目といえます。学生以外の方は流してもらって良いです。

> **Point**
> **定積分の積分範囲の変更に注意**
>
> **置換積分法**
>
> 積分の計算において、積分変数を他の変数に置き換える方法。
> $f(g(x))$ の積分で $t = g(x)$ と置くと、$dx = \dfrac{dx}{dt} dt$ だから、下記のようになる。
>
> - 不定積分： $\displaystyle\int f(g(x))dx = \int f(t) \dfrac{dx}{dt} dt$
> - 定積分： $\displaystyle\int_a^b f(g(x))dx = \int_\alpha^\beta f(t) \dfrac{dx}{dt} dt$
>
> | x | $a \longrightarrow b$ |
> |---|---|
> | t | $\alpha \longrightarrow \beta$ |
>
> 例）関数 $f(x) = 2x(x^2+1)^3$ の 0 から 1 までの定積分を求める。
>
> $t = x^2 + 1$ と置くと、$\dfrac{dt}{dx} = 2x$ となるから $dt = 2x\, dx$
>
> $$\int_0^1 2x(x^2+1)^3\, dx = \int_0^1 2x\, t^3\, dx = \int_0^1 t^3\, 2x\, dx$$
>
> $dt = 2x\, dx$ を代入し、
> t の積分範囲は下表だから $= \displaystyle\int_1^2 t^3\, dt = \left(\dfrac{1}{4} t^4\right)_1^2 = \dfrac{15}{4}$
>
> | x | $0 \longrightarrow 1$ |
> |---|---|
> | t | $1 \longrightarrow 2$ |
>
> なお、不定積分は積分定数を C として、下のようになる。
>
> $$\dfrac{1}{4} t^4 + C = \dfrac{1}{4}(x^2+1)^4 + C$$

置換積分法は合成関数の微分公式の逆である

ここで紹介する置換積分法は、下に示すように**合成関数の微分公式を逆に使ったもの**になります。

$$\{f(g(x))\}' = f'(t) \cdot g'(x)$$

$$\int f'(g(x)) \cdot g'(x)\, dx = \int f'(t)\, dt$$
$$\left(\frac{dt}{dx} = g'(x) \;\;\rightarrow\;\; dt = g'(x)\, dx \right)$$

合成関数の微分　　　　　　　　置換積分

置換積分は被積分関数が $f'(g(x))g'(x)$ で、変数を x から $t(=g(x))$ に置き換えて積分します。慣れないうちは答え（積分後の関数）を微分して、結果を確かめながら勉強しましょう。

合成関数の微分は単にそれぞれ微分して掛け合わせるだけで良いのですが、置換積分の場合は積分変数を x から t に変更するため、扱いがややこしいです。ポイントは2つあります。

1つ目は**被積分関数が変換後の変数のみになるように変数を選ばなければいけない**ということです。Pointの例では $t = x^2 + 1$ と置くことにより、t^3 という t だけの式（x の項がない）にして積分しています。ここで x が残ると、t で積分することはできません。

しかし、どうやって変換後の変数を選ぶかというと、これは練習しかありません。試験の問題はどうにかすると積分できるはずなので、根気強く練習してください。

2つ目は**定積分の場合、x の積分範囲を t の積分範囲に変換しないといけない**、ということです。Pointの例では $0 \leqq x \leqq 1$ のときの $t = x^2 + 1$ が変化する範囲は $1 \leqq t \leqq 2$ なので、積分の範囲を変更しています。

置換積分は気をつけるポイントが多く、計算も煩雑になりがちなので、学生泣かせの項目になります。学生以外の人は、「合成関数の微分を逆に使った積分テクニック」の認識だけで十分だと思います。

06 積分と体積

学生でなければ手計算は必要ありません。それでも最低限、立体の体積が断面積の積分で求められることは押さえておきたいです。

> **Point**
> ## 立体の体積は無数の板の足し合わせとして求める
>
> **体積**
>
> 立体を x 軸に対して垂直な平面で切ったときの断面積を $S(x)$ とすると、この立体の体積は下式で求められる。
>
> $$V = \int_a^b S(x)\, dx$$
>
>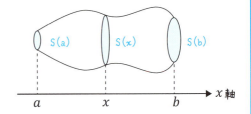
>
> 例）円錐の体積
>
> 下図のように直線 $y = ax$ を x 軸の周りに回転させた円錐の体積を求める。つまり、底面が半径 ah、高さが h の円錐である。
>
> $$\begin{aligned} V &= \int_0^h S(x)\, dx = \int_0^h \pi a^2 x^2\, dx \\ &= \pi a^2 \int_0^h x^2\, dx = \pi a^2 \left[\frac{1}{3} x^3 \right]_0^h \\ &= \frac{1}{3} \pi a^2 h^3 \end{aligned}$$
>
>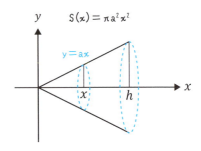

体積は無数の薄い板に分割して算出する

ここでは積分を使った、体積の求め方を説明します。

本章の最初で積分について説明したときに、積分は図形を無数の長方形に分割して面積を求める方法だと説明しました。実は同様の考え方が体積を求めるときにも使えます。

下図を見てください。たとえば、円柱の体積は（底面積×高さ）で求められます。しかし、高さ方向に真っすぐでない立体の体積は求められません。

積分の考え方では、この立体を円柱に分解します。円柱の体積は「底面積×高さ」で求めることができます。そして、その分割のステップをどんどん細かくしていきます。その極限で注目する立体の真の体積が得られるのです。

つまり、**立体の断面積を高さで積分してやると、体積が得られる**ということです。ここで積分は（底面積×高さ）の「すごい掛け算」ということができるでしょう。

なお、Pointの例で円錐の体積を求めました。中学では、円錐の体積は円柱の$\frac{1}{3}$になると習ったと思います。しかし、その理由は教えてもらえなかったでしょう。高校の数学で積分という武器を使って計算することにより、$\frac{1}{3}$という数字が出てくることが確認できます。

07 曲線の長さ

積分で曲線の長さを求める理屈は押さえておきましょう。考え方は重要ですが、計算が複雑すぎて、試験への出題も多くない項目です。

> **Point**
> **曲線の長さは短い直線の和として求める**

曲線の長さ

$y = f(x)$のグラフの$a \leqq x \leqq b$の部分の曲線の長さLは次の式で求められる。

$$L = \int_a^b \sqrt{1 + \{f'(x)\}^2}\, dx$$

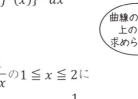

例) 関数$y = f(x) = \dfrac{x^3}{3} + \dfrac{1}{4x}$の$1 \leqq x \leqq 2$における長さを求める。$f'(x) = x^2 - \dfrac{1}{4x^2}$なので、曲線の長さを$L$とすると、

$$L = \int_1^2 \sqrt{1 + \left(x^2 - \dfrac{1}{4x^2}\right)^2}\, dx$$

$$= \int_1^2 \sqrt{\left(x^2 + \dfrac{1}{4x^2}\right)^2}\, dx$$

$$= \int_1^2 \left(x^2 + \dfrac{1}{4x^2}\right) dx$$

$$= \left[\dfrac{x^3}{3} - \dfrac{1}{4x}\right]_1^2 = \dfrac{59}{24}$$

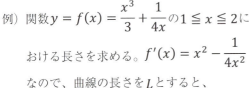

曲線の長さは無限に短い直線に分割して求める

ここでは積分を使った、曲線の長さの求め方を説明します。

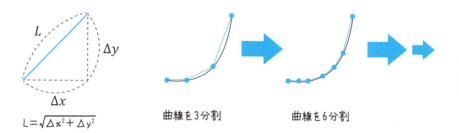

上図に示すように、直線の長さは三平方の定理から $\sqrt{\Delta x^2 + \Delta y^2}$ と簡単に求めることができます。しかし、曲線の場合はそうはいきません。

そこで、**曲線を直線で分割**します。もちろん有限数で分割した場合は誤差を含みます。しかし、無限に分割したときの極限を取ることにより、真の曲線の長さを求めることができるのです。

ただ、曲線の長さは面積や体積と違い、若干ややこしい要素があります。この場合、直線の長さを求める積分式は $\sqrt{(dx)^2 + (dy)^2}$ となりますが、これだと $\int f(x)\,dx$ の形になっていないので計算ができません。ですから、下のような式変形を行い、$f(x)dx$ または媒介変数を使って $f(t)dt$ という形にして積分の計算を行うのです。

$$L = \int \sqrt{(dx)^2 + (dy)^2} = \int \sqrt{1 + \left(\frac{dy}{dx}\right)^2}\,dx \qquad (y = f(x)\text{の形の場合})$$

$$L = \int \sqrt{(dx)^2 + (dy)^2} = \int \sqrt{\left(\frac{dx}{dt}\right)^2 + \left(\frac{dy}{dt}\right)^2}\,dt \qquad (\text{媒介変数記述の場合})$$

本章では積分を使って、面積、体積、長さを求める方法を紹介しました。これらは求めたい対象を計算できる要素（長方形、円柱、直線）に分割して、和の極限値を求めるというワンパターンな方法です。このパターンをつかんでもらえれば、積分は理解できたといえるでしょう。

08 位置と速度と加速度の関係

位置と速度と加速度は微積分でつながっています。微積分の基本的な応用分野として、教養レベルの方も知っておきたい項目です。

> **Point**
>
> 「加速度とは何か？」をしっかり理解しておく
>
> **直線上の位置（距離）、速度、加速度の関係**
>
> 時刻tにおける数値線上の点Pの位置（距離）を$x = f(t)$とするとき
>
> ● 時刻tにおけるPの速度vは $v = \dfrac{dx}{dt} = f'(t)$
>
> ● 時刻tにおけるPの加速度aは $a = \dfrac{dv}{dt} = \dfrac{d^2x}{dt^2} = f''(t)$である
>
> 加速度 $\dfrac{dv}{dt} = \dfrac{d^2x}{dt^2} = f''(t)$
>
> 速度 $\dfrac{dx}{dt} = f'(t)$
>
> 位置 $x = f(t)$
>
> 例）地球上で物を落としてからt秒後の落下速度は、実験の結果、$v = 9.8\,t$ (m/s)であることがわかった。このときにt秒後の加速度、速さが9.8（m/s）になるまでに落下した距離を求める。
>
> 加速度 $a = \dfrac{dv}{dt} = (9.8\,t)' = 9.8 \,(\text{m/s}^2)$
>
> 速さ$v = 9.8\,t$だから速さが$9.8\,\text{m/s}$になるまでかかる時間は1秒。
> $\dfrac{dx}{dt} = v$だから、vを0秒から1秒まで積分して、
>
> 落下距離 $x = \displaystyle\int_0^1 9.8t\,dt = [4.9\,t^2]_0^1 = 4.9 \,(\text{m})$

Business ニュートンの運動方程式

運動する物体で速さと距離と時間の関係はご存じでしょう。(距離) = (速さ) × (時間) の関係です。

本章で紹介しているように積分は「すごい掛け算」なので、速さが時間で変動しても距離を求めることができます。つまり、下図のように速さと時間の関数を $v(t)$ とすると、この $v(t)$ を時間で積分することにより、距離を求めることができるのです。言い換えると、$v = v(t)$ と t 軸に囲まれた領域の面積が距離を示しているともいえるでしょう。

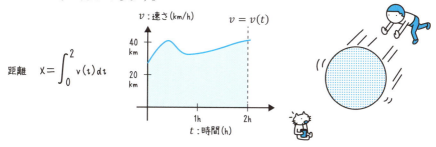

このとき、積分は微分の逆演算ですから、ある時間 t における距離の関数を $x = f(t)$ とすると、$v(t) = f'(t)$ となります。

唐突ですが、ここで $v = f'(t)$ をさらに t で微分した $a = f''(t)$ を考えてみましょう。この a は単位時間あたりにどれだけ速度が増減するかという量で**加速度**と呼ばれます。

そしてこの加速度には重要な性質があります。それは、**物体に与えた力と加速度が比例する**ということです。力を $F(t)$(力には時間変動があると考え時間の関数にしました)、物体の重さを m とすると $F(t) = ma$、そして $F(t) = m\dfrac{d^2x}{dt^2}$ と書けます。これがニュートンの運動方程式です。

運動方程式より、力の関数 $F(t)$ を1回積分して速さ、2回積分して距離が得られます。つまり、運動する物体の変化の情報が得られるのです。

運動方程式は、星のような巨大なものから小石のような小さなものまで、世の中のありとあらゆる運動を計算するための基礎となり、私たちの便利な生活を支えています。

微積分学を構築したニュートンとライプニッツ

　微積分の発見を巡っては、熾烈な争いがありました。
　というのも、ニュートンとライプニッツという学者が、どちらが先に微積分を発見したかで争っていたからです。ニュートンはイギリス人でライプニッツはドイツ人でしたので、イギリスとドイツの学会でお互いの非難の応酬が繰り広げられたようです。

　今では調査の結果、模倣などではなく2人とも独自に微積分を発見していたことがわかっています。先に微積分を発見したのはニュートン、先に論文にして発表したのはライプニッツとのことです。
　科学の発展の歴史において、同時期に同じものが別々に発見されることがよくあります。たとえば電話の発明もそうでした。グラハム・ベルは電話の発明者とされていますが、彼が電話の特許を出願したとき、わずか2時間後にイライシャ・グレイという技術者も特許を出願しようとしました。また、あのトーマス・エジソンも同時期に電話を開発していたそうです。科学の発展には、時代背景による必然性があるのです。

　話を微積分に戻しますが、現在使われている微積分はライプニッツが発明したものに近いです。たとえば$\frac{dy}{dx}$や$\int$など微積分の記号はほとんどライプニッツが考案しました。ライプニッツの記号はとても使いやすかったのです。
　ライプニッツは記号に興味を持って、深く研究しました。これは実用面ではなく、単純に「美しさ」を求めてのことだと思われます。しかし、その美しさを追求した先に、微積分の発展がありました。
　数学の美しさというと、誰でも理解できるものではないかもしれません。しかし、それを追求した結果、人類の発展に役立つ微積分学が完成したのです。

Chapter 07

高度な微積分

高校生にも学ぶメリットはある

本章では高校の教育課程からは外れますが、微積分の応用上で重要な微分方程式、多変数関数とその微積分、線積分などを紹介します。高校の微積分が完全に理解できていれば、これらの概念を理解することは難しくないはずです。

一方、高度な微積分を学ぶことにより、基本的な微積分の理解が深まる効果もあるので、高校生も挑戦する価値はあります。数学を使う仕事に就く人にとっては、これらの項目は必須知識です。紙面の関係で詳細な説明はできていないので、言葉の意味のレベルを超えてしっかり勉強したい人は、他の書籍を参照してください。

微分方程式は関数が解になる

世の中は微分方程式によって動いています。有名な微分方程式として、小石から星まで物体の運動を記述する**運動方程式**、電場や磁場の世界を記述し電子工学の基礎となる**マックスウェル方程式**などがあります。

数学で世の中の現象を記述しようとするときに、その核となるのが微分方程式なのです。これは現代の科学技術の根底といえます。

微分方程式でまず理解してほしいことは、これが**関数（式）を作る方程式である**ということです。今まで、方程式というと $2x + 1 = 3$ など、ある式を満たす数字を求めることでしたが、微分方程式を解くと関数が得られます。この式がさまざまな知見を与えてくれるのです。

Chapter06で物体の速度や加速度を求める計算方法を紹介しました。これが微分方程式に深く結びついています。運動方程式を解くことにより、$x = f(t)$ という時間と位置を表す関数が得られます。そしてこれを微分することにより、速度や加速度など**物体の運動に関わる情報が得られる**というわけです。

> 多変数関数の扱い

　今までは$y = f(x)$のような変数が1つの関数を扱ってきました。しかし、実世界では変数1つで記述できるわけがありません。運動だけにしても、今までは数直線上の運動だけの扱いでしたが、実世界は三次元で3つの変数が必要です。

　本章では、このように変数が増えた関数$y = f(x, y, z, \cdots\cdots)$の微積分について説明します。変数が増えると計算がどんどん煩雑になり、計算自体はコンピュータに任せることが多いです。しかし、その扱いの基本を知っておくことは極めて重要です。

🎓 教養として学ぶには

　微分方程式が「式（関数）」を求めるための方程式であることを押さえてください。たとえば、運動方程式、マックスウェル方程式などの物理の方程式です。また、金融商品の価格決定に用いられるブラック・ショールズ方程式など、微分方程式の応用分野は自然科学にとどまりません。

💼 仕事で使う人にとっては

　通常、微分方程式を手で解くことはないでしょうが、解法を身につけておくことは、数学的な勘を培う上で重要です。また、多変数関数を扱うことも多いはずなので、取り扱い方はしっかり習得しましょう。

✏️ 受験生にとっては

　高校の課程からは外れますが、微分方程式、偏微分、重積分、線積分などは高校の微積分が理解できていれば、それほど苦労せずに理解できるはずです。微積分への理解を深めるために、少し勉強してみるのも良いでしょう。

01 微分方程式

微分方程式が何であるかは最低限の教養として学んでおきましょう。実用の人は基本的な解法も知っておきたいところです。

> **Point**
> **微分方程式の解は関数、数値ではない**
>
> 未知関数の導関数を含む関数方程式を微分方程式と呼ぶ。
>
> 例) 微分方程式 $\dfrac{dx}{dt} = x$ の解は $x = Ce^t$ (C は積分定数)

微分方程式は関数を求める方程式

　微分方程式というと難しそうで、数学が苦手な人は名前を聞いただけで逃げてしまいそうです。でも、そんな人にも最低限知ってほしいことが1つだけあります。それは、「**微分方程式は式（関数）を解とする方程式である**」ということです。

　たとえば1次方程式や2次方程式は未知数を x として、その x の値を求める方程式でした。一方、微分方程式は「ある関数 $f(x)$ を微分すると、その関数の2倍の関数 $2f(x)$ になりました。$f(x)$ はどんな関数でしょう？」というように、関数を求める問題なのです。

　なぜ、微分方程式がそれほど重要なのでしょうか。それは、世の中の物理法則の多くが微分方程式で表現されているからです。

　運動する物体を記述する運動方程式、電気や磁気の振る舞いを記述するマックスウェル方程式、流体の流れを記述するナビエ-ストークス方程式などはすべて微分方程式です。次ページにマックスウェル方程式を示します。

$$\nabla \cdot \boldsymbol{B}(t,x) = 0 \qquad\qquad \nabla \cdot \boldsymbol{D}(t,x) = \rho(t,x)$$

$$\nabla \times \boldsymbol{E}(t,x) + \frac{\partial \boldsymbol{B}(t,x)}{\partial t} = 0 \qquad \nabla \times \boldsymbol{H}(t,x) - \frac{\partial \boldsymbol{D}(t,x)}{\partial t} = j(t,x)$$

マックスウェル方程式（4つの微分方程式）

微分方程式の解き方

　最初に断っておきますが、一般的に微分方程式を厳密に解くことはとても難しいです。教科書で紹介されている例題は、非常にシンプルな問題か、簡単に解けるように式の形が配慮された問題です。

　それでは実際に数学を実世界に応用するときはどうするのでしょう。このとき取り得る手段は2つです。1つ目は**数値的に解くこと**です。この方法は厳密式でなく、近似的に数値解を求めます（詳しくはChapter08で紹介）。2つ目は**対象となる現象をうまく単純化することで、解ける微分方程式で表現する方法**です。

　このような前提の上でも、簡単な微分方程式を解いてみることは、数学的な勘を養うという意味でも重要です。ここでは、**変数分離法**という一番初歩的な方法を紹介します。

（問題）$\dfrac{dy}{dx} = 2y$　という微分方程式を解きなさい。

左辺に y の項、右辺に x の項を集める。（変数分離）　$\dfrac{1}{2y}dy = dx$

両辺を積分すると $\int \dfrac{1}{2y}dy = \int dx$　→　$\dfrac{1}{2}\log_e |y| = x + C$ となる。

e の指数を取ると　$|y| = e^{2x+2c}$　→　$y = \pm e^{2c}e^{2x}$

積分定数を $C' = \pm e^{2c}$ とすると、求める解は $y = C'e^{2x}$ となる。

　微分方程式はこのように解かれます。微分方程式、$\dfrac{dy}{dx} = y$ の解、すなわち微分しても形が変わらない関数は e^x です。したがって、微分方程式を解くと、e^x といったネイピア数の指数関数がよく現れます。

Business 運動方程式、放射性元素の崩壊

①運動方程式

運動方程式 $F = m\dfrac{d^2x}{dt^2}$ を使って、物体に一定の力を加え続けたときにその物体がどのような運動をするか求めてみましょう。

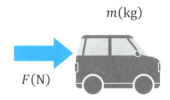

右図のように m kgの物体を F(N)（ニュートンと読み1Nは約0.1kgの重さの力に相当する）の力を加えたとき、t 秒後どのような状態にあるかという問題です。力 F は常に一定（時間によらない）と考えます。

この微分方程式は下のように解くことができます。

$$\dfrac{d^2x}{dt^2} = \dfrac{F}{m} \quad \text{の両辺を}t\text{で積分すると} \quad \dfrac{dx}{dt} = \dfrac{F}{m}t + C_1$$

Chapter06で説明したように位置の時間微分 $\dfrac{dx}{dt}$ は速さを表すので、この物体の t（秒）後の速さは $\dfrac{F}{m}t + C_1$（m/秒）であることがわかります。

そして、位置を求めるために、この式をさらに t で積分します。

$$\dfrac{dx}{dt} = \dfrac{F}{m}t + C_1 \quad \text{の両辺を}t\text{で積分すると} \quad x(t) = \dfrac{F}{2m}t^2 + C_1 t + C_2$$

さて、これで物体の位置が $x(t) = \dfrac{F}{2m}t^2 + C_1 t + C_2$ と表されることがわかりました。

ところで、この式には2つの積分定数 C_1、C_2 が含まれています。積分定数は数学の問題を解くときは「おまけ」のような存在に感じられます。しかし、この場合には深い意味を持ちます。

ここの C_1 は $t = 0$ のときの速度、C_2 は $t = 0$ のときの位置を表します。これを**初期条件**と呼び、解を確定させるために必要な条件になります。**微分方程式を解いても、現在の状態がわからないと未来の予測はできません。**

②放射性元素の崩壊

放射性物質を語るとき、「半減期」という言葉がよく使われます。この半減期を数学的に導いてみましょう。

放射性元素の崩壊は確率的に起きますので、崩壊する量は全体の質量に比例します。ですから、時刻t（年）における放射性物質の質量を$N(t)$とすると、ある定数λが存在して、下式が成り立ちます。

$$\frac{dN(t)}{dt} = -\lambda N(t)$$

この微分方程式を解くと、下式が得られます。積分定数Cは$t=0$のときの放射物質の質量をN_0とすると、下式のように表されます。

$$N(t) = Ce^{-\lambda t} = N_0 e^{-\lambda t}$$

たとえば炭素の放射性物質である^{14}Cは放射性崩壊して^{14}Nになります。この崩壊の半減期は5,730年です。このとき、$\frac{N(5730)}{N_0} = \frac{1}{2}$となるので、$\lambda = \frac{\ln 2}{5730} \fallingdotseq 1.21 \times 10^{-4}$となります。

この式をグラフ化すると下のようになります。最初$t=0$でN_0個あったものが、5,730年ごとに半分になっていきます。

この変化はとても正確なので、たとえば動物や植物の化石が何年前のものであるか推定することに使われています。

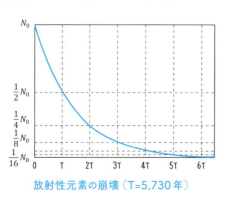

放射性元素の崩壊（T=5,730年）

02 ラプラス変換

ラプラス変換は微分方程式を解くためのテクニックです。電子回路設計や制御工学に携わる人以外はさっと目を通すくらいで良いです。

> **Point**
> **ラプラス変換は、普通は変換表を使って行う**
>
> 関数$f(t)$について、下式で定義された関数$F(s)$を$f(t)$のラプラス変換と呼ぶ。
>
> $$F(s) = \int_0^\infty f(t)\,e^{-st}dt$$
>
> また、関数$F(s)$から元の関数$f(t)$を計算することを逆ラプラス変換と呼び、下式のように定義されている。
>
> $$f(t) = \lim_{p \to \infty} \frac{1}{2\pi i} \int_{c-ip}^{c+ip} F(s)e^{st}ds$$

ラプラス変換で微分方程式が簡単に解ける

ラプラス変換、逆変換の定義は上式のように複素領域における積分を含んでおり、本書の中ではかなり高度な内容となります。しかし、微分方程式を解くテクニックとして広く使われており、機械的な計算ができるものとして便利なので、ここで紹介します。

ラプラス変換の使い方は微分方程式が与えられたとき、右の表のような変換表を使って式を変換します。

ポイントは微分と積分です。複雑な微積分の計算が単にsを掛けたり割ったりという代数的な計算に変換できます。だから、ラプラス変換を使うと**微分方程式がラクに解ける**のです。

ラプラス変換前	ラプラス変換後
$f(t)$	$F(s)$
$a\,(t>0)$	$\dfrac{a}{s}$
$\dfrac{dx(t)}{dt}$	$sX(s) - x(0)$
$\displaystyle\int_0^t x(u)\,du$	$\dfrac{1}{s}X(s)$
e^{-at}	$\dfrac{1}{s+a}$

🖥️Business 電子回路の微分方程式を解く

ラプラス変換で微分方程式を解く例を紹介します。

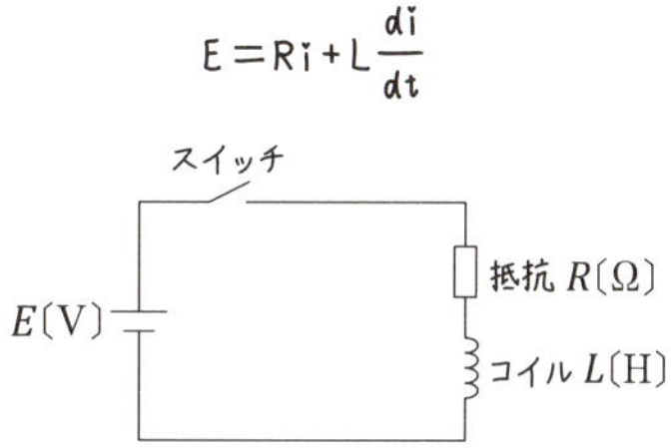

右図のような抵抗とコイルが直列接続された回路があります。その回路の方程式は微分方程式で上式のように表されます。これを解くためにラプラス変換を使います。

微分方程式を変換表に従ってラプラス変換すると、中央の式のようになります。すると微分がなくなり、ただの文字式になります。だから、簡単に$I(s)$を計算することができます。

$$E = Ri + L\frac{di}{dt} \quad \Rightarrow \quad \frac{E}{s} = RI(s) + LsI(s) \quad \Rightarrow \quad I(s) = \frac{E}{s(sL+R)}$$

そして、その$I(s)$を変換表に従って逆変換してやると、求めたかった時間領域の関数$i(t)$を求めることができるのです。

$$I(s) = \frac{E}{s(sL+R)} \quad \Rightarrow \quad i(t) = \frac{E}{R}\left(1 - e^{-\frac{R}{L}t}\right)$$

これは簡単な回路の例でしたが、もっと素子数が増えて式が複雑になると、ラプラス変換の恩恵が大きくなります。

ラプラス変換で微分方程式を解くことは、**対数で計算をすること**に似ています。対数の場合、複雑な掛け算や割り算を含む計算を、対数表で対数に変換して、複雑な掛け算や割り算を足し算や引き算にして計算し、対数表で対数から実際の数に戻していました。

同様に、ラプラス変換は、微積分を含む方程式を、ラプラス変換で変換して、複雑な微積分をsの掛け算や割り算にして計算し、逆ラプラス変換でほしい関数に戻すわけです。

03 偏微分と多変数関数

教養 ★★★　実用 ★★★★★　受験 ★

実用上は多変数関数がよく現れるので必須の知識です。教養レベルの人でも「∂」が偏微分を表すことくらいは知っておきたいです。

> **Point**
> **偏微分は注目する変数以外は定数とみなして微分する**
>
> 多変数関数 $z = f(x, y)$ において、特定の文字以外を定数とみなして微分することを偏微分という。偏微分は下記のように記述する。
>
> $$x について \quad \frac{\partial z}{\partial x} \qquad y について \quad \frac{\partial z}{\partial y}$$
>
> 例）$z = f(x, y) = x^2 + 3xy + 4y^2$ のとき
>
> $\frac{\partial z}{\partial x} = 2x + 3y \qquad \frac{\partial z}{\partial y} = 3x + 8y$
>
> **全微分**
>
> 多変数関数 $z = f(x, y)$ において、全微分は下のように定義される。
>
> $$dz = \frac{\partial z}{\partial x} dx + \frac{\partial z}{\partial y} dy$$

多変数関数の微分は偏微分

今まで、$y = f(x)$ といった一変数の関数ばかり扱ってきました。しかし、数学を実際の問題に適用するときには、変数がたくさん必要となることが多いです。ここではそんな関数の微分方法について説明します。

多変数関数を扱うときに必要なのが**偏微分**です。今まで微分の記号には $\frac{dy}{dx}$ といったように "d" を使っていました。一方、$\frac{\partial z}{\partial x}$ というように "∂" を使ったも

のが偏微分です。

偏微分のテクニック自体は簡単で、着目した変数以外の変数を定数とみなして微分すれば良いだけです。一変数の微分を習得された方であれば、例を参照すれば、その手順はすぐに理解できるでしょう。

また、多変数関数の微分には偏微分だけでなく、**全微分**という概念もあります。偏微分は1つの変数に着目した微分ですが、全微分は関数値の増分dzをそれぞれの変数の増分dxとdyで表す形となっています。

実際のところ多変数関数の全微分が登場することは少ないので、まずは偏微分をしっかりと押さえてください。「∂」が登場すれば「偏微分なんだな」とわかるようにしてください。

なお、Pointの例では二変数の例を紹介しましたが、三変数でもそれ以上でも微分の考え方は同じになります。

Business 多変数関数の最大、最小問題

偏微分を利用する目的として一番多いのは関数の最小値、最大値を求める問題です。ここでその手順を紹介します。

（問題）関数$z = x^2 + 2y^2 + 2xy - 4x - 6y + 7$の最小値を求めよ。

zをxとyで偏微分して $\dfrac{\partial z}{\partial x} = 2x + 2y - 4 \quad \dfrac{\partial z}{\partial y} = 4y + 2x - 6$

ここから$\dfrac{\partial z}{\partial x} = \dfrac{\partial z}{\partial y} = 0$となるのは$x = 1 \quad y = 1$のときであることがわかる。

このようにしてzは$x = 1$、$y = 1$のときに最小値2を取ることがわかります。

ただし、**偏微分係数が0になっても、必ずしも最小値となるとは限りません**（必要条件ではあるが、十分条件ではない）。**本当に最小となるのか確認を忘れないでください**。とはいえ、実際の問題の場合は、最小値、最大値の候補を見つけられるだけでも有効です。

04 ラグランジュの未定乗数法

教養 ★　実用 ★★★★　受験 ★

ある拘束条件の下で、多変数関数の最大値や最小値を求める方法です。汎用性が高く、役立ちます。統計解析にも必須のテクニックです。

> **Point**
> **得られた結果が本当に最大・最小値なのか吟味が必要**
>
> x, y が拘束条件 $g(x, y) = 0$ を満たしながら動くとき、$z = f(x, y)$ が最大、最小となる x, y では、下式が成り立つ。
>
> $$F(x, y, \lambda) = f(x, y) - \lambda g(x, y) \text{としたとき}$$
>
> $$\frac{\partial F}{\partial x} = \frac{\partial F}{\partial y} = \frac{\partial F}{\partial \lambda} = 0$$
>
> 例) $x^2 + y^2 = 4$ の条件の下で $f(x, y) = 4xy$ の最大値を求める。
> 上式において $g(x, y) = x^2 + y^2 - 4$ と置くと、
> $F(x, y, \lambda) = 4xy - \lambda(x^2 + y^2 - 4)$
>
> $\frac{\partial F}{\partial x} = 4y - 2\lambda x = 0$　…①
>
> $\frac{\partial F}{\partial y} = 4x - 2\lambda y = 0$　…②
>
> $\frac{\partial F}{\partial \lambda} = x^2 + y^2 - 4 = 0$　…③
>
>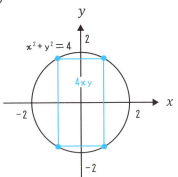
>
> ①、②より $\lambda = 2$　$x = y$
> これを③に代入して $x = y = \sqrt{2}$ が得られる。
> $x = y = \sqrt{2}$ を $f(x, y)$ に代入すると、最大値8を取ることがわかる。

📖 ラグランジュの未定乗数法は「なぜ」を考えてはいけない

ラグランジュの未定乗数法は簡単で便利なテクニックです。それなのに敬遠されがちな理由は、「なぜ」これで極値が求められるのかがわからないことにあると思います。特に唐突に出てくる"λ"が何を意味するのか、直観的に理解することは難しいでしょう。

しかし、数学を「利用する」立場から見れば、理屈がわからないからといって便利な方法を使わないことは非常にもったいないです。方法自体は、極値を求めたい関数に、拘束条件の式をλ倍して加えて関数Fを作り、それぞれを偏微分して得られた式を満たすx, yを求めるということだけです。

理屈を理解することは、簡単ではありません。理屈が気になる人も、まずはテクニックを型として習得することを第一としてください。

ラグランジュの未定乗数法は、変数が3個以上でも、拘束条件の式が複数存在しても使える**汎用性の高い方法**です。ただ、この方法で得られた結果は、あくまで最大値、最小値を取る候補であって、**それが最大・最小値を取ることを保証するものではない**ことに気をつけましょう。とはいえ、実際の問題では、候補さえ得られれば、1つずつ検証すれば良いだけの話です。この方法の有用性には変わりありません。

📈Business 統計解析の最大値、最小値

最大値、最小値を求める問題は科学のあらゆるところに登場するので、ラグランジュの未定乗数法は広範囲にわたって使われています。

特に統計解析では一般に変数が多くなります。だから、ラグランジュの未定乗数法は重宝されます。たとえば、最小2乗法や主成分分析、因子分析などの多変量解析でも使われているので、ビッグデータ解析を学びたい人はぜひ習得しておきましょう。

05 重積分

多変数関数の積分方法です。考え方はそれほど難しくないので、一変数関数の積分が理解できていれば簡単に理解できるはずです。

> **Point**
> ## 変数を固定して、積分を2回繰り返す
>
> 多変数関数 $z = f(x, y)$ において、xy 平面のある領域 G に対する z の値の積分を下記のように表現し、G 上における $f(x, y)$ の重積分と呼ぶ。
>
> $$\iint_G f(x, y)\, dx\, dy$$
>
> G は $a \leq x \leq b$ かつ $c \leq y \leq d$ の領域
>
>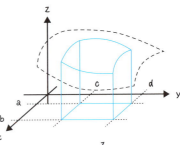
>
> 例）下記の重積分を計算する。
>
> $$\iint_G (2y^2 - xy)\, dx\, dy$$
>
> G は $1 \leq x \leq 3$ かつ $1 \leq y \leq 2$ の領域
>
>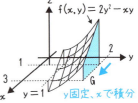
>
> $$\int_1^2 \int_1^3 \{(2y^2 - xy)dx\}dy = \int_1^2 \left[2xy^2 - \frac{1}{2}x^2 y\right]_1^3 dy$$
>
> $$= \int_1^2 \left\{\left(6y^2 - \frac{9}{2}y\right) - \left(2y^2 - \frac{1}{2}y\right)\right\} dy$$
>
> $$= \int_1^2 (4y^2 - 4y)\, dy$$
>
> $$= \left[\frac{4}{3}y^3 - 2y^2\right]_1^2 = \left(\frac{32}{3} - 8\right) - \left(\frac{4}{3} - 2\right) = \frac{10}{3}$$
>
>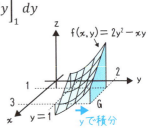

📖 多変数関数の積分は重積分

多変数関数の積分が**重積分**になります。方法自体は一変数の積分を身につけた人であれば簡単に理解できます。例題のように$dxdy$とx, yの二変数で積分する場合は、まず**一方を固定して積分します**（例ではyを固定してxで積分）。そして、**もう一方の変数で積分します**。

重積分になっても、積分の意味が本質的に掛け算であることには変わりありません。変数x, y, zがすべて長さを表す場合、$\int y\,dx$は長さ×長さで面積を表します。そして、$\iint z\,dxdy$は長さ×長さ×長さで体積を表すわけです。

本節では二変数の例を紹介しました。同じことは三変数でも四変数でも成り立ちます。計算は複雑になりますが、考え方は変わりません。

🖥 Business 密度から重さを算出する

石などの立体物はx, y, zの三次元で表せます。ここで密度Dをx, y, zの関数とすれば、$D(x, y, z)$をx, y, zで三重積分した値はその石の重さになります。立体の中で密度が一定であれば、単に掛け算をすれば良いのですが、立体の中で密度が変化する場合は積分を使う必要があります。

流体の分野でも密度を変数として、それを積分して重さを算出することがあります。また、電磁気学において電荷密度を積分して電荷を求めるなど、科学技術の基礎を成す方程式に広く利用されています。

06 線積分と面積分

任意の曲線や曲面で積分を行うこともあります。特に電磁気学や流体力学などの分野の研究者や技術者には重要です。

> **Point**
> **線積分は積分経路の長さを求めることではない**

線積分

関数 $f(x, y)$ について、下図のように曲線 C に沿っての積分を線積分と呼ぶ（r は曲線 C の要素、$\Delta r \to 0$ の微小極限で dr となる）。

$$\int_C f(x, y)\, dr$$

特に C' のように閉じた経路（始点と終点が同じ）の場合は下記のように表す。

$$\oint_C f(x, y)\, dr$$

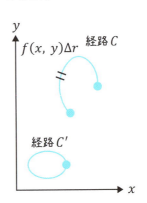

面積分

関数 $f(x, y, z)$ について、下図のように曲面 D での積分を面積分と呼ぶ（S は曲面 D の要素、$\Delta S \to 0$ の微小極限で dS となる）。

$$\int_D f(x, y, z)\, dS$$

二重積分の記号を使って表すこともある。

$$\iint_D f(x, y, z)\, dS$$

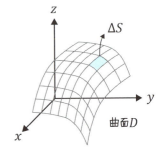

多変数関数には積分経路が多数存在する

$z = f(x, y)$といった多変数関数の場合、さまざまな領域で積分を行うことができます。前節で紹介した重積分は$a \leqq x \leqq b$、$c \leqq y \leqq d$という領域、つまり長方形で積分をしています。それ以外にも曲線で積分する方法、曲面で積分する方法などがあり、それぞれ**線積分**、**面積分**と呼ばれます。ここでは具体的な計算方法には踏み込まず、概念だけ説明します。

Pointでxy平面上の経路Cで積分する線積分を示しました。この図のxy平面は変数のxとyしか示しておらず、$f(x, y)$の値も示す場合は別軸になることに注意してください。ここで関数$f(x, y)$と経路C上の微小線素Δrの積の和$\sum f(x, y)\Delta r$について、$\Delta r \to 0$の極限を取ると線積分となります。線積分は、始点と終点が同じだったとしても複数の経路が考えられます。そして、一般的にはそれぞれの積分値は異なります。

面積分について、曲面Dで$f(x, y, z)$を積分する例をPointに示しました。これもxyz空間は変数のx, y, zしか示していません。関数$f(x, y, z)$の値を入れるのは別軸（4つ目の軸）になります。ここで関数$f(x, y, z)$とΔSの積の和$\sum f(x, y, z)\Delta S$について$\Delta S \to 0$の極限を取ると面積分となります。

Business 経路ごとの必要なエネルギーの計算

物理の世界では力に距離を掛けたものを仕事と呼び、その物体に与えたエネルギーを表します。ここで、xy平面上で受ける力を$\vec{F}(x, y)$、経路を$\vec{r}$とすると、必要なエネルギーは経路C_1、C_2についてそれぞれ下式のように表されます（力$\vec{F}$と経路$\vec{r}$はChapter 11で紹介するベクトルの関数です）。

$$\int_{C_1} \vec{F}(x, y) \cdot d\vec{r} \qquad \int_{C_2} \vec{F}(x, y) \cdot d\vec{r}$$

この計算を行って、さまざまな経路での必要なエネルギーを知ることができます。

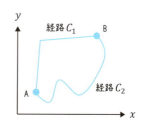

イプシロン-デルタ論法

極限のところで、$\lim_{x \to c} f(x) = L$ は「x が限りなく c に近づくとき、$f(x)$ は限りなく L に近づく」と説明しました。

しかし、この説明に違和感を持った方も多いのではないでしょうか。普通数学は何かを定義するときには、誰が見ても明らかになるように厳密に定義します。ですが、ここでは「限りなく」とか「近づく」など、感覚的な言葉が使われています。

このあいまいさは数学の専門家が最も嫌うものですので、大学の数学ではちゃんと解決されます。その方法がここで紹介するイプシロン-デルタ論法というものです。

> **イプシロン-デルタ論法による極限の定義**
> $\lim_{x \to c} f(x) = L$
> 　任意の正の実数 ϵ に対して、ある正の実数 δ が存在して、
> $0 < |x - c| < \delta$ なら $|f(x) - L| < \epsilon$ が成り立つ。

やさしくかみ砕くことは難しいです。ただイメージとして次のようにアプローチすれば良いと思います。

ϵ は関数 $f(x)$ が取りえる範囲で、δ は x と c の近さとします。このときに δ を小さくすれば（つまり、x と c を近くすれば）、$f(x)$ を L を中心とした、ある範囲 ϵ に収めることができます。そして、どれだけ ϵ を小さくしても、δ を見つけられる、ということです。

正直、実用数学の観点からは役立つものではなく、「限りなく近づく」の理解で問題はありません。しかし、本格的な数学の道に進もうと思う人には、このあたりの扱いが非常に重要になってくるのです。

Chapter 08

数値解析

Introduction

コンピュータは命令しないと何もできない

「コンピュータは非常に複雑な計算をこなす万能の計算機だ」一般的にはそう考えられているでしょう。

しかし、実はコンピュータ（CPU）単体では難しい計算をこなすことはできません。コンピュータは足し算、引き算、掛け算、割り算の四則演算ができるだけです。それも、少し前までは掛け算と割り算さえできませんでした。

とはいえ、現実にはコンピュータは難しい計算を実行します。たとえば、複雑な特殊関数を計算したり、微分方程式を解いたりしています。これが意味することは、プログラマーが四則演算だけで複雑な計算ができるようにプログラミングしている、ということになります。

このプログラムの計算方法（アルゴリズム）によって、計算の精度もかかる時間も大きく変わります。よく「コンピュータの物理的な進化によって、今まで不可能だった計算が可能になった」という話を聞きます。しかし、これは物理的な進歩だけでなく、計算方法の進歩でもあるのです。この計算方法を研究する数学の分野が、本章のテーマである**数値解析**というわけです。

まさに縁の下の力持ちで、普通の方には目にとまることさえない技術です。本書の読者には、こんな技術が社会を支えていることを知っていただければと思います。

数値を扱う難しさ

数学の世界は厳密なもので、法則は100%成り立ち、例外はありません。数学の式変形で得られた解を**解析解**といいます。一方、数値解析で近似的に得られた方法を**数値解**といいます。

Chapter06で説明したように、たとえば積分は一般的に解析解の計算はできませんから、数値解で計算する必要があります。また、もともとのデータが測

定結果などで数値の場合は数値計算を選ばざるを得ません。

　数値は必ず誤差を含みますから、**その誤差を評価すること**が重要です。その誤差の扱いを間違えてしまうと思わぬエラーを起こしてしまうことがしばしばあります。この扱いは職人芸のように勘と経験に頼る部分もたくさんあります。数値解析は数学の1つの専門分野であり、とても奥深いものなのです。

　本章では基本的な数値計算の方法を紹介します。しかし、実際に適用するときは細かい（しかし重要な）問題が多数生じます。だから、基本的な方法にいろいろな修正を加えて使われていることに注意してください。

教養として学ぶには

　本章では細かいことは学ぶ必要はありません。たかが計算にも、奥深い技術があることを認識していただければ十分です。

仕事で使う人にとっては

　ここで紹介している方法はほんの初歩なので、最低限の用語くらいは覚えておくことが望ましいです。余裕があれば、表計算ソフトなどを使って実際に計算してみると、理解を深められるでしょう。

　細かな条件の違いによって計算結果が異なることがあるため、自分で実装する場合は細心の注意が必要です。

受験生にとっては

　高校生はこの領域に踏み込む必要はありません。大学に入学してから勉強しましょう。課外活動などで個別の課題がある場合は別ですが……。

01 1次の近似公式

関数のある小さな区間を直線で近似する方法です。簡単な方法なので、いろいろなところで使われます。

> **Point**
> **変化が小さければ、関数を接線で近似できる**
>
> 関数$f(x)$において、$x ≒ a$のとき、下記のように近似できる。
>
> $$f(x) ≒ f(a) + f'(a)(x - a)$$
>
> 例）$f(x) = x^2$を$x = 2$の近くで近似　$f(x) ≒ 4 + 4(x - 2) = 4x - 4$
> 　　$f(x) = \sin x$を$x = 0$の近くで近似　$f(x) ≒ \sin 0 + x \cos 0 = x$
> 　　$f(x) = e^x$を$x = 0$の近くで近似　$f(x) ≒ e^0 + xe^0 = 1 + x$

📖 関数を接線で近似する

たとえば、計算をしているときに、$\sqrt{4.01}$や$\sqrt{3.98}$とか$\sqrt{4.02}$とか$\sqrt{4}(= 2)$近辺のデータがたくさん必要になるとします。無理のある設定に感じられるかもしれませんが、数学を使うときにはよく起こることです。

こんなときに一番簡単なやり方は、「$\sqrt{4.01}$は、$\sqrt{4}$に近いから2にしてしまう」という方法です。しかし、もう少し精度を高める方法があります。

それは**接線**を使う方法です。下図の$x = a$のように$x = 4$に近い範囲では、関数の値はだいたい接線の値とみなすことができます。この直線を計算に使えば、ある程度の精度の数字が得られるわけです。

なお、ここでいう「近い」は関数の変化に対して相対的なものです。だから、具体的な範囲を示すことはできません。

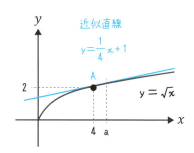

:computer: Business 振り子の等時性は近似だった

理科の授業で、**振り子の等時性**について習ったことを覚えているでしょうか。

右のような振り子において、振り子の周期（A→C→B→C→Aと同じところに戻ってくるまでの時間）は重りの重さや振れる角度（図のθ）によらず、いつも等しいという物理の法則のことです。

この法則を導き出す過程で、この節で説明している1次の近似式が使われています。

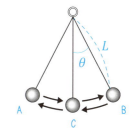

この振り子の運動方程式はひもの長さをL、重りの重さをM、重力加速度（重力による加速度）をgとすると、下式のようになります。なお、ここでのθの単位はラジアンです。

$$ML\frac{d^2\theta}{dt^2} = -Mg\sin\theta$$

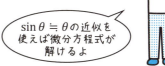

ここでθが小さい（あまり大きくは振らさない）とすると、1次の近似式を使って$\sin\theta$を近似して、$\sin\theta \fallingdotseq \theta$とすることができます（$\sin\theta = \sin(0) + \theta\cos(0)$）。

以降はただの計算なので詳しくは書きませんが、この微分方程式を解くと周期は$2\pi\sqrt{\dfrac{L}{g}}$と表されます。つまり、周期はひもの長さLと重力加速度のみで決まるということが導かれます。

しかし、この計算の過程で$\sin\theta \fallingdotseq \theta$という近似を使っています。**この式は$\theta$が小さいところでしか成り立ちません**。近似を使わない計算で周期を正確に求めると右表のようになります（ひもの長さ：$L = 1\mathrm{m}$としました）。θが小さければ周期はほぼ一定ですが、大きくなるとズレてしまうことがわかります。

θの値	周期
1°	2.006秒
5°	2.007秒
10°	2.010秒
30°	2.041秒
90°	2.368秒

02 テイラー展開、マクローリン展開

関数のある小さな区間を直線で近似する方法です。いろいろなところで使われているので、理解しておきましょう。

Point

関数 $f(x)$ は x^n の多項式に展開できる

テイラー展開

ある関数 $f(x)$ について、下式のように $(x-a)^n$ の多項式として展開できる。

$$f(x) = f(a) + f'(a)(x-a) + \frac{1}{2!}f''(a)(x-a)^2 + \frac{1}{3!}f'''(a)(x-a)^3 + \cdots$$

$$= \sum_{n=0}^{\infty} \frac{1}{n!} f^{(n)}(a)(x-a)^n$$

ただし $f^{(n)}(x) \rightarrow$ 関数 $f(x)$ を n 回微分したもの $\quad n! = 1 \times 2 \times \cdots \times n$

マクローリン展開

上記で特に $a=0$ のとき（$x=0$ で展開したとき）をマクローリン展開と呼ぶ。

$$f'(x) \fallingdotseq f(0) + \frac{f'(0)}{1!}x + \frac{f''(0)}{2!}x^2 + \frac{f'''(0)}{3!}x^3 + \frac{f''''(0)}{4!}x^4 + \cdots\cdots$$

$$= \sum_{n=0}^{\infty} \frac{f^{(n)}(0)}{n!} x^n$$

例） 代表的な関数をマクローリン展開する。

$$e^x = 1 + x + \frac{x^2}{2!} + \frac{x^3}{3!} + \frac{x^4}{4!} + \cdots$$

$$\log_e(1+x) = x - \frac{x^2}{2} + \frac{x^3}{3} - \frac{x^4}{4} + \frac{x^5}{5} - \cdots$$

$$\sin x = x - \frac{x^3}{3!} + \frac{x^5}{5!} - \frac{x^7}{7!} + \frac{x^9}{9!} - \cdots$$

$$\cos x = 1 - \frac{x^2}{2!} + \frac{x^4}{4!} - \frac{x^6}{6!} + \frac{x^8}{8!} - \cdots$$

📖 関数をx^nの和で表すマクローリン展開

テイラー展開は、式は難しそうに見えますが、本質はそんなに難しくありません。押さえてほしいことは2点です。

1つ目は、**関数が$(x-a)^n$という単純な関数の和で表される**ことです。これは四則演算だけで計算することができます。たとえば、$e^{2.5}$を数値計算するときにはどうすれば良いでしょうか。そんなときには展開して計算する方法があります。$(x-a)^n$の和の形であれば、電卓でも計算できます。

2つ目は、**各項の分母に階乗$n! = 1 \times 2 \times \cdots \times n$がある**ことです。階乗は非常に早く大きくなりますので、高次の項は事実上無視することができます。また、$(x-a)^n$も$x-a$の絶対値が1以下で小さければ急激に小さくなります。だから、低次の項だけで精度の良い近似ができます。

ちなみに、前節で紹介した1次の近似は、**テイラー展開の定数項と1次の項だけを抜き出したもの**になります。

マクローリン展開は**テイラー展開の中で、特に$a = 0$としたとき**です。e^xや$\sin x$がx^nの和の形で表現することができます。具体的な例を見ればイメージがわくと思います。

🖥 Business 電卓の計算

コンピュータに計算をさせるときにマクローリン展開が使われます。コンピュータは四則演算しかできないので、直接には三角関数などの計算ができません。そこで、テイラー展開やマクローリン展開を使い、関数を展開して計算します。身近な例では電卓で平方根を計算するときなどにも使われています。

ただ、精度や計算スピードなどいろいろな問題がありますので、ここで紹介した方法がそのまま適用されているわけではありません。専門家がいろいろな工夫をして、速くかつ精度の高い計算をするアルゴリズムを開発しているのです。

ニュートンラフソン法

数値計算による方程式の解法です。接線を使って近似解を求める方法ということがわかれば十分です。

> **Point**
> **方程式の近似解が得られるが、初期値の選び方が難しい**
>
> 曲線 $y = f(x)$ において、ある点 $P_0(x_0, f(x_0))$ における $y = f(x)$ の接線と x 軸との交点 $(x_1, 0)$ を考える。それは下図のように、x_1 は x_0 より方程式 $f(x) = 0$ の解に近いといえる。さらに $P_1(x_1, f(x_1))$ における接線と x 軸の交点 $(x_2, 0)$ について、x_2 は x_1 より解に近い。
>
> したがって、$x_0, x_1, x_2, \cdots\cdots$ とこの操作を繰り返せば、方程式 $f(x) = 0$ の近似解を求められる。この方法をニュートンラフソン法という。
>
>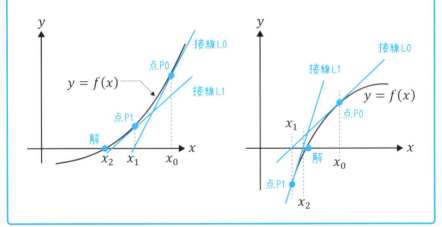

📖 接線を使って方程式を解く方法

ニュートンラフソン法は上図のように、接線と x 軸との交点を求めることを繰り返しながら、方程式の解を求める方法です。まずはグラフを見て、感覚的に何をしているかをつかんでください。

数値的に方程式を解く方法の中でもわかりやすく、解を求めるために必要な試行回数が比較的少ない方法として知られています。

ただ、この方法では特に解が複数ある場合、**初期値x_0をどうやって選ぶかという問題**があります。下図を見てください。

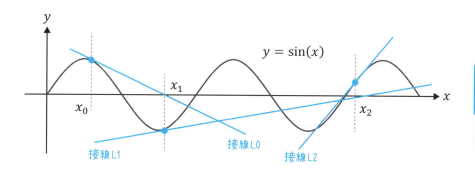

これは三角関数の例です。最終的にはどれかの解に収束しますが、どの解に行きつくかは初期条件（x_0の取り方）に大きく依存してしまいます。このように解が複数存在する場合には注意が必要です。

ここでは詳しく説明はしませんが、解がうまく収束する条件なども数学的に示されているので、興味のある人は調べてみてください。

🖥️ Business コンピュータに方程式を解かせる

ニュートンラフソン法はコンピュータに方程式を解かせるときに利用されています。しかし、先に述べたように「初期値x_0をどうやって決定するか」という問題、解が複数あるときの対応方法、収束しない（解がある一定の値に近づいていかない）ときの対応方法など、実際の問題に適用するときはいろいろな問題が生じます。

たとえば、収束しないときひとつを取っても、本当にその方程式の解が存在しないのか、初期値が適切でなかったのかなど、考えることはたくさんあります。汎用的なアルゴリズムを作ることは思いのほか大変です。これは高いレベルの専門知識と経験が必要な仕事といえるでしょう。

| 教養 ★ | 実用 ★★★★ | 受験 ★ |

04 数値微分

数値の微分は単なる差分なので、理論は単純です。しかし、実用時には気をつけることも多くて意外に奥深いです。

> **Point**
> ## 微分は十分小さい区間の変化率で代用する
>
> 関数 $y = f(x)$ を $x = a$ で微分するときには、次のような方法が使われる。
>
> **前進差分** （$x = a$ と $x = a + h$ の値の差分を取る）
> $$f'(a) = \frac{f(a+h) - f(a)}{h}$$
>
> **後退差分** （$x = a$ と $x = a - h$ の値の差分を取る）
> $$f'(a) = \frac{f(a) - f(a-h)}{h}$$
>
> **3点近似** （$x = a$ と周りの2点を使って差分を取る）
> $$f'(a) = \frac{f(a+h) - f(a-h)}{2h}$$

📖 数値計算では微分はすなわち差分

　数値計算による微分は単純です。微分はある点における傾きを求めるため、ある区間の平均変化率を計算し、区間が0になる極限を取るものでした。

　一方、数値計算の場合は極限を取ることはしません。というよりできません。そのため、**小さい区間の平均変化率をそのまま微分係数としてしまいます**。

　平均変化率を求めているだけなので、厳密には微分とはいえないのではないか、と思う人もいるかもしれません。それは確かに正しいです。しかし、数値計算の世界ではこれを微分と呼ぶことが普通です。

🖥️Business 自転車の加速データを微分してみる

それでは、この微分を使う実例を示してみましょう。実データを扱う際に気をつけないといけないことは、**数値データは離散的である**ということと、**データは誤差を含んでいる**ということです。

例として、自転車が加速していくときの時間と距離のデータから速さを求めてみます。ここで距離xは時間の関数（0.02秒刻み）として$x = t^2$と仮定しており、データには意図的に1.5%の誤差を入れ込んでいます。図からわかるように、tとxの関係はきれいに$x = t^2$で変化しています。誤差の影響はありません。

一方、微分すると$\frac{dx}{dt} = 2t$となるはずですが、前進差分で微分するとデータが暴れて精度が下がっていることがわかります（黒点）。**微分値はデータの誤差の影響を受けやすいので注意が必要です。**

ここで3点法を適用してみます（青点）。式を見るとわかりますが、3点法とはhを2倍に増やしたことに相当します。すると、誤差が平均化されて前進差分（黒点）より、データがきれいになっていることがわかります。

数式を微分する場合、hは小さいほど良いです。しかし、実データの場合は誤差があるので、必ずしもそうとはいえません。データが暴れる場合には5点近似、7点近似などhをさらに広くした方法もあります。

もちろんこの場合は、平均を取る範囲で関数値が大きく変化すると、計算の精度が下がってしまうので注意が必要です。数値の微分とはこのようにデリケートなものなのです。

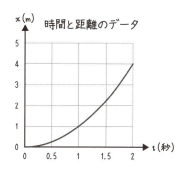

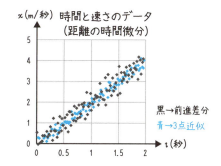

05 数値積分（台形公式、シンプソンの公式）

直観的には明らかです。曲線の面積を台形の和を使って求める方法と放物線を使って求める方法があることを知っておきましょう。

Point
長方形を台形や放物線に変えると精度が上がる

関数 $y = f(x)$ の a から b までの積分値、$S = \int_a^b f(x)\,dx$ は分割数を n（シンプソンの公式は1区間に3点必要となるので $2n$ の関数値が必要）として次のような方法で数値計算される。

長方形近似

$$\frac{b-a}{n}\{f(x_0) + f(x_1) + \cdots + f(x_{n-1})\}$$

台形公式

$$\frac{b-a}{2n}\{f(x_0) + 2(f(x_1) + f(x_2) + \cdots + f(x_{n-1})) + f(x_n)\}$$

シンプソンの公式（放物線近似）

$$\frac{b-a}{6n}\{f(x_0) + 4(f(x_1) + f(x_3) + \cdots + f(x_{2n-1})) + \cdots\cdots \\ + 2(f(x_2) + f(x_4) + \cdots + f(x_{2n-2})) + f(x_{2n})\}$$

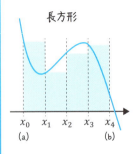
長方形

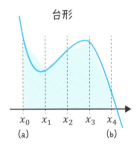
台形

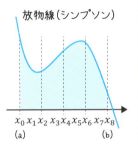
放物線（シンプソン）

何を基準に面積を求めるか？

数値積分の方法は面積を求めるために、領域に分割して足し合わせるという単純なものです。ただし、どのような図形で分割するか、という違いで代表的な方法が3つあります（Pointの図を参照）。

1つ目は**シンプルに長方形で分割する方法**です。これは積分の定義のところで紹介した方法と同じです。

2つ目は**台形で分割する方法**です。台形の面積の公式（(上底＋下底)×高さ÷2）を各領域に適用して足し合わせます。

3つ目は**放物線で分割する方法**です。**シンプソンの公式**とも呼ばれます。これは、x_0, x_1, x_2（x_1は中点）の3点を通る放物線とx軸で囲まれた図形の面積は $h = x_1 - x_2 = x_2 - x_3$として、$\frac{h}{3}\{f(x_0) + 4f(x_1) + f(x_2)\}$と表されることを利用して、これらを足し合わせています。曲線に適用する場合、この方法は長方形や台形より精度が高くなります。

Business 指数関数の積分値の計算

ここで紹介した方法を使って、指数関数$y = e^x$を$x = 0$から2まで積分した結果を下表に示します。分割数は4分割（0.5刻み）と8分割（0.25刻み）で公式を適用しました（シンプソンの公式は3点使うため、それぞれ2分割、4分割です）。

分割数を増やすと確かに誤差が小さくなっていることがわかります。また、曲線を近似するためシンプソンの公式の精度がとても良いことがわかります。実際の問題に適用する場合は、下表くらいの誤差があることを認識した上で、必要な精度が得られる分割数で積分します。

近似値とその誤差：真値6.38906
（数値は小数点以下6桁目を四捨五入して5桁目までを表示）

	長方形近似	台形公式	シンプソンの公式
4分割	8.11887 誤差：＋27.0%	6.52161 誤差：＋2.1%	6.39121 誤差：＋0.034%
8分割	7.22093 誤差：＋13.0%	6.42230 誤差：＋0.52%	6.38919 誤差：＋0.002%

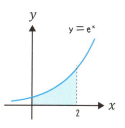

06 微分方程式の数値的解法（オイラー法）

微分方程式の解法として一番基礎的なものです。精度の関係で実際に使われることは少ないですが、簡単なので学習目的には最適です。

> **Point**
> **シンプルだが誤差が蓄積され、精度がいまいち**
>
> 微分方程式 $\dfrac{dy}{dx} = f(x, y)$ を数値的に解くときに、差分を h として $x_{n+1} - x_n = h$、y_n を下のように求める方法をオイラー法と呼ぶ。
>
> $y_1 = y_0 + h f(x_0, y_0)$
> $y_2 = y_1 + h f(x_1, y_1)$
> …
> $y_{n+1} = y_n + h f(x_n, y_n)$
>
> 例）$\dfrac{dy}{dx} = x + y$ をオイラー法で解く（初期条件を $x = 0$ のとき $y = 1$ とする）。
>
> 解を $y(x)$ とすると初期条件は $y(0) = 1$ となる。
>
> $f(x, y) = x + y$　$h = 0.2$ としてオイラー法を適用すると、
>
> $y_0 = y(0) = 1$
> $y_1 = y(0.2) = y_0 + h \times f(x_0, y_0) = 1 + 0.2(0 + 1) = 1.2$
> $y_2 = y(0.4) = y_1 + h \times f(x_1, y_1) = 1.2 + 0.2(0.2 + 1.2) = 1.48$
> $y_3 = y(0.6) = y_2 + h \times f(x_2, y_2) = 1.48 + 0.2(0.4 + 1.48) = 1.856$
> $y_4 = y(0.8) = y_3 + h \times f(x_3, y_3) = 1.856 + 0.2(0.6 + 1.856) = 2.3472$
> $y_5 = y(1.0) = y_4 + h \times f(x_4, y_4) = 2.3472 + 0.2(0.8 + 2.3472) = 2.97664$

📖 オイラー法は曲線を接線で近似する

　オイラー法は最も原始的な微分方程式の数値解法です。数式で見るとややこしそうに見えるかもしれませんが、理屈はとてもシンプルです。一言でいうと、オイラー法は**関数の増分を、接線を使って近似している方法**です。図で説明してみ

ましょう。

下図のような $y = y(x)$ という曲線を与えられた微分方程式の真の解とします。ここで $y = y(x)$ 上の点 (x_n, y_n) における接線の傾きは微分方程式から与えられます。つまり、$\frac{dy}{dx} = f(x, y)$ とすると、傾きは $f(x_n, y_n)$ です。これに h を掛けたものが y の増分となるわけです。こうやって、x_n と x_{n+1} の区間を接線で近似して、次々と関数値を算出していきます。

簡単ですが、接線で近似して誤差を含んだ値を次の点の計算に使うため、誤差が蓄積されやすい方法です。よって、実際にコンピュータで微分方程式を解くときには、これを改良させた方法（ルンゲクッタ法など）が主に使われます。

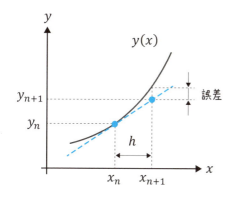
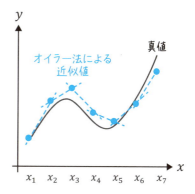

Business 二重振り子の運動

物理で振り子の問題はよく出題されており、その運動は比較的簡単に解析が可能です。しかし、図に示すように振り子を二重にしただけで問題が非常に難しくなります。二重振り子の運動方程式はもはや数式では解くことができず、数値解析に頼らざるを得ません。

微分方程式の数値的な解法が研究されて、このような運動の解析ができるようになりました。その結果、「カオス」といわれる複雑な運動が発見され、新たな物理の世界を広げています。

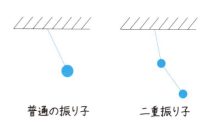

コンピュータは2進数で計算している

「コンピュータは0と1しか理解できない」という話を聞いたことがあるでしょうか。コンピュータの頭脳である半導体は高い電圧を1、低い電圧を0として、すべての計算がこの組合せで行われています。だから、コンピュータの世界では2進数が使われます。

2進数とは下表のように、0と1だけですべての数を表す方法です。

10進数	0	1	2	3	4	5	6	7	8	9	10
2進数	0	1	10	11	100	101	110	111	1000	1001	1010

普段、コンピュータが2進数で計算していることを意識することはほとんどないでしょう。しかし、Excelを使っていると身近にその片鱗を見ることができます。

右下の表はExcelで10から0.1ずつ引いた場合、12.5から0.125ずつ引いた場合の計算結果を示したものです。10から0.1ずつ引いた場合は0になるべき場所が1.88E-14(10^{-14})と非常に小さい数になっています。一方、0.125はきれいに0となっています。

0.125(2^{-3})は2進数で「0.001」ときりよく表されます。一方、0.1は2進数で表現すると循環する無限小数となります。だから、計算するときに丸め誤差が生じてしまいます。その誤差が蓄積されるので、計算結果が厳密な0になりません。

こんな簡単な処理からも、コンピュータが2進数で計算していることを知ることができるのです。

0.1ずつ引く	0.125ずつ引く
10.0	12.5
9.9	12.375
9.8	12.25
9.7	12.125
〜〜〜	〜〜〜
0.5	0.625
0.4	0.5
0.3	0.375
0.2	0.25
0.1	0.125
1.88E-14	0

Chapter 09

数列

Introduction

数列を学ぶ意味は離散を学ぶこと

「数列とは何か?」と聞かれたら、その答えは簡単です。たとえば、1, 4, 5, 3, 2, ……など**数字が並んでいるもの**はすべて数列といいます。数列というと、中学入試のように「1, 2, 6, □, 31, 56, ……」とあって、規則性から□に入る数を求めなさい、というような問題を思い浮かべる人が多いかもしれません。でも、実際は規則性など何もなくても、数列は数列なのです。

「なぜ数列を学ぶのか」という質問に本質的に答えるとしたら、それは**離散数学の世界を学ぶため**だと考えています。

ここまで学んできた数学は連続の世界です。たとえば、$f(x) = x^2$ という関数は連続です。本書では踏み込んでいませんが、直観的にいうと連続とはすべての点がつながっているという状態です。$f(x)$ 上の点はすべて滑らかにつながっています。そして、$f(x)$ が連続であるからこそ、微分や積分がスムーズに行えるのです。

一方、離散数学の世界では $f(x) = x^2$ が数列になります。つまり、$a_n = 1, 4, 9, 16, 25, 36, \ldots, n^2$ というような数の列になります。このとき1と4は非連続でその間の数は存在しないとびとびの世界です。この場合、微分は隣接項との差、積分は複数項の和になります。

異様に感じるでしょうか。けれども、実世界ではこれが普通です。たとえば、理科の実験をして温度のデータを取る。これはある時間にある温度であるという離散的なデータです。また、現在のコンピュータはデジタルなので、離散データしか扱えません。実世界に目を移すと、数学の理想的な連続という世界こそが異様で、離散が普通なのです。

高校数学における数列はパズルのような印象が強いでしょう。しかし、数列を学ぶ背景には離散数学の入り口という意味があることを知っておくと、勉強するモチベーションも上がるでしょう。

> 数列では和が重要

　数列を学ぶときには和の公式、つまり数列の項を足し合わせた公式というものがよく出てきます。先ほど触れたように、**数列の和は関数の積分に相当する値**なので重要です。

　無限数列を使うと、無限小数を無限数列の和という形で表すことができます。たとえば$0.33333333\cdots\cdots = \dfrac{1}{3}$であることを数学的に厳密に示すことができます。さらに、無理数も数列の和で表せることがあります。特に有名なのは円周率πやネイピア数eを数列の和で表す式です。

　また、数列の和を取るときに"Σ（シグマ）"という記号が使われます。この記号はこの先も頻繁に出てきますので、使い方に慣れておきましょう。

🎓 教養として学ぶには

　細かい公式は覚えなくても良いですが、等差数列や等比数列など基本的な数列の意味を理解してください。なお、"Σ"という記号はよく出てくるので、少なくとも苦手意識を持たないように慣れましょう。

💼 仕事で使う人にとっては

　高校数学で習う数列を直接、実用することは少ないかもしれません。しかし、数列は実用上で非常に重要な離散数学の基礎となるため、本書で解説している項目くらいは理解しておきましょう。

✏️ 受験生にとっては

　大学入試には頻出の分野です。公式も確実に暗記して、スピーディーに問題を解けるように準備しておきましょう。

01 等差数列

数列の中でシンプルなもののひとつが等差数列です。まずは数列というものに慣れるためにも勉強しておきましょう。

> **Point**
> **等差数列の和の計算は、初項と最後の項に着目する**
>
> 2, 4, 6, 8, 10, ……や5, 10, 15, 20, 25, ……のように数を一列に並べたものを数列と呼び、1つひとつの数のことを項という。最初の項を初項、n番目の項を一般項または第n項と呼び、a_nと添え字を使って表す。
>
> 数列の中で、隣り合う項の差が常に一定値になるものを等差数列と呼ぶ。そしてその一定値の差を公差と呼ぶ。
>
> 等差数列a_nは初項をa_1、公差をdとして、$a_n = a_1 + (n-1)d$と表される。初項a、公差dの等差数列の初項から第n項までの和S_nは、
> $S_n = \dfrac{n}{2}\{2a + (n-1)d\}$と表される。
>
> 例）等差数列 3, 6, 9, 12, 15, ……は、
> 　　一般項　$a_n = 3 + 3(n-1) = 3n$
> 　　初項から10項（$a_{10} = 30$）までの和は、$\dfrac{10}{2} \times (2 \times 3 + 9 \times 3) = 165$

📖 隣の項との差が一定だから等差数列

等差数列は数列の中で一番シンプルです。2, 4, 6, 8, ……や31, 27, 23, 19, ……のように**同じ数だけ増加（減少）する数列**を等差数列といいます。

数列で重要な数列の和は次のように考えます。
たとえば、1から10までの自然数は初項1で公差1の数列とみなせます。この

ときの第10項までの和を考えます。このとき、下に示すように初項（1）と第10項（10）、第2項（2）と第9項（9）、……の和は11ですべて同じとなります。だから、求めたい数列の和は$11 \times 5 = 55$と求められます。

$$1, 2, 3, 4, 5, 6, 7, 8, 9, 10 \quad \rightarrow \quad (1+10), (2+9), (3+8), (4+7), (5+6)$$

これを一般化すると、数列の和は（初項＋末項）に（項数÷2）を掛けたものになります。ですから求めたい和は下式のようになります。

一般化して、数列の和 $= (初項 + 末項) \times \dfrac{項数}{2}$

つまり、$S_n = \dfrac{n}{2}(a_1 + a_n) = \dfrac{n}{2}\{2a_1 + (n-1)d\}$

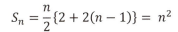 ピラミッドの石の数を数える

それでは等差数列を、実際に計算に使う例を出します。

下のようなレンガで積んだピラミッドを作ることを考えます。100個のレンガがあると何段積むことができるでしょうか。

n段目のレンガの数は初項1、公差2の等差数列となるから、$a_n = 1 + 2(n-1) = 2n - 1$と置ける。
このn項までの和S_nは下式となる。

$$S_n = \dfrac{n}{2}\{2 + 2(n-1)\} = n^2$$

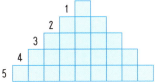

$n^2 \leqq 100$となる最大の整数nは10（$n^2 = 100$）、よって100個のレンガで10段のピラミッドを作ることができる。

この数列1, 3, 5, ……, $2n-1$の和はn^2となるので、これから平方数（自然数の2乗で表される整数）を作ることができます。

02 等比数列

等比数列はある数字に一定の数を掛け続けてできる数列です。利率の計算など、お金の計算で使うことも多いです。

> **Point**
> **等比数列の和は、和に公比を掛けて考える**
>
> 初項aに一定の数rを次々に掛けて得られる数列を等比数列という。
> $a_1 = a \quad a_2 = ar \quad a_3 = ar^2 \quad a_4 = ar^3 \cdots\cdots$ このとき、rを公比と呼ぶ。
>
> 一般項(第n項)はar^{n-1}と表される。
>
> 等比数列の初項から第n項までの和S_nは次式で表される $(n \geq 2)$。
>
> $$S_n = \frac{a(1-r^n)}{1-r}$$
>
> 例)数列 $1, 2, 4, 8, 16, 32, \cdots\cdots$ は初項1、公比2の等比数列。
>   一般項$a_n = 2^{n-1}$
>   初項から第n項までの和S_nは和の公式から、$S_n = 2^n - 1$ となる。

等比数列の和の考え方

$2, 4, 8, 16, \cdots\cdots$ のように**隣接項の比が一定の数列**を等比数列といいます。

この数列の和は下のように考えます。初項をa、公比をrとしたときに和Sは $S = a + ar + ar^2 + ar^3 + \cdots\cdots$ となります。ここにrを掛けてrSを作り、SからrSを引くと下のように間の項がすべて消え、aとar^nの項のみが残ります。そして、その式をSについて解くと、Pointに示した等比数列の和の式が得られます。

$$\begin{array}{rl} S = & a + ar + ar^2 + ar^3 + \quad \cdots + ar^{n-2} + ar^{n-1} \\ -\,)\; rS = & \quad\;\; ar + ar^2 + ar^3 + ar^4 + \cdots + ar^{n-2} + ar^{n-1} + ar^n \\ \hline (1-r)S = & a \quad\qquad\qquad\qquad\qquad\qquad\qquad\qquad\quad - ar^n \end{array}$$

逸失利益を計算するライプニッツ係数

事故などで保険を支払うとき、逸失利益という考え方を使います。

定年まであと10年で年収500万円の人がいたとします。この人が事故で働けなくなったとすると、10年間での逸失利益は500万円×10年で5,000万円となります。

しかし、この5,000万円をすぐにもらった場合、10年かけて運用すると元金から増えるので、実際には5,000万円より高い価値を持つことになります。ですから、事故などで逸失利益を保証するときには、運用で増える分の利益を足して、10年後に5,000万円の価値のある額を払います。

このときに使われるのが**ライプニッツ係数**です。ライプニッツ係数Lは運用利回りをi（年利）として、下式で求められます。

$$L = \frac{1}{(1+i)} + \frac{1}{(1+i)^2} + \frac{1}{(1+i)^3} \cdots\cdots + \frac{1}{(1+i)^n}$$

これは初項$\frac{1}{(1+i)}$、公比が$\frac{1}{(1+i)}$の等比数列の第n項までの和となります。だから、等比数列の公式を用いて、下式になります。

$$L = \frac{1 - \left(\frac{1}{1+i}\right)^n}{i}$$

たとえば年利iを0.05（5％）、nを10（年）とすると$L = 7.7217$となります。この場合、前述の年収500万円の人に適用すると、500万円にライプニッツ係数7.7217を掛けた3,861万円がもらえる金額となります。

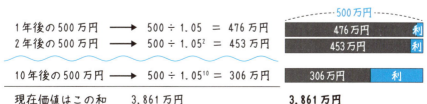

03 記号Σの使い方

教養 ★★★★★　実用 ★★★★★　受験 ★★★★★

"Σ"という記号はよく使われます。教養レベルの人も意味するところをしっかり理解し、苦手意識を持たないようにしましょう。

> **Point**
>
> ### 和の上限値と変数の値を区別する（nとk）
>
> 数列 a_n の和を $\sum_{k=1}^{n} a_k$ と表す。つまり、$\sum_{k=1}^{n} a_k = a_1 + a_2 + a_3 + \cdots + a_n$
>
> 例) $a_n = 2n - 1$ のとき、$\sum_{k=3}^{5} a_k = 5 + 7 + 9 = 21$
>
> **和の公式**
>
> $$\sum_{k=1}^{n} k = 1 + 2 + 3 + \cdots\cdots + n = \frac{n(n+1)}{2}$$
>
> $$\sum_{k=1}^{n} k^2 = 1 + 2^2 + 3^2 + \cdots\cdots + n^2 = \frac{n(n+1)(2n+1)}{6}$$
>
> $$\sum_{k=1}^{n} k^3 = 1 + 2^3 + 3^3 + \cdots\cdots + n^3 = \left\{\frac{n(n+1)}{2}\right\}^2$$
>
> **記号Π（パイ）の使い方**
>
> $$\prod_{k=1}^{n} a_k = a_1 a_2 a_3 a_4 \cdots\cdots a_n$$

Σ（シグマ）は怖くない

数学の本を読んでいると、"Σ"という記号は本当によく登場します。ですから、この記号に苦手意識を持っていると本書を読むことが苦痛に感じるでしょう。この節ではΣの苦手意識を取り払うことができれば良いと思います。たとえ細かいことがわからなくても、Σを見たときに「何かの和を取っているんだな」と感じられれば十分です。

右図を使ってΣ記号の使い方を説明します。Σ記号の下の数$k=1$は足し合わせる開始の数を意味しています。そして変数がkであることも意味しています。Σの上のnは和の上限を表しています。ですから、ここで数列をa_k

$$\sum_{k=1}^{n} a_k = a_1 + a_2 + a_3 + \cdots + a_n$$

- nまでの和
- 数列a_kを足し合わせる
- kは1から足し合わせる

と書かずにa_nと書いてしまうと間違いなので注意してください。

実用上、和を取るときはほとんど$k=1$からnまでという形の和になります。逆に、$k=2$となっていたり、上限が$n-1$とか$n+1$だったりする場合は、そこに大きな意味があることが多いです。その場合は間違えやすいので慎重に扱いましょう。

似たようなものに"Π"（パイ、円周率πの大文字です）という記号もあります。これは和ではなく、数列a_nの積を表します。特に統計の分野で登場しますので、頭の片隅に入れておきましょう。

Business Σの表記方法

Σの使い方を説明しましたが、Σは本節で説明した方法以外での使い方をされることもあります。見たときに驚かないように紹介しておきます。

$$\sum_{i=1}^{n}\sum_{j=1}^{n} a_{ij} \qquad \sum_{i,j}^{n} a_{ij} \qquad \sum_{i,j} a_{ij} \qquad \sum a_{ij} \qquad \sum_{1\leq i < j \leq n} a_{ij}$$

二重のΣ　　まとめた形　　範囲を省略　　すべて省略　　和を取る条件

二重のΣは2つの変数の和を意味します。この場合a_{ij}のiとjをそれぞれnまで和を取るのでa_{11}からa_{nn}までのすべての和を意味します。そしてこれらが1つのΣにまとめられたり、範囲が明らかであれば上限を省略したり、Σの下に和を取る条件を記載したりすることもあります。

情報が省略されている場合、何の和なのかは明らかなはずです。あまり気にせずに「和なんだな」くらいで読み流しても良いでしょう。しかし、実際に式を使うときには、何の和を取っているのか慎重に検証するようにしてください。

| 教養 ★★ | 実用 ★★★ | 受験 ★★★★ |

04 漸化式
ぜんかしき

数学的なモデルを作るときに、漸化式の書き方がよく使われるので、実用の人もしっかり理解しておきましょう。

> **Point**
>
> **理解しにくかったら、n に具体的な数字を入れてみる**
>
> $a_{n+1} = 2a_n + 4$ や $a_{n+2} = 2a_{n+1} + a_n$ のように、隣り合う何項かの数列の間に成り立つ関係式を漸化式といいます。
>
> - 等差数列の漸化式　　$a_{n+1} = a_n + d$　　一般項：$a_n = a_1 + (n-1)d$
> - 等比数列の漸化式　　$a_{n+1} = ra_n$　　一般項：$a_n = a_1 r^{n-1}$
> - 階差数列型の漸化式　$a_{n+1} - a_n = b_n$　　一般項：$a_n = a_1 + \sum_{k=1}^{n-1} b_k$
>
> 例) $a_1 = 0$　　$a_{n+1} = a_n + n$ の一般項を求める。
>
> 与えられた漸化式を変形して、$a_{n+1} - a_n = n$
>
> よって、$a_n = a_1 + \sum_{k=1}^{n-1} k = \dfrac{n(n-1)}{2}$（これは $n = 1$ でも成り立つ）

📖 漸化式は数列を局所的に見る式

漸化式は高校数学だとテクニックを駆使して一般項を求める問題と認識されているかもしれません。しかし、漸化式は**数列を応用するとき**に重要な意味を持っています。

漸化式は数列の局所的な関係式を表しています。つまり、$a_{n+1} = 2a_n$ の場合、数列のある項はその前項の2倍となっていることがわかります。局所的な関係なので、関数における微分のような意味を持つともいえるかもしれません。

漸化式は前後の項の関係しか表さないので、一般項を求めるときには**初期条件**が必要です。たとえば、$a_1 = 1$などの条件がないと一般項を定められません。こんなところも微分と積分の関係に似ています。

Business セルオートマトンとフィボナッチ数列

漸化式は局所的な関係から、全体を見渡す手段です。実用の観点からは、相互作用をモデル化し、シミュレーションのモデルを作るときにも使われています。

セルオートマトンというシミュレーションモデルの手法があります。これはモデルを格子に分けて、漸化式のようにある格子の隣接項の状態から、注目する格子の状態が決まるというモデルです。

たとえば、右図のように格子を一列に並べ、ある注目する格子の状態a_nがその隣接する格子a_{n-1}とa_{n+1}の状態によって表されます。この方法は大変シンプルにもかかわらず、生態系や渋滞など、世の中の現象をうまく表現できることがわかっています。

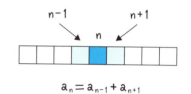

次に、**フィボナッチ数列**という有名な数列を紹介します。

これは、1, 1, 2, 3, 5, 8, 13, 21, 34, 55, 89, ……と続く数列で、ある項は前の2項の和となっている特徴があります。

漸化式を使って書くと、$a_{n+2} = a_{n+1} + a_n \ (a_1 = a_2 = 1)$となり極めてシンプルな形になります。

ここで、フィボナッチ数列を辺の長さに持つ正方形を下図のように並べると、きれいな渦が表れます。これを**フィボナッチの渦**といって、貝や植物など世の中でよく見ることができます。また、フィボナッチ数列の隣接項a_{n+1}とa_nの比は、人間が最も美しいと感じる黄金比（約1.618）に収束します。このように$a_{n+2} = a_{n+1} + a_n$という漸化式は世の中に深く根付いているのです。

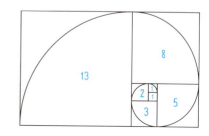

無限級数

無限級数は無限の扱い方を理解するために良い題材です。ただ、現実世界には数学の世界のような理想の無限は存在しません。

> **Point**
> ## 公比の絶対値が1より小さければ、無限級数は収束する
>
> 等比数列a_nにおいて、第n項までの和$S_n = a_1 + a_2 + \cdots + a_n$の$n$を無限大にしたときの極限$\lim_{n \to \infty} S_n$を無限級数と呼ぶ。
>
> S_nがある一定値Sに近づく、つまり$\lim_{n \to \infty} S_n = S$のとき無限級数が収束するという。このとき、等比数列では$|r| < 1$で$\lim_{n \to \infty} a_n = 0$となる。
>
> 逆に無限級数が収束しない場合は発散するという。
>
> 例）初項0.9、公比0.1の等比数列a_nによる無限級数、
> $S = 0.9 + 0.09 + 0.009 + 0.0009 + \cdots\cdots$の値を求めよ。
> 等比数列の和の公式より
>
> $$S_n = \frac{0.9\{1 - (0.1)^n\}}{1 - 0.1} = 1 - (0.1)^n$$
>
> よって、$\lim_{n \to \infty} S_n = \lim_{n \to \infty} \{1 - (0.1)^n\} = 1$

無限に数を足し合わせても大きくならないこともある

同じ道を同じ方向に走っている車と自転車があったとします。最初、自転車は車の20km先にいました。そして、車は時速40kmで追いかけ、自転車は時速20kmで走ります。これは小学生でもできる簡単な計算で1時間後に車は自転車に追いつくことがわかります。

でも、このように考えるとどうでしょうか。0.5時間後に車は最初自転車がいた地点（20km地点）にたどり着きます。しかし、そのとき自転車は10キロ先に

います。そして、そこから0.25時間（最初から0.75時間）経つと、車は0.5時間後に自転車がいた地点（30km地点）にたどり着きます。この後も車は自転車のいた地点にたどり着きますが、自転車はその間に少し進み、常に自動車の先にいます。つまり、永久に車は自転車に追いつけないことになるのです。

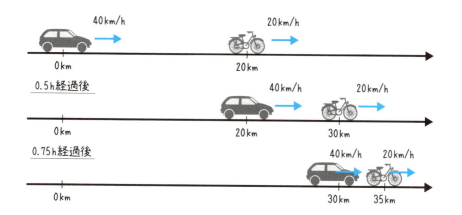

この議論のどこにカラクリがあるかわかるでしょうか。

正解はこのやりとりを何回続けても時間が1時間を越えないのです。車が自転車に追いつくまでの時間は$\frac{1}{2}, \frac{1}{4}, \frac{1}{8}, \cdots\cdots$時間と短くなりますが、この和はけっして1を超えることはありません。つまり、1時間後に車は追いつきますが、それ以前の話を延々と続けているのです。

このように、一般項が0に近づく等比数列は、**無限個を足し合わせてもある一定の値に収束します**。それが無限級数なのです。

🖥️Business 循環小数を分数で表す

循環小数とは0.636363……のように同じ数字の列が繰り返し現れる小数のことです。この循環小数を無限級数と考えて、循環小数を分数に直すことができます。たとえば、0.636363……は初項0.63で公比0.01の無限級数です。だから、下式のように計算できて、これを分数に直すと、$\frac{7}{11}$になることがわかります。

$$\lim_{n \to \infty} \frac{0.63\{1-(0.01)^n\}}{1-0.01} = \frac{0.63}{0.99} = \frac{7}{11}$$

06 数学的帰納法

証明方法の一手法なので、実用には役立ちません。しかし、思考方法のひとつとして勉強してみてもいいでしょう。

> **Point**
> **わかりづらかったら、1, 2, 3, ……と具体的な数字を入れてみる**
>
> 自然数nに関する命題Pがすべてのnについて成り立つことを証明するために、次の2つを示す証明方法。
>
> ① Pは$n=1$のときに成り立つ
> ② Pが$n=k$のときに成り立つと仮定すると、$n=k+1$のときもPが成り立つ
>
> 例） $1+2+3+\cdots+n=\dfrac{n(n+1)}{2}$ が成り立つことを証明する。
>
> $S_n=1+2+3+\cdots+n$とする。
>
> $n=1$のとき、$S_1=\dfrac{1\times(1+1)}{2}=1$ よって成り立つ。
>
> $n=k$のときに成り立つと仮定すると、$S_k=\dfrac{k(k+1)}{2}$
>
> このとき、
>
> $$S_{k+1}=S_k+(k+1)=\dfrac{k(k+1)}{2}+(k+1)$$
>
> $$=\dfrac{(k^2+3k+2)}{2}=\dfrac{(k+1)(k+2)}{2}$$
>
> となり、$n=k+1$のときにも成り立つ。よって、すべての自然数nで与式が成り立つことがわかる。

数学的帰納法はドミノのように

演繹法と帰納法という言葉を知っているでしょうか。数学ではなく哲学や思考法などでよく使われる言葉です。

演繹法とは「鳥は空を飛ぶ」「ハトは鳥である」よって「ハトは空を飛ぶ」というように、法則や真実のようなものをつないで結論を導く方法です。一方、**帰納法**とは「ハトAは空を飛んだ」「ハトBは空を飛んだ」……どのハトも空を飛んでいる。だから、「ハトは空を飛ぶ」と結論づける方法です。

　一方、数学の世界の証明はすべてが演繹的な証明になります。ですが、ここで紹介する方法は一見、帰納法のアプローチに似ているので、**数学的帰納法**と呼ばれています（実は論理学的には、これも演繹的な論法となります）。
　数学的帰納法はドミノのように論理を倒していく方法ともいわれています。ある命題Pが$n=1$で成り立つことと、$n=k$で成り立てば$n=k+1$で成り立つことを示してやります。すると、$n=1$で成り立つから$n=2$でも成り立つ、$n=2$なら$n=3$、$n=3$なら$n=4$、……とすべての自然数で成り立つことが示せます。すべての例を調べているような形なので、これが帰納的であると考えられ、数学的帰納法という名前がついているのです。

📖 数学的帰納法のパラドックス

　世の中には、数学的帰納法を使ったジョークがたくさんあります。
　たとえば、「みんなのテストの点は悪い」という命題を考えます。
　100点満点のテストを考えると、100点満点で1点だとそれは確かに悪い点です。次に、k点のときにそれは悪い点だとすると、$k+1$点はそれほど変わらないのでやっぱり悪い点です。
　だから、すべてのテストの点は悪い（たとえ100点でも）という、変な結論が導かれてしまうのです。

　ここで、問題となるのは、k点が悪いと$k+1$点も悪いというところです。五十歩百歩かもしれませんが、1点高いということは確実に良い方向です。k点と$k+1$点を同じレベルでは考えられません。
　数学の世界では論理は100％絶対的に通ります。しかし、数学以外の世界はそこまで厳密ではないため、こんな矛盾が生まれてしまうのです。

ギリシャ文字に慣れよう

本章でΣ（シグマ）を紹介しました。ちゃんと学ぶとそれほど難しいものでないと思うのですが、アレルギーがある人も多いようです。数字でもローマ字でもない記号には異様な印象を受けてしまうのでしょうね。

Σはギリシャ文字です。三角関数のところで出てきたθ（シータ）も同じです。よく見るαやβもギリシャ文字なのですが、ローマ字のaやBに似ているので違和感は少ないようです。

ギリシャ文字は数学をはじめ、物理学、工学でもとてもよく出てきますので慣れておきましょう。数学アレルギーを克服するのに、実は重要なのかもしれません。という私も、ζ（ゼータ）、η（イータ）、ξ（クサイ）あたりがいつも混乱してしまいます……。

下にギリシャ文字の一覧表を載せますので、一緒に勉強しましょう。

大文字	小文字	名前	
A	α	alpha	アルファ
B	β	beta	ベータ
Γ	γ	gamma	ガンマ
Δ	δ	delta	デルタ
E	ϵ	epsilon	イプシロン
Z	ζ	zeta	ゼータ
H	η	eta	イータ
Θ	θ	theta	シータ
I	ι	iota	イオタ
K	κ	kappa	カッパ
Λ	λ	lambda	ラムダ
M	μ	mu	ミュー

大文字	小文字	名前	
N	ν	nu	ニュー
Ξ	ξ	xi	クサイ
O	o	omicron	オミクロン
Π	π	pi	パイ
P	ρ	rho	ロー
Σ	σ	sigma	シグマ
T	τ	tau	タウ
Υ	υ	upsilon	ユプシロン
Φ	ϕ	phi	ファイ
X	χ	chi	カイ
Ψ	ψ	psi	プサイ
Ω	ω	omega	オメガ

Chapter 10

図形と方程式

図形を数式で表現する

中学校の数学で習うような図形の問題は、数学を実用するときにはそれほど重要ではないという話をしました。逆に重要になってくるのが、この章で取り上げる**図形と方程式の関係**です。

というのも、コンピュータの中では、図形が式の形で扱われている場合が多いからです。単に点の集合として表すより、データ量が少なくなったり、拡大や回転など図形の操作がやりやすかったり、というメリットがあります。

データ量は、(1, 1), (2, 2), (3, 3), ……、という集合よりも、"$x - y = 0$"という1つの式で表したほうが小さくなることは明らかでしょう。縮小や拡大、対称移動、平行移動、回転などの操作も、多くの場合、式で処理したほうが簡単で、処理の量が少なくなります。

慣れている直線や円などの基本的な図形が、方程式を使うとき、どのように表されるかを身につけましょう。

この知識はCAD（Computer-Aided Design）ソフトを使ってコンピュータで図形を扱うとき、特に図形を扱ったプログラムを作るときに必要になります。工業製品の設計をしたい人は、重点的に勉強しましょう。

最近はCG（コンピュータグラフィックス）を専門にするアーティストがたくさんいます。この手のアーティストは理系出身のことが多いです。というのも、この仕事はかなり高度な数学の知識が必要となるからです。これからは、芸術分野に進む人にも数学が必須の素養となるのかもしれません。

極座標は人がラクをするためにある

本章では極座標や媒介変数表示など、座標系や表現方法そのものを変えたものも紹介しています。たとえば座標系だと、極座標は慣れ親しんだ直交座標（xy座標）と比べてとっつきにくく感じることでしょう。

しかし、極座標は円などの図形を扱うにはとても便利な方法です。見た目の

難しさに尻込みせずに、どんどん使って慣れていきましょう。実際に数学を使うときにもよく出てくる概念です。

教養として学ぶには

まず、図形を方程式で表現する、という思想を理解してください。直線と円くらいは式を追ってみたほうがいいかもしれません。慣れ親しんだ直交座標に加え、極座標の考え方が必要になることもあるので、その特徴は知っておいたほうが良いでしょう。

仕事で使う人にとっては

式で図形を扱うことにしっかり慣れましょう。手計算は必要ありませんが、表計算ソフトなどを使って実際に図形を描かせてみましょう。媒介変数表示や極座標もよく出てきます。これらの座標系でも図形を解析できるレベルには達しておきましょう。

受験生にとっては

直線や円の方程式の扱い方、交点を求める問題、軌跡の問題などは頻出です。しっかり練習しておきましょう。これらの問題は計算が複雑になりやすいので、計算力をつけておく必要もあるでしょう。

01 直線の方程式

最も簡単な直線の方程式です。この程度であれば、手計算もできるようになっておきましょう。

Point
傾きが同じ直線は平行、傾きの積が−1なら垂直

直線の方程式

点(x_1, y_1), (x_2, y_2)を通る直線は下記のように表される。

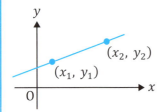

直線の方程式 $(y - y_1) = m(x - x_1)$

傾き $m = \dfrac{y_2 - y_1}{x_2 - x_1}$

直線の交点、平行・垂直条件

2つの直線の交点は連立方程式の解となる。

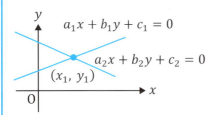

$$\begin{cases} a_1 x + b_1 y + c_1 = 0 \\ a_2 x + b_2 y + c_2 = 0 \end{cases}$$

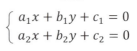

交点(x_1, y_1)は2つの直線による連立方程式の解です

2本の直線$y = m_1 x + n_1$、$y = m_2 x + n_2$において、
$m_1 = m_2$なら2つの直線は平行、$m_1 \cdot m_2 = -1$なら2つの直線は垂直。

例) 直線$y = x + 1$と垂直で点$(2, 3)$で交わる直線の方程式を求める。
　　直線$y = x + 1$の傾きは1。垂直条件より求める直線の傾きは-1。
　　傾きが-1で点$(2, 3)$を通る方程式は、
　　$(y - 3) = -1(x - 2)$　→　$y = -x + 5$

図形としての直線の方程式

1次関数のグラフが直線なので、直線の方程式は1次関数となります。ここでは関数としての性質ではなく、直線としての性質に注目してみましょう。

直線は**2点が指定される**と定まります。また、**1点と傾き**でも定まります。いずれにしても2つの「情報」が必要ということです。

次に**2本の直線の交点は連立方程式の解**となります。なお、異なる2本の直線が平行の場合は交点がありません。その場合、連立方程式は解を持ちません。

最後に2本の直線が平行、垂直になる条件です。**2つの直線の傾きが一致する場合は平行、積が−1になる場合は垂直**です。なお、y軸に平行な直線（$x = 1$など）は傾きが定義できませんが、x軸に平行な直線（$y = 2$など）と垂直に交わります。

Business 直線描画のアルゴリズム

コンピュータを使って、ディスプレイに直線を引くときには、次のようなアルゴリズムが多く使われています。

下図で$y = \dfrac{2}{3}x$の直線を描くことを考えます。原点を通るので、まず$(0, 0)$を点灯させます（A）。次に、xが1のとき、yが$\dfrac{1}{2}$以上かどうかを判定します。この場合は$\dfrac{1}{2}$以上なので$(1, 1)$を点灯させます（B）。次にxが2のとき、$y = \dfrac{3}{2}$以上かどうかを判定します。この場合は$\dfrac{3}{2}$以下なので$(2, 1)$を点灯させます（C）。このようにそれぞれ$(3, 2)$、$(4, 3)$と点灯させていきます。

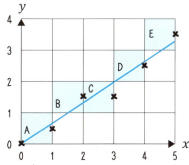

人間が見ると「なんと面倒なことを」と思うでしょう。しかし、この方法はアルゴリズムの工夫で、以前の結果を流用しながら整数演算だけで行えます。だからコンピュータで効率的に描画できます。たかが直線を描画するだけでも、いろいろな工夫がされているのです。

| 教養 ★★★★★ | 実用 ★★★★★ | 受験 ★★★★★ |

02 円の方程式

円も重要な図形なので、直線と同様にしっかり理解しておきましょう。2次式になるので、計算は難しくなります。

> **Point**
>
> ### 円の方程式は中心の座標と半径で表される
>
> **円の方程式**
>
> 円はある1点（中心）からの距離が等しい点の集合である。
> 中心(a, b)、半径rの円の方程式は下記で表される。
>
>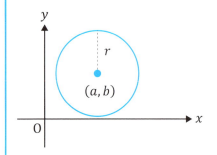
>
> 中心(a,b)半径 r の円の方程式
> $(x-a)^2 + (y-b)^2 = r^2$
>
> 例）中心が$(1, 2)$で半径が2の円の方程式を求める。
> 　　上の公式よりこの円は、$(x-1)^2 + (y-2)^2 = 2^2$となる。

円を方程式として見てみると

円はなじみ深い図形です。しかし、「円の定義とは何ですか？」と聞かれると答えに詰まってしまう人もいるのではないでしょうか。円の定義は「**ある1点（中心）からの距離が等しい点の集合**」です。

円の方程式において、中心を$(0, 0)$とすると$x^2 + y^2 = r^2$となります。この式に見覚えがあるのではないでしょうか。そう三平方の定理です。この式でxとyは、斜辺の長さがrとなる直角三角形の2辺の長さとなります。だから、

xとyは中心$(0, 0)$から距離rにある点の集合といえるのです。

また、円の方程式$(x-a)^2 + (y-b)^2 = r^2$には、3つの変数（aとbとr）があることに注目してください。つまり、円は**3点が定まれば1つに定める**ことができます。こんなことも円の方程式からわかります。

Business 円の描画の方法

円は基本的な図形ですが、方程式はそれほど簡単ではありません。簡単にするために中心を原点にしても、yについて円の方程式を解くと、$y = \pm\sqrt{r^2 - x^2}$とルートや±を含んだ扱いづらい形になってしまいます。

特にコンピュータは本質的に加減乗除しかできません。コンピュータの処理速度が遅い時代には、これをどのように計算するかということは大きな問題でした。

そこで、ルートの計算を奇数の和を使うことで近似的に行うことが考えられました。素晴らしいアイデアなのでここで紹介したいと思います。

ポイントは**コンピュータで円を描くときは整数部分だけ得られればそれで良い**ということです。ディスプレイに絵を描くときは、下図のように整数のマスの中を埋めていくという考え方をします。だから、ルートの計算は整数部分だけわかれば良いのです。

ここで奇数の和は平方数になることを使います。つまり、$1 + 3 = 2^2$、$1 + 3 + 5 = 3^2$、$1 + 3 + 5 + 7 = 4^2$……という関係です。たとえば30の平方根を計算するとき、奇数を順番に足していくと、30は5番目までの数字の和（25）と6番目までの数字の和（36）の間であることがわかります。つまり、30の平方根の整数部は5となるわけです。

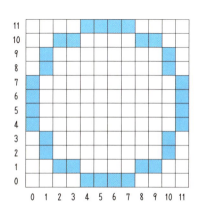

複雑な動作をするコンピュータも、こんな小さな工夫の積み重ねの上にできているのですね。

03 二次曲線（楕円、双曲線、放物線）

楕円、双曲線、放物線の定義は押さえておきましょう。受験生でなければ細かい式は覚えなくても、使うときに確認すれば大丈夫です。

> **Point**
> **2つの焦点からの距離の和が、一定の点の集合が楕円**

楕円の方程式

2定点（焦点）からの距離の和が一定である点Pの軌跡を楕円という。焦点の座標を$(c, 0)$、$(-c, 0)$、距離の和を$2a$とすると、楕円の方程式は下式となる。

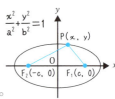

$$\frac{x^2}{a^2} + \frac{y^2}{b^2} = 1$$

$a, b, c(a > b > 0)$は、$c^2 = a^2 - b^2$が成り立つ。

双曲線の方程式

2定点（焦点）からの距離の差が一定である点Pの軌跡を双曲線という。焦点の座標を$(c, 0)$、$(-c, 0)$、距離の差を$2a$とすると、双曲線の方程式は下式となる。

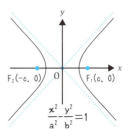

$$\frac{x^2}{a^2} - \frac{y^2}{b^2} = 1$$

$a, b, c(a, b > 0)$は、$c^2 = a^2 + b^2$が成り立つ。

放物線の方程式

定点（焦点）と定直線から等距離にある点Pの軌跡を放物線という。

焦点の座標を$(0, p)$とし、定直線を$y = -p$とすると、放物線の方程式は下式となる。

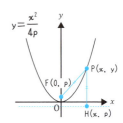

$$y = \frac{x^2}{4p}$$

楕円、双曲線、放物線の特徴

楕円はなじみ深い図形ですが、その定義は知らない人も多いのではないでしょうか。楕円の定義は、**2定点（焦点）からの距離の和が一定である点の集合**になります。この焦点が重なって1点になると円になります。

双曲線は聞き慣れないかもしれませんが、定義が楕円とよく似ています。双曲線の定義は、**2定点（焦点）からの距離の差が一定となる図形**です。

放物線は2次関数のグラフとしてなじみ深いです。図形としての定義は、定点と定直線からの距離が等しい点の集合となります。

これらを合わせて「**二次曲線**」と呼びます。二次曲線は実用時にも見かけることが多いです。少なくとも定義と式の形は押さえましょう。

Business 衛星の軌道

星の重力によって運動する衛星の軌道は二次曲線となることが知られています。

図を見てください。地球上の高所から水平方向に衛星を打ち出すことを考えてみましょう。なお、ここでは空気抵抗は無視します。

その初速が遅いと衛星は地球の重力に引かれて、地表に落ちてしまいます（B1, B2点）。しかし、ある一定の速度（第一宇宙速度）を超えると、円軌道に入り、地表に落ちることなく地球の周りを回ります。

さらに初速を速くすると、楕円軌道となります。初速が速いほど、地球から遠ざかる楕円軌道となります。

そして、もう一段速度が速くなると（第二宇宙速度）、放物線・双曲線軌道に入ります。衛星は地球の重力を振り切り、どんどん地球から遠ざかります。

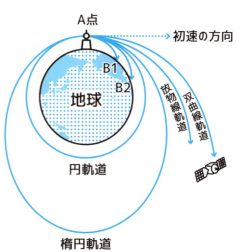

04 平行移動した図形の方程式

教養 ★★★　実用 ★★★　受験 ★★★★

図形の方程式 $f(x, y) = 0$ の x に $x - a$、y に $y - b$ を代入すると (a, b) だけ平行移動した図形の方程式になります。

Point
代入する数値の符号を間違えない

図形の平行移動

平面座標上に $f(x, y) = 0$ で表される図形がある。この図形を x 方向に a、y 方向に b だけ平行移動した図形の方程式は、$f(x - a, y - b) = 0$ となる。

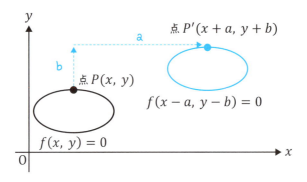

例) 点 $(2, 2)$ を中心として半径 1 の円 A を、x 方向に 3、y 方向に 2 平行移動させた円 A' の方程式を求める。

円 A の方程式は、$(x - 2)^2 + (y - 2)^2 = 1$ となる。
円 A' は A を x 方向に 3、y 方向に 2 平行移動させた円なので、円 A の方程式の x に $x - 3$、y に $y - 2$ を代入すると、

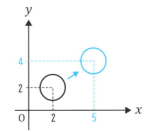

$(x - 3 - 2)^2 + (y - 2 - 2)^2 = 1$
→ $(x - 5)^2 + (y - 4)^2 = 1$

📖 図形を動かす方法

図形を扱うとき、平行移動させたいことがあります。そんなときに方程式をどう変形すれば平行移動できるか、ということがここでの課題です。

結論からいうと、$f(x, y) = 0$という図形をx方向にa、y方向にb平行移動させると$f(x - a, y - b) = 0$になります。

とても簡単ですが、ひっかかるとすれば$f(x, y) = 0$という書き方でしょう。$f(x, y) = 0$を$f(x - a, y - b) = 0$にすることは、元の式のxに$x - a$、yに$y - b$を代入することを意味します。たとえば、$y = x$という直線であれば、$y - b = x - a$が(a, b)だけ平行移動した直線になるのです。

プラス方向に平行移動させるために、aやbを足すのではなく、引くということに注意してください。逆に足してしまうと平行移動の方向が逆になってしまいます。

🗒 Business CGでも使われるアフィン変換

コンピュータを使って絵を描くメリットのひとつに、平行移動をはじめ拡大・縮小、反転や回転などの操作が容易だということが挙げられます。このような単純な図形の変換で、平行の2辺を平行のままに動かす変換を**アフィン変換**といいます。アフィン変換の例を下図に示します。

アフィン変換は図形操作の基礎として、CG（コンピュータグラフィックス）を含む図形操作をするほぼすべてのソフトで使われています。

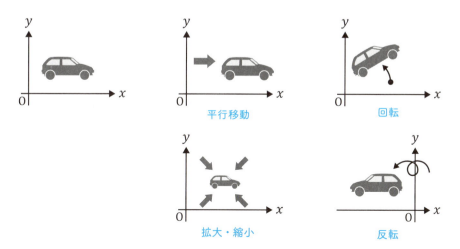

平行移動　回転　拡大・縮小　反転

05 点対称と線対称

実用面では対称移動も扱うことが多いです。簡単なので、使えるようにしておきましょう。公式を忘れても具体例から作り出せます。

> **Point**
> 式と座標上での動きのイメージを一致させる

図形の対称移動

$f(x, y) = 0$ で表される図形を対称移動させたときの式は下記のように与えられる。

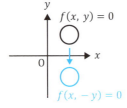

x軸対称移動

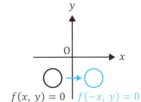

y軸対称移動

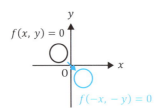

原点対称移動

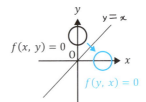

y=x対称移動

例）直線 $y = 2x + 2$ をそれぞれ x 軸、y 軸、原点、$y = x$ 対称にした直線。

x 軸対称　$y = -2x - 2$

y 軸対称　$y = -2x + 2$

原点対称　$y = 2x - 2$

$y = x$ 対称　$y = \dfrac{1}{2}x - 1$

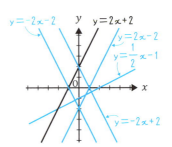

📖 対称移動による方程式の変化

平行移動に続き、図形の操作でよく出てくる対称動作ですが、方程式としては、**xかy、もしくはその両方の符号を反転させる**という簡単な操作で実現できます。直線$y = x$について対称にするときは、xとyを入れ替えます。これは関数として見ると、元の式の逆関数を意味します。

対称移動は、たとえ正確な方法を忘れてしまっても、簡単に作ることができます。たとえば、$(1, 1)$とか$(1, 0)$といった点を線対称、点対称に動かしてみれば、どこの符号が反転するか簡単に確認できるでしょう。

🖥Business 奇関数と偶関数の積分

関数には**奇関数**と**偶関数**という概念があります。奇関数とは$f(x) = -f(-x)$が成り立つ関数、偶関数とは$f(x) = f(-x)$が成り立つ関数です。そして、奇関数、偶関数の積分では下式が成り立ちます。

$f(x)$が奇関数、つまり$f(x) = -f(-x)$のとき $\displaystyle\int_{-a}^{a} f(x)\, dx = 0$

$f(x)$が偶関数、つまり$f(x) = f(-x)$のとき $\displaystyle\int_{-a}^{a} f(x)\, dx = 2\int_{0}^{a} f(x)\, dx$

この公式は関数を図形として見ると、性質が明らかになります。奇関数として代表的な$y = \sin x$、偶関数として代表的な$y = \cos x$で確認してみましょう。

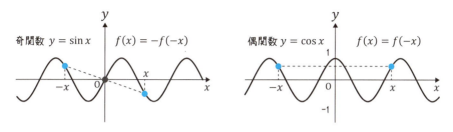

つまり、奇関数は原点対称、偶関数はy軸対称となるわけです。だから、これを$-a$からaまで積分するとき、奇関数は符号が打ち消し合って0となり、偶関数だと0からaまでの2倍になるのです。式を図形で考えるとわかりやすいという良い例です。

06 回転

三角関数を使って、原点中心に回転させる方法があることを知っておきましょう。式は必要なときに調べれば良いでしょう。

> **Point**
> **回転行列とあわせて学ぶと効率的**

図形の原点中心の回転

図形の方程式を $f(x, y) = 0$ とする。この図形を、原点を中心に θ 回転した図形は次のようになる。

$$f(x\cos\theta + y\sin\theta, -x\sin\theta + y\cos\theta) = 0$$

原点中心の回転

例）放物線 $y = x^2$ を $45°$、$90°$ 回転させた図形の方程式を求める。

- $45°$ 回転させたとき

 $f(x, y) = x^2 - y$ とおくと、
 回転後の図形は $f(x\cos 45° + y\sin 45°, -x\sin 45° + y\cos 45°) = 0$
 これを計算すると $\dfrac{1}{2}(x+y)^2 - \dfrac{1}{\sqrt{2}}(-x+y) = 0$
 これを整理すると、$x^2 + 2xy + y^2 + \sqrt{2}x - \sqrt{2}y = 0$

- $90°$ 回転させたとき

 回転後の図形は $f(x\cos 90° + y\sin 90°, -x\sin 90° + y\cos 90°) = 0$
 これを計算すると $y^2 + x = 0$　よって　$x = -y^2$

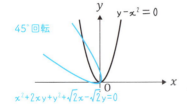

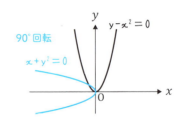

📖 回転は三角関数で表現される

モニター上で何か物体を回転させたい、ということはよくあります。そういうときなどに利用できるのが、この回転の公式です。使い方は簡単で図形の式 $f(x, y)$ の x と y を、それぞれ $x\cos\theta + y\sin\theta$, $-x\sin\theta + y\cos\theta$ で置き換えるだけです。

ただ、この式は唐突に見えることでしょう。これがどこから導かれるのか興味がある方は、まず回転の行列について勉強してみてください。

💼Business 回転座標系での遠心力、コリオリの力

回転しているものは世の中にたくさんあります。その中でも、安定しているようにしか見えない地面、すなわち地球も回転しています。地球は自転といって、24時間で1回転する回転運動をしています。したがって、地球上の運動を解析するときは、厳密には自転を考慮に入れないといけません。つまり、**回転座標系で解析する**ということです。

回転座標系で見られる現象として、**遠心力**と**コリオリの力**を物体が受けるということがあります。遠心力とは回転中心から外向きに受ける力、コリオリの力とは回転方向に生じている見かけの力です。

地球の自転による遠心力やコリオリの力は、自転の角速度（回転する速さ）がそれほど速くないので、人間が大きく感じることはありません。

しかし、遠心力の一番強い赤道付近と一番弱い北極や南極で、物体の重さが0.5％くらい異なっており、その影響ははっきりと観測されます。だから、ロケットの基地はなるべく赤道に近いところに作ります。

また、コリオリの力も台風が北半球で常に反時計回り、南半球では時計回りに回っていることから、実際に存在していることがわかります。

図形の回転の式は、このような解析にも役立っているのです。

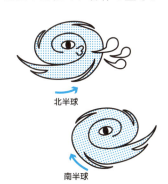

北半球

南半球

07 媒介変数

媒介変数を使うと図形の方程式がシンプルな式になることも多いです。実用時によく出てきますので、使えるようになっておきましょう。

Point
媒介変数表示のほうが表しやすい図形がある

媒介変数表示

平面上の曲線を $x = f(t)$、$y = g(t)$ のように、1つの変数（媒介変数：t）を使って、x と y の式に分けて表すことを媒介変数表示と呼ぶ。

例）放物線、円、楕円、双曲線の媒介変数表示

- 放物線　　$y = \dfrac{1}{4p}x^2$　　　$x = 2pt$　　$y = pt^2$
- 円　　　　$x^2 + y^2 = r^2$　　$x = r\cos\theta$　　$y = r\sin\theta$
- 楕円　　　$\dfrac{x^2}{a^2} + \dfrac{y^2}{b^2} = 1$　　$x = a\cos\theta$　　$y = b\sin\theta$
- 双曲線　　$\dfrac{x^2}{a^2} - \dfrac{y^2}{b^2} = 1$　　$x = \dfrac{a}{\cos\theta}$　　$y = b\tan\theta$

媒介変数の微分

媒介変数表示の関数 $x = f(t)$、$y = g(t)$ の微分は右式を使って行う。

$$\dfrac{dy}{dx} = \dfrac{\dfrac{dy}{dt}}{\dfrac{dx}{dt}}$$

例）原点中心で半径2の円を微分する。

変数 θ を使って、媒介変数表示するとこの円は
$x = 2\cos\theta$　　$y = 2\sin\theta$ と置ける。

これらを θ で微分すると、$\dfrac{dx}{d\theta} = -2\sin\theta$　　$\dfrac{dy}{d\theta} = 2\cos\theta$ となる。

よって、$\dfrac{dy}{dx} = \dfrac{\dfrac{dy}{d\theta}}{\dfrac{dx}{d\theta}} = \dfrac{2\cos\theta}{-2\sin\theta} = -\dfrac{x}{y}$

📖 媒介変数は敵ではありません

高校で媒介変数を習ったとき、「またややこしいのが出てきた」と思った人が多いでしょう。しかし、媒介変数は図形を扱いやすくするために導入されたものです。計算をラクにしたり、見通しを良くしたりできる存在なので、前向きに勉強しましょう。

媒介変数は特に**円や楕円を表すとき**に適しています。たとえば、円の式 $x^2 + y^2 = r^2$ を y について解こうとすると、$y = \pm\sqrt{r^2 - x^2}$ という $\pm$ を含む非常に扱いづらい形になります。一方、媒介変数表示を使うと、$(x, y) = (r\cos\theta, r\sin\theta)$ と見通しの良い形になります。

🖥 Business サイクロイドの解析

たとえばタイヤのような円が転がっていくとき、タイヤ上の定点が描く軌跡を**サイクロイド**といいます。ですから、サイクロイドは走行中の車の動きを解析するために重要な図形です。

サイクロイドは x, y で表すと三角関数の逆関数が絡む扱いづらい形になるので、下式のように媒介変数表示で表されます。

サイクロイドの式

$x(\theta) = a(\theta - \sin\theta)$
$y(\theta) = a(1 - \cos\theta)$

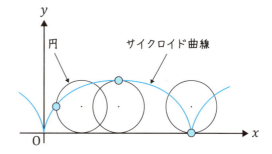

サイクロイドは等時性という物理的にも興味深い性質を持っていて、よく研究の対象となります。

サイクロイドの他にも、アステロイド、カージオイド、リサージュ図形など、興味深い曲線が媒介変数によってわかりやすく表現できます。

08 極座標

世の中でとてもよく使われるので実用の人は必須です。教養の人も極座標は方向と距離を指定する座標ということは、知っておきましょう。

> **Point**
> **極座標は中心からの向き（角度）と距離で点を指定する**

極座標

平面上の位置Pを表すために、原点からの距離rと半直線OPがx軸の正方向となす角θを使って下図のように表示できる。この座標を直交座標（xy座標）に対して、極座標と呼ぶ。

極座標(r, θ)と直交座標には次の関係がある。

$x = r\cos\theta \qquad y = r\sin\theta$

$r = \sqrt{x^2 + y^2} \qquad \cos\theta = \dfrac{x}{r} \qquad \sin\theta = \dfrac{y}{r}$

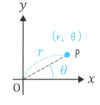

例）直交座標の$(x, y) = (\sqrt{2}, \sqrt{2})$と$\left(-\dfrac{\sqrt{3}}{2}, -\dfrac{1}{2}\right)$を極座標にする。

下図のようにそれぞれ$(r, \theta) = \left(2, \dfrac{\pi}{4}\right)$と$\left(1, \dfrac{7\pi}{6}\right)$となる。

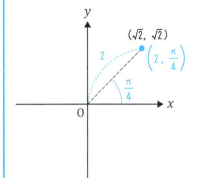 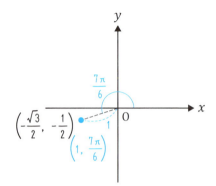

極座標は方向と距離を指定する座標系

極座標は数式で見るとややこしく見えますが、実際の人間の感覚に合った座標系です。式に惑わされず、本質を学びましょう。

たとえば、草原の上に人が立っていて、目的地点まで人を誘導することを考えてみましょう。今まで出てきた直交座標（xy座標）は目的値を直交する2方向の距離で表す方法です。つまり、目的地に行くために「北に100m、東に100m進んでください」という指示方法です。一方、これが極座標だと「北東方向に141m進んでください」となります。直交座標だと目的地まで200m動かないといけないですが、極座標だと真っすぐに進むことができます。後者のほうが自然でしょう。

このように極座標は**方向と距離を指定する**、人にとって自然な座標系といえます。ただ、計算が複雑になりがちなので、数学の世界では直交座標を使うことが多いというだけです。

Business 船舶の航行

船で航行するときに目的地は緯度と経度で表されることが多いです。緯度と経度は直交座標の考え方で、「北緯35°、東経135°」などと指定されます。

しかし、実際に航行するときには方位と距離を使います。右図に示すように、「方位、右20度、距離4海里」などと極座標の考え方で目的値を指定するのです。

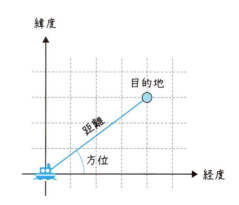

緯度と経度は地図を見ながら議論するときにはわかりやすいです。しかし、実際に動くときには方向と距離が与えられたほうが便利なのです。

他にも飛行機の航行やレーダーなどにも、極座標が使われています。技術資料で極座標が使われることも多いので、慣れておいたほうが良いでしょう。

09 空間図形の方程式

平面図形より複雑になりますが、現実世界は三次元空間なので重要です。平面図形との対比として、空間図形を学ぶと良いでしょう。

> **Point**
> **空間図形は図だけでなく、数式で理解する努力も必要**

平面の方程式

点$P(x_0, y_0, z_0)$を通り、法線ベクトルが$\vec{n} = (a, b, c)$の平面の方程式は、

$$a(x - x_0) + b(y - y_0) + c(z - z_0) = 0$$

と表される。

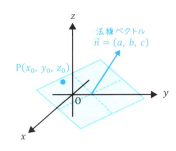

直線の方程式

点$P(x_0, y_0, z_0)$を通り、方向ベクトルが$\vec{d} = (a, b, c)$である直線の方程式は下記で表される。

$$\frac{x - x_0}{a} = \frac{y - y_0}{b} = \frac{z - z_0}{c}$$

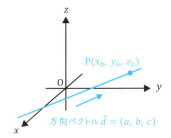

球面の方程式

中心(a, b, c)で、半径がrの球面の方程式は、

$$(x - a)^2 + (y - b)^2 + (z - c)^2 = r^2$$

と表される。

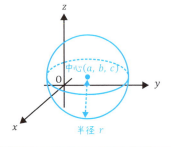

二次元（平面）と三次元（空間）を比較して本質を理解する

　空間図形は扱いにくいものです。その一番の理由は紙の上に書けないためイメージがしにくいという点です。しかし、そんなときこそ数学の登場です。数式にしてしまえば、平面（二次元）だろうが空間（三次元）だろうが図形の性質を正確に書くことができます。ここでは二次元の図形と比較して、三次元の図形がどのように見えるか、という視点で解説していきたいと思います。

　三次元で一番基礎的な図形は平面です。三次元空間はx, y, zの3本の軸で表し、そのx, y, zの1次式（たとえば$x + y + z = 0$）が平面になるからです。
　この理由を考えてみましょう。二次元（平面座標）で$y = 0$という式は直線（x軸）を表します。二次元空間の1つの軸の値が固定され、二次元（平面）が一次元（直線）になったことを意味します。同様に、三次元空間で$y = 0$という式は三次元空間の1つの軸の値を固定します。これは二次元（平面）を意味します。だから、**三次元座標上の1次式は平面となる**のです。

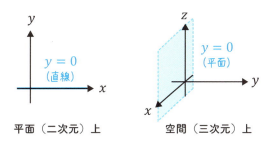

平面（二次元）上　　　空間（三次元）上

　次に直線の式です。これは"$x = y = z$"というように等号が2つある形になっています。これは連立方程式を意味します。この場合は"$x = y$"と"$y = z$"という2つの式が連立した形です。2つの1次式とはすなわち2つの平面です。平行でない限り、2つの平面は1つの直線で交わります。
　つまり、三次元の直線は**2つの1次式**という形で表現されるということです。

　最後に球面です。これは二次元の円の式に"$(z - c)^2$"が加わっただけの形になります。球面は中心から距離が等しい点の集合です。つまり、二次元だろうが三次元だろうが長さは2乗の和の平方根なので、式の形は変わりません。

数学にも必要な空間認識力

　数学の計算問題は得意なのに、図形問題が苦手な人がいます。また、逆に計算問題はそんなに得意ではないけれど、図形問題は得意な人もいます。中学のときにそんな人はいませんでしたか。もしかしたら、あなた自身がそうなのかもしれませんね。

　本章で扱った空間図形のような問題の認識能力には、才能のようなものがあるといわれています。これは空間認識力といい、三次元空間における物体の位置や方向、形状、間隔などを素早く正確に認識する能力です。
　この能力に長けた人は、物事の全体像をパッと把握し、本質を見抜く力が強いといわれています。そして、芸術家やスポーツ選手などには空間認識力が非常に高い人が多いようです。これには納得してもらえるのではないでしょうか。
　この能力は図形以外の数学にも重要です。たとえば関数の変化なども、グラフをイメージしてつかむ能力は重要です。数式を単なる数式ではなく、図形としてとらえる能力です。

　空間認識力を高めるためには、自然の中で遊んだり、組み立て式のブロックなどで遊んだり、地図やカメラを使ったりすると良いといわれています。また3Dのゲームをしていると空間能力が短時間で上昇した、という報告もあるようです。
　数学といっても、机の上でペンと紙で格闘しているだけではダメだということです。外に出ましょう。特に子どもは外で遊ばせて、いろいろな経験をさせたほうが良いですね。

Chapter 11

ベクトル

ベクトルは矢印だけではない

「ベクトル」という言葉を聞くと、多くの人が矢印を思い浮かべるのではないでしょうか。実際、高校数学の範囲ではベクトルは大きさと向きを持った量として考えられており、図形の問題として出題されます。

しかし、ベクトルは矢印だけではありません。ベクトルは、物理学や統計学の中で応用する際には、形を変えて登場します。それでは、ベクトルの本質は何でしょうか。それは、**たくさんの数字を1つにまとめる**ということです。

学校で最初にベクトルを教わるとき、おそらく「大きさと向きを持つ量」と教えられたことでしょう。ここで本質的なのは「大きさと向き」、つまり**複数の数字を1つに詰め込む**という点です。複数の数字を詰め込んだものを**ベクトル**と呼びます。だから、それは大きさと向きだけである必要はありません。値段だろうが、個数だろうが、温度だろうが、たくさんの数字を詰め込んだものはすべてベクトルなのです。

確かに矢印としてのベクトルは興味深い性質があり、図形の解析には役に立ちます。しかし、矢印だけがベクトルだとは思わないでください。

ベクトルに対して、今までの数字、つまりただ1つの数字しか持たない量は**スカラー**と呼びます。矢印はベクトルです。しかし、「ベクトル(矢印)の大きさ」といったとき、それは大きさという1つの数字しか持ちません。だから、これはスカラーです。

それでは、なぜベクトルを考えるのでしょうか。ベクトルがただの数字の集まりだとすれば、その数字を1つずつ扱っても良いはずです。その理由は箱に入れたほうがわかりやすいからです。最初は難しく感じることもあるかもしれません。でも、物理や統計、プログラミングなどで数学を使うようになると、数字を1つの箱に入れたほうが、圧倒的に扱いがラクになります。それを信じて勉強してください。

ベクトルの掛け算は何通りにも定義できる

　本章ではベクトルの演算について説明します。そのうち、足し算と引き算は特に疑問に思わないでしょう。しかし、掛け算になると不思議に思うのではないでしょうか。本章ではベクトルの内積と外積という2つの掛け算を紹介しています。

　実は**ベクトルの掛け算は何通りにも定義できます**。内積や外積はその中でも、特に応用上で都合が良いというだけです。だから、ベクトルの積は、応用に便利なようにルールを決めただけと割り切って理解したほうが良いでしょう。

教養として学ぶには

　矢印としてのベクトルの性質、そしてベクトルは矢印だけではないことを理解してください。既に一般用語になった感もありますが、数学的な「次元」の定義も正しく理解しておきたいところです。

仕事で使う人にとっては

　ベクトルを仕事で使うときは、矢印でなく数字の塊であることのほうが多いかもしれません。その場合もベクトルの平行、垂直などの概念は重要になります。イメージしやすい矢印でしっかり慣れておきましょう。

受験生にとっては

　ベクトルの問題はほとんどが図形（幾何）の問題となります。問題を解くときに、図形的な意味を考えると習得が早くなるでしょう。特に空間図形では、立体をイメージする力が重要になります。

01 矢印としてのベクトル

矢印としてのベクトルの定義です。直観的に理解できるので、まずはベクトルのイメージを持つために勉強しておきましょう。

> **Point**
>
> **矢印のベクトルは視覚的に理解する**
>
> **ベクトルの定義**
>
> 下図のように2点A, Bを結んだ線分で、AからBのように向きを指定したものを有向線分という。有向線分のうち、その位置を問題としないで、大きさと方向だけ考えたものをベクトルという。
>
> ベクトルは$\vec{AB}$と表す。また、ベクトルの大きさを線分ABの長さと定義して$|\vec{AB}|$と表す。
>
>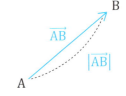
>
> 矢印（有向線分）としてのベクトルの和と差、k倍は下のように定義される。
>
> **ベクトルの和**　　　　　　　　　　**ベクトルのk倍**
>
> 　　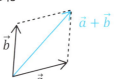　　
>
> 三角形による和　　平行四辺形による和　　長さがk倍（負のときは逆向き）
>
>
>
> 逆ベクトル、ゼロ（零）ベクトル　　　ベクトルの差
>
> 左図で $\vec{a}+(-\vec{a})=\vec{0}$ （$\vec{0}$はゼロベクトル）　　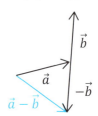

📖 矢印としてのベクトルは大きさと方向を持つ量

矢印としてのベクトルは直観的にわかりやすいです。しかし、「ベクトルは矢印」だけではないので、そのイメージに固執しないようにしてください。

矢印としてのベクトルは大きさと方向を持つ量です。そして、自由自在に平行移動できます。ベクトルは$\vec{a}$と表されるのに対し、大きさは$|\vec{a}|$と表されます。意味が明確に違いますので、区別しましょう。大きさと方向を持つ量を**ベクトル**と呼ぶのに対して、大きさのみの数字を**スカラー**といいます。この場合は、$\vec{a}$はベクトルですが、$|\vec{a}|$はスカラーとなります。

ベクトルの足し算と引き算は前ページの図に示したように、直観的に理解することができます。引き算は方向を逆にして足します。気をつけてほしいことは、$k\vec{a}$とベクトルを実数倍したとき、kが正だとそのままの方向で大きさがk倍されますが、kが負になると、矢印の方向が逆になることです。

また、大きさが同じで逆方向のベクトルを加えると$\vec{0}$(ゼロベクトル)になりますが、これは0(数字のゼロ)とは異なります。ゼロベクトルは**大きさがゼロの点**を表します。混同しないように注意しましょう。

🖥Business 力の分解

下図のように荷物をひきずって動かすことを考えます。このとき、水平方向でなく、$\theta°$だけ上方向に引き上げたとします。このときベクトルを使うと、加えた力$\vec{F}$を水平方向の力$\vec{h}$と垂直方向の力$\vec{v}$に分解することができます。つまり、$|\vec{v}|$の力だけ軽くなった荷物を$|\vec{h}|$の力で動かすことに相当するのです。

このように力を分解するときにベクトルを使うと、直観的にもわかりやすく、理解を助けてくれます。

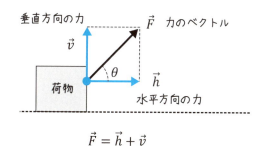

$$\vec{F} = \vec{h} + \vec{v}$$

02 ベクトルの成分表示、位置ベクトル

今まで出てきた「座標」に近いベクトルの定義です。受験にも実用にもベクトルを成分で表す書き方に慣れる必要があります。

> **Point**
> 矢印を計算の対象にするために成分（数値）で表す

ベクトルの成分表示

平面上の任意のベクトル $\vec{a}$ は、基本ベクトル $\vec{e_1}$、$\vec{e_2}$（それぞれ x 軸、y 軸と同じ向きを持つ大きさ1のベクトル）を用いて、$\vec{a} = a_x \vec{e_1} + a_y \vec{e_2}$ と表現できる。

このとき、基本ベクトルの係数 a_x, a_y を用いて $\vec{a} = (a_x, a_y)$ と表現したとき、これをベクトルの成分表示という。

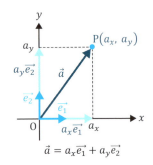

$\vec{a} = a_x \vec{e_1} + a_y \vec{e_2}$

2つのベクトル $\vec{a} = (a_x, a_y)$、$\vec{b} = (b_x, b_y)$ に対して、下記のようにベクトルの和、逆ベクトル、ベクトルの差、ベクトルの k 倍が計算される。

- ベクトルの和　　$\vec{a} + \vec{b} = (a_x, a_y) + (b_x, b_y) = (a_x + b_x, a_y + b_y)$
- 逆ベクトル　　　$-\vec{a} = -(a_x, a_y) = (-a_x, -a_y)$
- ベクトルの差　　$\vec{a} - \vec{b} = (a_x, a_y) - (b_x, b_y) = (a_x - b_x, a_y - b_y)$
- ベクトルの k 倍　$k\vec{a} = k(a_x, a_y) = (ka_x, ka_y)$
- ベクトルの大きさ　$|\vec{a}| = \sqrt{a_x{}^2 + a_y{}^2}$

位置ベクトル

座標平面上で原点Oを始点としたベクトルを位置ベクトルという。

ベクトルは一般的に始点を決めない。一方、位置ベクトルは始点をOに固定するので、ベクトル $\vec{OP} = \vec{p}$ は点Pの位置を表す。

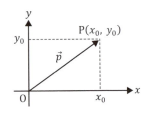

📖 ベクトルを数字で表す

ベクトルの成分表示は、前節のような作図でなく、ベクトルを数値で計算できるように考えられたものです。

座標系を使ってベクトルを考えると、ベクトルを(x, y)という形で表すことができます。また、矢印としてのベクトルの計算法則と同じことが、成分表示でも成り立つことがわかります。

位置ベクトルは原点Oを始点としたベクトルです。これは成分表示と何が違うのか混乱しがちです。違いは、「**始点Oを固定している**」ことです。一般にベクトルは始点を定めない（平行移動が自由にできる）ため、ベクトルを使って点を指定することはできません。しかし、位置ベクトルは始点を定めるので、ベクトルで終点の位置を指定できます。

🖥 Business 線分を内分する点

位置ベクトルを使った例を挙げましょう。

線分AB上でAP：PB $= m : n$に分ける点を「線分ABを$m : n$に内分する点」といいます。このPをxy座標で表したものと位置ベクトルで表したものを下図に示します。

座標表記 $\left(\dfrac{mx_b + nx_a}{m + n}, \dfrac{my_b + ny_a}{m + n} \right)$

位置ベクトル表記 $\vec{p} = \dfrac{m\vec{b} + n\vec{a}}{m + n}$

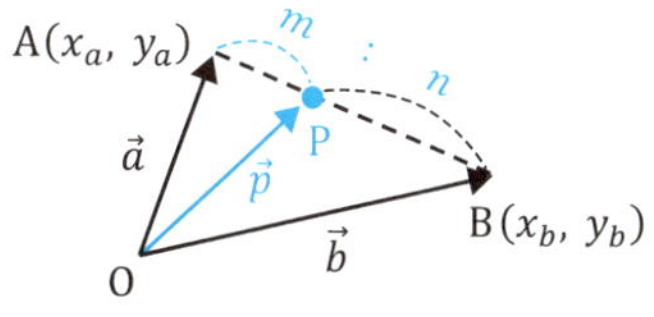

座標でも位置ベクトルでも表すことはまったく同じなのですが、位置ベクトルのほうがやや簡潔なことがわかります。さらに、位置ベクトルの表記は三次元になっても同じ形式で表現できます。

同じ点を表すなら座標でも、位置ベクトルでも同じだと思わなかったでしょうか。座標でも同じことを表現できるのにもかかわらず、わざわざ位置ベクトルという概念を導入する理由のひとつは、この簡潔性や一般性にあります。

ベクトルの一次独立

ベクトルの一次独立を通して、ベクトルの垂直、平行という概念を学びます。これは物理学や統計学にもつながる重要な概念です。

> **Point**
> **2つのベクトルが平行でなければ一次独立**

ベクトルの一次独立

平面上の2つのベクトル $\vec{a}, \vec{b}$ が $\vec{0}$ でも平行でもないとき、この2つのベクトルは一次独立であるという。このとき、平面上の任意のベクトル $\vec{p}$ は実数 m、n を用いて、$\vec{p} = m\vec{a} + n\vec{b}$ とただ一通りに表せる。$\vec{a}, \vec{b}$ が平行のときは、この性質が成り立たない。このとき a, b は一次従属という。

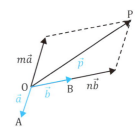

ベクトルの平行・垂直条件

ベクトル $\vec{a} = (x_a, y_a)$ と $\vec{b} = (x_b, y_b)$ が平行、垂直になる条件 ($\vec{a} \neq \vec{0}$, $\vec{b} \neq \vec{0}$)
- 平行条件：$x_a y_b - x_b y_a = 0$　このとき、$\vec{a} = k\vec{b}$（k は実数）と表せる。
- 垂直条件：$x_a x_b + y_a y_b = 0$

📖 一次独立が普通、一次従属は例外

　一次独立という概念は**逆から学ぶ**とうまく理解できます。というのも、大半の2つのベクトルは一次独立だからです。そして、例外的に一次従属という状態があります。だから、一次従属でない状態が一次独立だと理解するとわかりやすいでしょう。

　それでは一次従属とはどういう状態でしょう。簡単です。それは**2つのベクトルが平行の状態であること**です。2つのベクトル $\vec{a}, \vec{b}$ が平行だと $\vec{a} = k\vec{b}$ と表せ

ます。だから、$\vec{a}=(x_0, y_0)$とすると$\vec{b}=(kx_0, ky_0)$、つまり$\vec{a}+\vec{b}=(x_0(k+1), y_0(k+1))$となり、ある直線上に存在する点の集合になります。

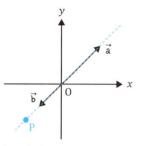

たとえば平行なベクトル$\vec{a}=(2, 2)$と$\vec{b}=(-1, -1)$を図示すると右図のようになります。ベクトルが一直線上になるので、この2つのベクトルをどう足そうが、点Pはこの直線上にしか存在できません。

そして平行でないベクトル$\vec{a}, \vec{b}$が一次独立です。平行でなければ、平面上の任意のベクトルは$\vec{p}=m\vec{a}+n\vec{b}$とただ一通りに表せます。

Business 座標軸の変換

この一次独立という概念を使うと座標軸を自由に変換できることがわかります。一次独立の性質よりベクトルが平行でなければ、$\vec{p}=m\vec{a}+n\vec{b}$とただ1通りで表されることは保証されています。だから、右のように直交座標x, yではない、任意の座標系x', y'で点Pを表すことが可能です。だから、計算の都合が良いように軸を変えても問題ないのです。

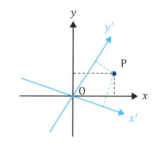

ただ、この際に注意しなくてはならないことがあります。それは実際の値は誤差があることです。現実の世界で測定した数字には誤差、ばらつきがあります。そのばらつきによる測定の不確定さが、座標軸が平行に近くなるほど、広くなってしまうのです。

一次独立といっても、なるべく軸は垂直に取らなくてはいけません。

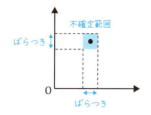
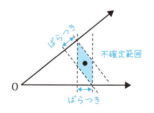

04 ベクトルの内積（平行・垂直条件）

教養 ★★★★　実用 ★★★★★　受験 ★★★★★

内積はよく出てくるので定義も覚えておきたいです。特に2つのベクトルが垂直なときは内積が0になる、ということは重要です。

> **Point**
> **内積が0ならば、2つのベクトルは垂直である**
>
> **ベクトルの内積**
>
> ベクトル $\vec{a}, \vec{b}$ に対して、内積という演算を下のように定義する。定義は2通りあるが、数学的には同値である。
>
> - ベクトル $\vec{a}, \vec{b}$ の作る角を θ とするとき
> $\vec{a} \cdot \vec{b} = |\vec{a}| |\vec{b}| \cos\theta$
> - ベクトル $\vec{a} = (x_a, y_a), \vec{b} = (x_b, y_b)$ のとき
> $\vec{a} \cdot \vec{b} = x_a x_b + y_a y_b$
>
>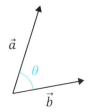
>
> **ベクトルの垂直条件**
>
> ベクトル $\vec{a}$ と $\vec{b}$ が垂直のとき、内積 $\vec{a} \cdot \vec{b} = 0$ となる。

📖 ベクトルの掛け算は1つではない

ここではベクトルの掛け算である「内積」を紹介します。注意してほしいのは、**ベクトルの掛け算は1つではない**ことです。ベクトルの掛け算はいろいろな方法が考えられます。本書では、他にも「外積」という積も紹介します。内積は $|\vec{a}| |\vec{b}| \cos\theta$ ですが、これはただのルールです。この定義の掛け算が役立つので、それを使っています。

内積はベクトルとベクトルの演算がスカラーになっていることに注意しましょう。図形としての内積の意味は「2つのベクトルの同一方向の成分を掛け合わせ

た数値」ということになります。図に示すようなベクトル$\vec{a}$と$\vec{b}$の内積を考えると、ベクトル$\vec{a}$をベクトル$\vec{b}$方向とその垂直方向に分解してその大きさを掛け合わせたことになります。

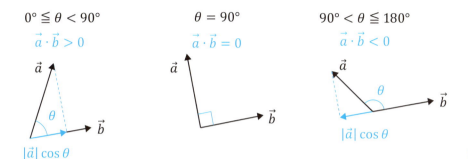

したがって、$\vec{a}$と$\vec{b}$が垂直の場合は共通部分がなく内積は0になります。これはとても重要な性質です。そして、$\vec{a}$と$\vec{b}$のなす角が90°より大きいとき、内積は負になります。

Business 荷物に加えられるエネルギーの量

内積の応用例のひとつにエネルギーの計算があります。下図に示すように、力学的なエネルギーは力のベクトル$\vec{F}$と移動距離のベクトル$\vec{s}$の内積で得られることが知られています。

この式からわかることは、エネルギーをたくさん加えるためには、力の強さも重要ですが、それと同様に**方向が大事**だということです。どれだけ強い力で引いても垂直方向だとその力が加えるエネルギーはゼロです。そして加える力が移動方向と逆になってしまうと、エネルギーを減らしてしまいます。

荷物に加えられたエネルギーの量
$\vec{F} \cdot \vec{s} = |\vec{F}| |\vec{s}| \cos \theta$

05 平面図形のベクトル方程式

図形を位置ベクトルで表現することにより、視点が広がります。ベクトル方程式は方程式より簡潔で、媒介変数表示と相性が良いです。

Point

ベクトル方程式は抽象的なので、図で理解する

直線のベクトル方程式

① 2点A、Bを通る直線
$$\vec{p} = (1-t)\vec{a} + t\vec{b}$$
（t は任意の実数）

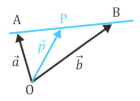

② 点Aを通り $\vec{b}$ に平行な直線
$$\vec{p} = \vec{a} + t\vec{b}$$
（t は任意の実数）

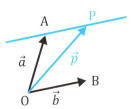

③ 点Aを通り $\vec{n}$ に垂直な直線
$$(\vec{p} - \vec{a}) \cdot \vec{n} = 0$$

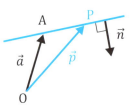

円のベクトル方程式

点Cを中心とし半径 r の円
$$|\vec{p} - \vec{c}| = r$$

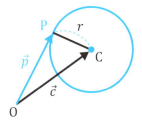

ベクトル方程式が使われる理由

Chapter10では、座標上の図形は方程式を使って表現しました。ここで、位置ベクトルを使った表記を紹介します。もちろん、方程式で表現する方法と数学的には完全に等価です。しかし、ベクトルで表すと、次のような3つの点で都合が良いことがあります。

1つ目は、**媒介変数表示と相性が良い**ということです。たとえば2点$A(x_1, y_1)$、$B(x_2, y_2)$を通る直線Pは、Pointの式より媒介変数tを用いて$(x, y) = (x_1(1-t) + x_2 t, y_1(1-t) + y_2 t)$と簡単に求めることができます。計算するときやプログラミングをするときに媒介変数表示を使いたいことがあります。そんなときに、ベクトル方程式の考え方は役に立ちます。

2つ目は**簡潔である**ということです。たとえば円のベクトル方程式はPointのように$|\vec{p} - \vec{c}| = r$と表現されます。これを方程式で表現しようとすると、$(x - x_0)^2 + (y - y_0)^2 = r^2$となります。さてどちらが簡潔でしょうか。

数学を使う人からするとどうでも良いことですが、数学は美の学問でもあります。つまり、**大きな情報をなるべくコンパクトに詰め込む**ことが重要なのです。その観点でベクトル方程式が好まれます。

3つ目は**図形の性質がわかりやすい**ということです。これは簡潔であるということにも関連して、円のベクトル方程式$|\vec{p} - \vec{c}| = r$に「中心の位置ベクトル$\vec{c}$からの距離がrである点Pの集合である」という円の定義が自然に入っています。円の方程式だと、余計な数字が多かったり、rが半径そのものでなく2乗されていたりと一目では図形の性質がわかりにくいです。

たとえばプログラミングを行うときには、バグを防ぐためにわかりやすく記述することは重要です。そんな観点でもベクトル方程式は有用なのです。

06 空間ベクトル

空間（三次元）は平面（二次元）と対比させて学ぶと理解しやすいでしょう。教養として、数学的な次元の意味を学んでおきましょう。

> **Point**
> **ベクトルで表記すると二次元も三次元もほとんど同じ**

空間でのベクトル

空間のベクトルは x, y, z の三軸で表現する。よって、空間ベクトル $\vec{a}$ を成分表示すると $\vec{a} = (a_x, a_y, a_z)$ となる。

平面の矢印としてのベクトルの性質は、すべて空間ベクトルでも同様に成立する。

2つのベクトル $\vec{a} = (a_x, a_y, a_z)$、$\vec{b} = (b_x, b_y, b_z)$ に対して、下記のようにベクトルの和、大きさ、内積が定義される。

- ベクトルの和
$$\vec{a} + \vec{b} = (a_x, a_y, a_z) + (b_x, b_y, b_z)$$
$$= (a_x + b_x, a_y + b_y, a_z + b_z)$$

- ベクトルの大きさ $|\vec{a}| = \sqrt{a_x^2 + a_y^2 + a_z^2}$

- ベクトルの内積 $\vec{a} \cdot \vec{b} = (a_x b_x + a_y b_y + a_z b_z)$

$\vec{a}$、$\vec{b}$ が垂直のとき、内積 $\vec{a} \cdot \vec{b} = 0$、つまり $a_x b_x + a_y b_y + a_z b_z = 0$
内積は $|\vec{a}||\vec{b}|\cos\theta$ という定義もそのまま使える（θ は $\vec{a}$、$\vec{b}$ の成す角である）。

空間ベクトルの一次独立

空間上の3つのベクトル $\vec{p_1}, \vec{p_2}, \vec{p_3}$ が一次独立であるための条件は $c_1\vec{p_1} + c_2\vec{p_2} + c_3\vec{p_3} = 0$ を満たす実数 c_1, c_2, c_3 が $c_1 = c_2 = c_3 = 0$ のみであることである。このとき、空間上の任意の位置ベクトル $\vec{p}$ はただ1つの実数の組、a, b, c を用いて、$\vec{p} = a\vec{p_1} + b\vec{p_2} + c\vec{p_3}$ という形で表せる。

📖 空間ベクトルになって変わること、変わらないこと

　平面で考えていたベクトルが空間に移ります。数学的にいうと二次元が三次元になります。とはいえ、ベクトルの矢印としての性質は何も変わりません。変化するのは**ベクトルの成分表示**です。平面ではx, yの二軸だったものが、空間ではx, y, zの三軸になります。だから、成分表示が(x, y)から(x, y, z)に変わります。それによって、成分の計算式が上のように変化するわけです。

　数学でいう次元はその世界である点を指定するのに最低限必要な数字の数です。平面の場合、横と縦(x, y)の2つでした。これが空間になると、横と縦と高さ(x, y, z)の3つの次元が必要となるのです。私たちの住んでいる世界はこの3つの他に時間を指定する必要がありますから、数学的には四次元世界といえます。

　三次元になると、ベクトルの一次独立の定義が前項のように変わります。二次元空間ではベクトル$\vec{a}$、$\vec{b}$が平行でなければ、平面上のすべての点を$\vec{a}$と$\vec{b}$で表せます。しかし、空間の場合はベクトル$\vec{a}$、$\vec{b}$、$\vec{c}$が平行でなくても同一平面上にあると、空間全体を$\vec{a}$、$\vec{b}$、$\vec{c}$の組で表せません。だから、一次独立の条件は「$\vec{a}$、$\vec{b}$、$\vec{c}$が同一平面上にないこと」となります。この条件を数式で書くと、Pointのようになるわけです。

📈 Business 空間は実は九次元だという超弦理論

　この世界の空間が三次元であることは疑いないと思うでしょう。しかし、最新の物理理論では必ずしもそうではなさそうだ、と考えられています。素粒子（この世界の究極に小さい粒子）の理論である超弦理論では、空間は九次元といわれています。三次元をはるかに超えて九次元です。

　こんな世界は、人間は想像することさえできません。しかし、そんな世界でも数学は正確に記述します。たとえば、九次元空間のベクトルの大きさは、軸をA, B, C, D, E, F, G, H, Iとして、$\sqrt{A^2 + B^2 + C^2 + D^2 + E^2 + F^2 + G^2 + H^2 + I^2}$と表されることでしょう。

　英語や日本語などの言語は、人間の想像力の範囲内でしか使うことはできません。しかし、数学は人間の想像をはるかに超えることを記述することができます。これが数学の力なのです。

07 空間図形のベクトル方程式

ベクトル方程式の三次元版です。空間図形は式が複雑になりがちなので、ベクトル方程式の簡潔さがより引き立ちます。

> **Point**
> **ベクトル方程式だと、平面と同様に空間図形を扱える**

直線のベクトル方程式　（①・②は平面の直線と同じ）

①点Aを通り$\vec{d}$に平行な直線

$$\vec{p} = \vec{a} + t\vec{d}$$

（tは任意の実数）

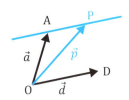

②2点A, Bを通る直線

$$\vec{p} = (1-t)\vec{a} + t\vec{b}$$

（tは任意の実数）

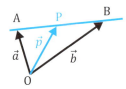

平面のベクトル方程式

点Aを通り$\vec{n}$に垂直な直線

$$(\vec{p} - \vec{a}) \cdot \vec{n} = 0$$

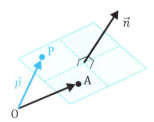

球面のベクトル方程式

点Cを中心とし半径rの球面

$$|\vec{p} - \vec{c}| = r$$

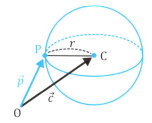

📖 空間図形ではベクトル方程式のメリットが引き立つ

11-5で紹介したベクトル方程式を空間図形に適用したものです。

直線の定義や球面の定義は**二次元（平面図形）とまったく同じ形**になります。次元が上がっても同じ形で表せることは驚きです。方程式を使うとx, y, zの三変数がある複雑な式となるので、ベクトル方程式のメリットをより実感していただけることでしょう。

1点注意が必要なのが平面の方程式です。平面図形では法線ベクトルに垂直で、ある1点を通る図形は直線でした。一方、空間の場合はこの図形は平面を表します。空間中の平面において、法線ベクトルはとても大事なパラメータです。

Business 三次元CADデータの二次元化

車や飛行機や電車などの乗り物、またビルやタワーなどの構造物を設計するときにコンピュータが使われます。設計図を描くソフトをCAD（Computer-Aided Design）ソフトと呼ばれ、近年では空間データをそのまま扱える3D-CADといわれるものが一般的になってきています。

3D-CADは設計データを空間図形として扱っています。つまり、空間図形の方程式（データ）をコンピュータ内に保持しているわけです。

これは直観的にわかりやすく便利です。しかし、設計図を作ったり、顧客に説明する資料を作ったりするときに二次元（平面）のデータがほしくなるでしょう。

そんなときには、下図のように三次元データを指定した平面で切って平面に落とし込みます。三次元データがあれば、任意の平面で切り出せるので設計がスムーズです。

3D-CADを使いこなすためには、空間図形の知識や感覚が必要になりますので、そのためにも空間図形を勉強しましょう。

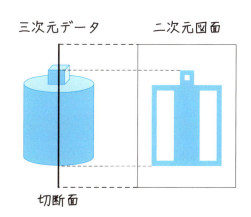

08 ベクトルの外積

電磁気学や力学などで使う人を除いて、詳細を記憶する必要はないでしょう。外積という言葉に反応できるレベルで十分だと思います。

> **Point**
>
> 外積では演算結果がスカラーでなくベクトルになる
>
> **ベクトルの外積**
>
> $\vec{a} \times \vec{b}$ をベクトルの外積という。
> $\vec{a} \times \vec{b}$ は $\vec{a}$ と $\vec{b}$ に垂直で向きは $\vec{a}$ から $\vec{b}$ に回る右ねじの向き、大きさは $|\vec{a}||\vec{b}|\sin\theta$ つまり $\vec{a}, \vec{b}$ が作る平行四辺形の大きさである。
>
>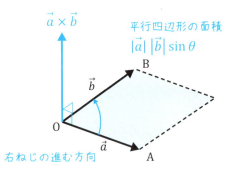
>
> **外積の成分表示**
>
> $\vec{a} = (a_x, a_y, a_z)$ $\vec{b} = (b_x, b_y, b_z)$ のとき
> $\vec{a} \times \vec{b} = (a_y b_z - a_z b_y,\ a_z b_x - a_x b_z,\ a_x b_y - a_y b_x)$

外積の結果はベクトルになる

ベクトルの内積の説明で、ベクトルの掛け算はいくつも定義可能という話をしました。しかし、実際に使われるのは内積とここで紹介する外積の2つです。

ベクトルの外積の特徴は内積と違って、**計算の結果がベクトル**になります。こ

のベクトルの大きさは、$\vec{a}$ と $\vec{b}$ の作る平行四辺形の大きさ、つまり $|\vec{a}||\vec{b}|\sin\theta$ です。そして、向きは $\vec{a}$ と $\vec{b}$ に垂直で、$\vec{a}$ から $\vec{b}$ に回転する右ねじが進む方向となります。だから、$\vec{a}\times\vec{b}$ と $\vec{b}\times\vec{a}$ の結果はベクトルの向きが正反対、つまり $\vec{a}\times\vec{b}=-\vec{b}\times\vec{a}$ となるわけです。

外積のベクトルの向きは異なる2つのベクトルに垂直なので、二次元（平面）では定義できません。外積を定義するには、少なくとも3つの次元が必要になります。

外積は奇妙な定義のように感じられるかもしれません。しかし、後で説明するモータやモーメント（回転させる力）のように回転に関わるもので活用されることが多いです。該当する分野に関わる方は必須の知識といえるでしょう。

Business モータを回す力

電気の力を動力に変えるモータは、**ローレンツ力**と呼ばれる力を利用しています。ローレンツ力は磁界中に電流が流れることにより受ける力です。この力 $\vec{F}$ は磁場のベクトルを $\vec{B}$、電流のベクトルを $\vec{I}$ としたときに $\vec{F}=\vec{I}\times\vec{B}$ の形で表されます。

モータが回転する原理を簡単に説明します。モータの中ではコイルと呼ばれる巻いた電線があります。ある時点の図を下に示します。コイルには磁場Bがかけられており、コイルは巻いているので左半分と右半分で電流の方向は逆になります。

つまり、コイルの左半分と右半分でコイルが受けるローレンツ力の向きも逆になります。この逆向きにかかる力はコイルを回転させる力となり、それがモータの回転力（トルク）を生むのです。

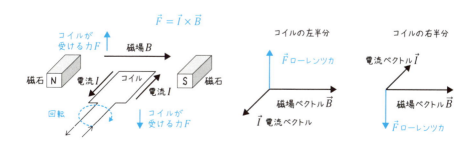

09 速度ベクトルと加速度ベクトル

ベクトルの微積分の応用として重要です。受験生にとっては、これを学ぶと物理の理解がスムーズになるでしょう。

> **Point**
> **成分にすれば、ベクトルも微分できる**
>
> **二次元平面上での速度、加速度**
>
> 平面上を運動する点Pの座標が$(x(t), y(t))$と時刻tの関数として表されているとき、時刻tにおけるPの速度ベクトル$\vec{v}$、加速度ベクトル$\vec{a}$は下のように表される。
>
> $$\vec{v} = \left(\frac{dx(t)}{dt}, \frac{dy(t)}{dt}\right) = (x'(t), y'(t)) \qquad \text{速さ} \quad |\vec{v}| = \sqrt{\{x'(t)\}^2 + \{y'(t)\}^2}$$
>
> $$\vec{a} = \left(\frac{d^2x(t)}{dt^2}, \frac{d^2y(t)}{dt^2}\right) = (x''(t), y''(t)) \qquad \text{加速度の大きさ} \quad |\vec{a}| = \sqrt{\{x''(t)\}^2 + \{y''(t)\}^2}$$

ベクトルで平面上の運動が解析できる

6-8で直線上の速度と加速度の紹介をしました。本節ではベクトルを使って、平面上の速度と加速度の解析を紹介します。

直線上の運動と平面上の運動で異なることは「**向き**」です。直線上の場合は二方向しかなく、正負で向きを表すことができます。しかし、平面上の場合、360°任意の方向を取り得ます。

この向きを表現する数学的な手段がベクトルです。Pointのように動点の位置ベクトルを時間tの式で表し、xとyそれぞれについて微分してやることで速度ベクトルや加速度ベクトルが得られます。このとき、速さや加速度の大きさはベクトルの絶対値になることに注意してください。

📊Business 等速円運動の解析

ここでは物理の問題で見かける等速円運動について解説します。

高校物理では微積分を使わないため、単に公式を暗記させられます。しかし、本節で紹介した速度ベクトル、加速度ベクトルという考え方を使えば、意味を明確に理解できます。図を参照しながら式を追ってください。

点$(0, 0)$を中心する半径r上の点を等速で回転する動点Pを考えます。このとき時刻tにおけるPの位置は角速度をωとして$(r\cos\omega t, r\sin\omega t)$と置けます。角速度$\omega$は単位時間当たりに回転する角度で、この場合は等速で回転しているので一定となります。

このとき、$\dfrac{dx}{dt} = -r\omega\sin\omega t$　$\dfrac{dy}{dt} = r\omega\cos\omega t$ となるので、速度ベクトル$\vec{v}$とその大きさ$|\vec{v}|$は下のように求められます。

$$\vec{v} = (-r\omega\sin\omega t, r\omega\cos\omega t)$$
$$|\vec{v}| = \sqrt{(-r\omega\sin\omega t)^2 + (r\omega\cos\omega t)^2} = r\omega$$

※$\sin^2\theta + \cos^2\theta = 1$を使った

同様に、$\dfrac{d^2x}{dt^2} = -r\omega^2\cos\omega t$　$\dfrac{d^2y}{dt^2} = -r\omega^2\sin\omega t$ となるので、加速度ベクトル$\vec{a}$とその大きさ$|\vec{a}|$は下のように求められます。

$$\vec{a} = (-r\omega^2\cos\omega t, -r\omega^2\sin\omega t)$$
$$|\vec{a}| = \sqrt{(-r\omega^2\cos\omega t)^2 + (-r\omega^2\sin\omega t)^2} = r\omega^2$$

それぞれのベクトルの方向は右図のようになります。速度ベクトル$\vec{v}$は$\vec{p}$に垂直で回転方向と同じ方向のベクトルとなります。そして、加速度ベクトル$\vec{a}$は$\vec{p}$の反対方向となります。

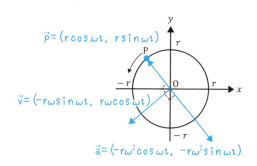

10 勾配、発散、回転

高校数学の範囲外ですが、特に電磁気学や流体力学の理解、応用には必須の知識です。大学の理工系に進んだ人は早めに習得しましょう。

> **Point**
>
> ### 物理（応用）から学んだほうがイメージしやすい
>
> **ベクトルの勾配、発散、回転**
>
> ベクトル関数 $F = \left(f_x(x, y, z), f_y(x, y, z), f_z(x, y, z)\right)$、スカラー関数 $g(x, y, z)$ が与えられたときに勾配（grad）、発散（div）、回転（rot）は下のように定義される。
>
> **勾配**（gradient、スカラーをベクトルに変換）
> $$\mathrm{grad}\, g(x, y, z) = \left(\frac{\partial}{\partial x}g(x, y, z),\ \frac{\partial}{\partial y}g(x, y, z),\ \frac{\partial}{\partial z}g(x, y, z)\right)$$
>
> **発散**（divergence、ベクトルをスカラーに変換）
> $$\mathrm{div}\, \boldsymbol{F} = \frac{\partial f_x}{\partial x} + \frac{\partial f_y}{\partial y} + \frac{\partial f_z}{\partial z}$$
>
> **回転**（rotation、ベクトルをベクトルに変換）
> $$\mathrm{rot}\, \boldsymbol{F} = \left(\frac{\partial f_z}{\partial y} - \frac{\partial f_y}{\partial z},\ \frac{\partial f_x}{\partial z} - \frac{\partial f_z}{\partial x},\ \frac{\partial f_y}{\partial x} - \frac{\partial f_x}{\partial y}\right)$$
>
> 例）$g(x, y, z) = xy^2z^3$　　$F = (xy^2z^3, x^2y^3z, x^3yz^2)$ のとき
> $\mathrm{grad}\, g(x, y, z) = (y^2z^3, 2xyz^3, 3xy^2z^2)$
> $\mathrm{div}\, \boldsymbol{F} = y^2z^3 + 3x^2y^2z + 2x^3yz$
> $\mathrm{rot}\, \boldsymbol{F} = (x^3z^2 - x^2y^3,\ 3xy^2z^2 - 3x^2yz^2,\ 2xy^3z - 2xyz^3)$
>
> ※大学教養課程以降はベクトルを $\vec{F}$ と矢印で表さずに、$\boldsymbol{F}$ のように太文字を使うことが一般的

📖 ベクトルの微積分は怖くない

ベクトルの微積分は記号が難しく、敷居が高く見えます。しかし、ベクトルとは数字を複数入れた箱だということを思い出してください。つまり、ベクトルの関数も成分表示をすると $\bigl(f_x(x, y, z), f_y(x, y, z), f_z(x, y, z)\bigr)$ と関数が複数詰まった箱にすぎないのです。

数が増えるので計算は面倒になりますが、ここまで読んできた人であれば慎重に式を追えば必ず理解できます。恐れずに勉強しましょう。

ベクトルの微積分の中で最も重要なことが、ここで示した**勾配**、**発散**、**回転**という概念です。ただ、これら（特に回転）は数式を見ても何のことかよくわからないと思います。だから、物理学の法則から学ぶとイメージができてわかりやすいと思います。

私は電磁気学を通してベクトルの微積分を学びました。勾配は電位と電場の関係、発散はガウスの法則、回転はアンペールの法則で学ぶと良いでしょう。応用から基礎を学んだほうが良いこともあるのです。

🖥 Business マックスウェルの方程式

物体の運動がニュートンの運動方程式で表されるように、電気や磁気や電磁波など電磁現象の基本方程式があります。それが下に示す4つの式から成るマックスウェルの方程式です。

マックスウェルの方程式は電場や磁場（磁束密度）ベクトルの回転と発散の形で記述されています。電場や磁場はベクトルなので、ベクトルの微積分の理解が必須となるのです。

$$\mathrm{div}\,\boldsymbol{E} = \frac{\rho}{\epsilon_0} \qquad \mathrm{div}\,\boldsymbol{B} = 0 \qquad \mathrm{rot}\,\boldsymbol{E} = -\frac{\partial \boldsymbol{B}}{\partial t} \qquad \mathrm{rot}\,\boldsymbol{B} = \mu_0\left(\boldsymbol{j} + \epsilon_0\frac{\partial \boldsymbol{E}}{\partial t}\right)$$

$\boldsymbol{E}$：電場ベクトル　　　　$\boldsymbol{j}$：電流面密度ベクトル　　　ϵ_0：真空の誘電率
$\boldsymbol{B}$：磁束密度ベクトル　　ρ：電荷密度　　　　　　　　μ_0：真空の透磁率

抽象化は価値である

本章のIntroductionのところで、ベクトルは複数の数字を詰めたものだと説明しました。そして、その理由は「扱いがラクだから」です。しかし、それ以外にも大きな理由があります。それが「抽象化」なのです。

ここでいう抽象化とは、複数の図形に同じ方程式が適用できるということです。本文中の例では、二次元の円と三次元の球は中心から同じ距離の点の集合として、ベクトル方程式で$|\vec{p} - \vec{c}| = r$と表されました。これは円と球が同じ方程式で表されたという意味で抽象化されています。

数学の世界ではこのような抽象化を重視します。一番の理由は「美しい」ということになりますが、それはただの興味にとどまらず新たな価値を生む可能性があるのです。

抽象化で価値を生んだ例として、解析力学という分野が挙げられます。

ニュートンがニュートン力学の体系を構築した後、ラグランジュやハミルトンを中心とした数学者たちが、運動方程式を座標によらないように(たとえば直交座標系でも、極座標系でも使えるように)数学的に抽象化しました。研究のモチベーションは興味に近かったようです。

しかし、彼らのこの仕事は、後に量子力学をはじめとする現代物理学が発展する土台になります。誰にでもできることではありませんが、数学における抽象化は大きな力を持っていることを感じてください。ただの記号遊びではないのです。

下にラグランジュやハミルトンが導いた運動方程式を示します。ニュートンの運動方程式と比べて抽象的すぎて、私も頭が痛くなります。しかし、それだけの価値がある方程式なのです。

$$\frac{d}{dt}\frac{\partial L}{\partial \dot{q}_i} - \frac{\partial L}{\partial q_i} = 0$$

オイラー＝ラグランジュ方程式

$$\dot{q}_i = \frac{\partial H}{\partial p_i}, \; \dot{p}_i = -\frac{\partial H}{\partial q_i}$$

正準方程式（ハミルトン方程式）

Chapter 12

行列

> 行列はベクトルの演算のためにある

　ベクトルのところで「ベクトルは数字を集めたもの」といいました。本章で紹介する行列も数字を集めたものと考えられます。それではベクトルと行列の違いは何でしょうか。

　それは一目見ればわかります。ベクトルは横または縦一列に数字が並んでいるのに対し、行列は**縦と横二次元に数字が並んでいる**のです。

$$(1 \ 3 \ 4 \ 8) \quad \begin{pmatrix} 1 \\ 8 \end{pmatrix} \quad (1 \ 3 \ 4) \qquad \begin{pmatrix} 1 & 3 \\ 8 & 5 \end{pmatrix} \begin{pmatrix} 1 & 3 & 7 \\ 8 & 5 & 4 \\ 2 & 6 & 9 \end{pmatrix} \begin{pmatrix} 1 & 3 & 2 & 7 \\ 8 & 5 & 9 & 4 \end{pmatrix}$$

ベクトル　　　　　　　　　　　　　行列

　見た目が違うことは明らかです。しかし、それだけでは納得できません。行列の本質とは何なのでしょうか。

　それは「**ベクトルの演算を行う**」ということです。ベクトルは数字が並んだものです。ただ、数字を集めるだけであればベクトルで十分です。一方、行列はベクトルを他のベクトルに変換する演算です。だから、数字を集めて、行列形式に並べる必要があるのです。

　たとえば、(x, y)というベクトルを(x', y')に変換する演算があったとします。このときの演算には、xがx'に与える影響、xがy'に与える影響、yがx'に与える影響、yがy'に与える影響と4つの影響を表す数字が必要になります。だから、2×2行列が登場することになります。

　具体的に行列でどのような演算ができるかは、個別の項で詳細を説明します。ここでは、**行列というものがベクトルを他のベクトルに変換する演算である**ことを頭に入れてください。

行列と高校数学の関係

行列はベクトルの演算ですから、前章で紹介したベクトルと非常に密接な関係にあります。この本では扱いませんが、大学初年度で習う線形代数という学問では、その関係を学びます。物理学や統計学だけでなく、工学全般で幅広く使われている重要な項目です。

しかしながら、現時点（2018年）では、行列は高校数学の対象から外れています。大学受験は計算力をつけて、行列に慣れる良い機会なので残念なことです。

なお、行列は高校数学に出たり入ったりしている分野なので、本章では「受験」を高校で行列を勉強するものとして扱っています。

教養として学ぶには

行列とは数字を行と列にして集めたもの、ベクトルの演算に使うものという認識を持ちましょう。あとは、単位行列、逆行列などの用語の意味がわかれば十分です。

仕事で使う人にとっては

2×2行列くらいであれば、基本的な用語の整理と共に、手計算もできる必要があります。固有値と固有ベクトルの理解も必須です。実用時には2×2以上の大きな行列も扱うことでしょう。計算はコンピュータで行うでしょうが、完全なブラックボックスにしてはいけません。

受験生にとっては

行列の計算方法は独特なので、しっかりと慣れる必要があります。特に逆行列の計算は練習が必要です。あとは行列の応用として1次変換をしっかり学んでおきましょう。

01 行列の基礎と計算

行列は数字を行と列に集めただけのものです。和と差は簡単ですが、積の計算方法は単純でないので、確認しておきましょう。

> **Point**
> **行列の積は、単純な要素ごとの掛け算ではない**
>
> ### 行列の定義
>
> 右図のように数字を $m \times n$ に並べたものを「行列」という。
>
> ベクトルは行または列が1つである行列の特殊形と考えられる。以下では、特に2行2列の行列について示す。
>
> $$m行 \left\{ \begin{pmatrix} a_{11} & a_{12} & \cdots & a_{1n} \\ a_{21} & a_{22} & \cdots & a_{2n} \\ \vdots & \vdots & \cdots & \vdots \\ a_{m1} & a_{m2} & \cdots & a_{mn} \end{pmatrix} \right. \quad n列\downarrow$$
>
> ### 行列の和と差
>
> $$\begin{pmatrix} a & b \\ c & d \end{pmatrix} + \begin{pmatrix} e & f \\ g & h \end{pmatrix} = \begin{pmatrix} a+e & b+f \\ c+g & d+h \end{pmatrix} \qquad \begin{pmatrix} a & b \\ c & d \end{pmatrix} - \begin{pmatrix} e & f \\ g & h \end{pmatrix} = \begin{pmatrix} a-e & b-f \\ c-g & d-h \end{pmatrix}$$
>
> 　　　　　行列の和　　　　　　　　　　　　　　　　　行列の差
>
> ### 行列の積
>
> 行列 A、B において A の列数と B の行数が等しいと積 AB が定義可能。
> 行列の積は一般に可換でない。つまり、AB と BA は等しくない。
> 1行2列(ベクトル)×2行1列(ベクトル)は内積を表す。
>
> $$(a \quad b) \begin{pmatrix} p \\ q \end{pmatrix} = ap + bq$$
>
> $$\begin{pmatrix} a & b \\ c & d \end{pmatrix} \begin{pmatrix} p \\ q \end{pmatrix} = \begin{pmatrix} ap+bq \\ cp+dq \end{pmatrix} \qquad \begin{pmatrix} a & b \\ c & d \end{pmatrix} \begin{pmatrix} e & f \\ g & h \end{pmatrix} = \begin{pmatrix} ae+bg & af+bh \\ ce+dg & cf+dh \end{pmatrix}$$
>
> 2行2列×2行1列(ベクトル)　　　　　　　　　　　2行2列×2行2列

📖 行列は積に注意

　行列は数字を行と列に並べただけのものです。そして、和と差の計算はそれぞれ同じ要素を足し合わせたり、引いたりして求められます。つまり、**2つの行列が同じ行数と列数でないと定義できません**。また、行列のk倍はすべての要素をk倍します。これは簡単です。

　しかし、積が少し面倒です。積は単純に同じ要素を掛け合わせるのではありません。まず、1行2列と2行1列の計算に着目してください。これはベクトル$(a\ \ b)$と$(p\ \ q)$の内積を表しています。ですから結果はスカラーです。同様に行列同士の掛け算ABは、Aの1行成分とBの1列成分、Aの2行成分とBの1列成分……と、**それぞれの行ベクトルと列ベクトルの内積結果を並べたもの**といえます。

　また、行列の掛け算は一般に交換法則が成り立たない、つまりABとBAが等しくないことに注意してください。あとは慣れるまで、実際に手を動かして計算しましょう。

🖥 Business プログラムの行列と配列

　それでは、行列の積はなぜ単純に掛け合わせるのではなく、こんな複雑な計算方法を取るのでしょうか。それは後で紹介する1次方程式や1次変換などに応用できるからです。**使うときに便利なようにルールを決めただけ**ということです。

　プログラミングを行うときにも数字を並べたものは多用します。そのとき、単純に掛け算をしたいこともあります。このときは数字の並びを「配列」として定義します。配列の積は下のように、単純な要素同士の掛け算になります(行列と間違わないように、配列は数字の列を□で囲むことにより表現しています)。数字の並びを行列として定義すると、積はPointで示したような演算となります。間違えないように注意しましょう。

$$\begin{array}{|cc|} a & b \\ c & d \end{array} \begin{array}{|cc|} e & f \\ g & h \end{array} = \begin{array}{|cc|} ae & bf \\ cg & dh \end{array}$$

02 単位行列と逆行列、行列式

教養の人は、行列について最低限ここまでは理解しておきましょう。実用の人はこのレベルは手計算もできる必要があります。

> **Point**
> ### 逆行列は「逆数」のような存在
>
> **単位行列**
>
> 下の行列 E を単位行列と呼ぶ。
>
> $$E = \begin{pmatrix} 1 & 0 \\ 0 & 1 \end{pmatrix}$$
>
> 単位行列は任意の行列 A について $AE = EA = A$、つまり A を変化させない行列である。
>
> **逆行列**
>
> 正方行列 A に対して、$AX = XA = E$ となる行列 X を、行列 A の逆行列と呼び、A^{-1} と書く。つまり、$A^{-1}A = AA^{-1} = E$。
>
> $$A = \begin{pmatrix} a & b \\ c & d \end{pmatrix} とすると A^{-1} = \frac{1}{ad-bc} \begin{pmatrix} d & -b \\ -c & a \end{pmatrix} となる$$
>
> 上式は $ad - bc \neq 0$ のときに成立する。$ad - bc = 0$ なら A に逆行列は存在しない。$ab - bc$ を行列 A の行列式と呼び、$\det A$ または $|A|$ と表す。
>
> つまり、$\det A = |A| = ad - bc$

📖 行列の割り算には逆行列を使う

逆行列は行列の割り算を考えるために生まれました。**普通の数字の逆数にあたるものが、行列の逆行列といえるでしょう。**

実数aの逆数は$\dfrac{1}{a}$です。そして、aで割ることはaの逆数$\dfrac{1}{a}$を掛けることと同じです。もちろん$a \div a = 1$ですから、$a \times \left(\dfrac{1}{a}\right)$も1となります。この性質を使って行列の割り算を考えることにしました。

　まず、実数の掛け算の"1"にあたる行列を考えないといけません。実数の1は"$a \times 1 = a$"と、どの数字を掛けてもその数字自身になるという性質があります。だから、行列でも$AE = EA = A$と任意の行列Aを掛けて、その行列自身になる行列Eを探しました（なお、行列の場合は右から掛ける場合と左から掛ける場合で一般的に結果が異なるので、どちらから掛けてもAになる行列を考えます）。それはPointに示す単位行列でした。
　次に行列Aに対して、$AA^{-1} = A^{-1}A = E$となる行列A^{-1}を探しました。それがPointで定義された逆行列となるのです。**ある行列Aに対して行列Bで割ることはBの逆行列B^{-1}を掛けること、つまりAB^{-1}を求めることに相当します**（くどいですが、行列は右から掛ける場合と左から掛ける場合で結果が異なるので、どちらから掛けるのか、しっかり区別してください）。

　行列式という概念は行列を語る上で重要です。大学で線形代数を習うと行列式の奥深さがわかります。ここでは**逆行列が存在するか、しないかの判定ができる**と覚えてください。

　これらの話は一般の正方行列（2行2列だけでなく、n行n列行列）で成り立ちます。ただ、行列のサイズが大きくなると、行列式や逆行列を求めるために必要な計算量が急激に増えて、難しくなります。

03 行列と連立方程式

教養 ★　実用 ★★★　受験 ★★

連立方程式をコンピュータで解くときに行列が使われることが多いです。ですから、実用レベルの方はチェックしておいてください。

> **Point**
> ### 連立方程式は行列を使って記述して解くことができる
>
> **行列を使った連立方程式の表記、解法**
>
> 連立方程式は行列を使って、下記のように表現できる。
>
> $$\begin{cases} ax + by = p \\ cx + dy = q \end{cases} \Rightarrow \begin{pmatrix} a & b \\ c & d \end{pmatrix} \begin{pmatrix} x \\ y \end{pmatrix} = \begin{pmatrix} p \\ q \end{pmatrix}$$
>
> このとき $\begin{pmatrix} a & b \\ c & d \end{pmatrix}$ の逆行列が存在すれば、つまり行列式 $ad - bc \neq 0$ ならば
>
> $\begin{pmatrix} x \\ y \end{pmatrix} = \begin{pmatrix} a & b \\ c & d \end{pmatrix}^{-1} \begin{pmatrix} p \\ q \end{pmatrix} = \dfrac{1}{ad-bc} \begin{pmatrix} d & -b \\ -c & a \end{pmatrix} \begin{pmatrix} p \\ q \end{pmatrix}$ と x, y が求められる。
>
> 行列式 $ad - bc = 0$ ならば、方程式は「不定」か「不能」である。

📖 連立方程式は行列でも解ける

　行列は**連立方程式も表現することができます**。これも行列の応用分野になります。二元（変数が2つで式も2つ）の連立方程式は2行2列の行列でPointのように表されます。そして逆行列を使うと機械的に解けます。

　ただ、Pointの例のように変数が2つだと行列を使うメリットは感じないでしょう。それどころか、かえって面倒にさえ思うかもしれません。しかし、数学を応用する際には変数が10個とかそれ以上の連立方程式も普通に出てきます。そのような連立方程式を解くときに、連立方程式を行列で表す方法の効果が出てくるのです。

🖥️Business 掃き出し法による連立方程式の解法

連立方程式を行列で表せば、逆行列を使って機械的に解くことができます。しかし、たくさんの変数を持つ連立方程式は、行列が大きくなります。そして、コンピュータでも大きな行列の逆行列を求めることは簡単でないのです。

そのため、たくさんの変数を持つ連立方程式を解くときには、**掃き出し法**という方法（アルゴリズム）を使います。

それでは下のような四変数の連立方程式を解いてみましょう。

$$\begin{cases} 2a+b-3c-2d=-4 \\ 2a-b-c+3d=1 \\ a-b-2c+2d=-3 \\ -a+b+3c-2d=5 \end{cases}$$

連立方程式を行列化する

$$\begin{pmatrix} 2 & 1 & -3 & -2 \\ 2 & -1 & -1 & 3 \\ 1 & -1 & -2 & 2 \\ -1 & 1 & 3 & -2 \end{pmatrix} \begin{pmatrix} a \\ b \\ c \\ d \end{pmatrix} = \begin{pmatrix} -4 \\ 1 \\ -3 \\ 5 \end{pmatrix}$$

$$\begin{pmatrix} 2 & 1 & -3 & -2 & -4 \\ 2 & -1 & -1 & 3 & 1 \\ 1 & -1 & -2 & 2 & -3 \\ -1 & 1 & 3 & -2 & 5 \end{pmatrix}$$

これを下記の3つの操作で右の形にする
① 行の定倍数
② 行の交換
③ 行を他の行に加える
A、B、C、Dが連立方程式の解

$$\begin{pmatrix} 1 & 0 & 0 & 0 & A \\ 0 & 1 & 0 & 0 & B \\ 0 & 0 & 1 & 0 & C \\ 0 & 0 & 0 & 1 & D \end{pmatrix}$$

まず、連立方程式を行列にして、4行5列の行列を作ります。それを上に示す3つの操作により、右のような行列を作ることがゴールです。

$$\begin{pmatrix} 1 & -1 & -2 & 2 & -3 \\ 2 & 1 & -3 & -2 & -4 \\ 2 & -1 & -1 & 3 & 1 \\ -1 & 1 & 3 & -2 & 5 \end{pmatrix} \begin{matrix} -① \\ -② \\ -③ \\ -④ \end{matrix} \quad \begin{matrix} ① \\ ②+④×2 \\ ③+④×2 \\ ④+① \end{matrix} \begin{pmatrix} 1 & -1 & -2 & 2 & -3 \\ 0 & 3 & 3 & -6 & 6 \\ 0 & 1 & 5 & -1 & 11 \\ 0 & 0 & 1 & 0 & 2 \end{pmatrix}$$

$$\Longrightarrow \begin{pmatrix} 1 & 0 & 0 & 0 & 1 \\ 0 & 1 & 0 & 0 & 2 \\ 0 & 0 & 1 & 0 & 2 \\ 0 & 0 & 0 & 1 & 1 \end{pmatrix} \quad \text{よって} \quad \begin{pmatrix} a \\ b \\ c \\ d \end{pmatrix} = \begin{pmatrix} 1 \\ 2 \\ 2 \\ 1 \end{pmatrix}$$

具体的には上のように3つの操作を行い目的の行列に近づけていきます。最終的に目的の行列が得られて、連立方程式が解けます。実は行っていることは、加減法で方程式を解くこと変わりません。記述の方法の問題です。

04 行列と1次変換

10-5、10-6で紹介した図形の対称、回転を行列で表現したものです。行列のほうが見通し良く表現できることがわかるでしょう。

> **Point**
> **特に回転は行列を使うと簡潔に表現できる**

1次変換

行列を使って、点 (x, y) を点 (x', y') に移すことを、1次変換と呼ぶ。

$$\begin{pmatrix} x' \\ y' \end{pmatrix} = \begin{pmatrix} a & b \\ c & d \end{pmatrix} \begin{pmatrix} x \\ y \end{pmatrix}$$

変換を表す行列 A によって、さまざまな変換を表現できる

● 相似・拡大

$$A = \begin{pmatrix} k & 0 \\ 0 & k \end{pmatrix}$$

● 対称

x軸対称:$A = \begin{pmatrix} 1 & 0 \\ 0 & -1 \end{pmatrix}$　　y軸対称:$A = \begin{pmatrix} -1 & 0 \\ 0 & 1 \end{pmatrix}$

原点対称:$A = \begin{pmatrix} -1 & 0 \\ 0 & -1 \end{pmatrix}$　　$y=x$対称:$A = \begin{pmatrix} 0 & 1 \\ 1 & 0 \end{pmatrix}$

● 回転(原点中心)

$$A = \begin{pmatrix} \cos\theta & -\sin\theta \\ \sin\theta & \cos\theta \end{pmatrix}$$

シンプルに表現できることには価値がある

ここで紹介しているのは、10-5、10-6で紹介した、座標平面上の図形の移動を行列で言い換えたものになります。数学的には等価です。しかし、これらの変換移動は行列を使って表現したほうが、シンプルでわかりやすくなります。

特にプログラミングなどでは、わかりやすいことには価値があります。数学を使う人は、答えが合えば良いというだけでなく、**シンプルさにもこだわりましょう**。それが仕事の質を高めることにもつながります。

平行移動の表現方法

1次変換は行列を使って座標平面上の点の移動を表現することだと述べました。しかし、Pointには平行移動がありません。実は、**2行2列の行列では平面の点の平行移動を表現できない**のです。

しかし、平行移動のような基本的な移動が表現できなければ、行列なんて使えません。そこで、3行3列の行列を使って、平面の移動を表現する方法が使われています。

$$\begin{pmatrix} a & b & 0 \\ c & d & 0 \\ 0 & 0 & 1 \end{pmatrix} \begin{pmatrix} x \\ y \\ 1 \end{pmatrix} = \begin{pmatrix} \boxed{ax+by \\ cx+dy} \\ 1 \end{pmatrix} \quad \begin{pmatrix} 1 & 0 & p \\ 0 & 1 & q \\ 0 & 0 & 1 \end{pmatrix} \begin{pmatrix} x \\ y \\ 1 \end{pmatrix} = \begin{pmatrix} \boxed{x+p \\ y+q} \\ 1 \end{pmatrix}$$

ダミーとして3行3列の行列を使う　　　　(p, q)の平行移動は上のように表される

まずダミーとして上のように3行3列の行列を考えます。3行3列成分だけが1で他の3行、3列成分は0です。すると、計算結果の1行と2行成分だけ取り出せば、2行2列の計算と同じことになります。

平行移動を表すときは、3列目の1行、2行成分に平行移動の量（ここではx方向p、y方向q）を入れます。すると、x, yがそれぞれ$x+q$、$y+q$に変換され平行移動を表現することができるのです。

だから、1次変換の行列を実用するときには平面であれば3行3列、空間であれば4行4列と1つ大きな行列が使われることが一般的です。

05 固有値と固有ベクトル

行列といえば固有値、固有ベクトルというほどよく出てくる概念です。少なくとも意味はわかるようにしておきましょう。

> **Point**
> **固有ベクトルは1次変換で向きが変わらないベクトル**

固有値と固有ベクトルの定義

行列 $A = \begin{pmatrix} a & b \\ c & d \end{pmatrix}$ に対して、$\vec{0}$ でないベクトル $\vec{x} = \begin{pmatrix} x_0 \\ y_0 \end{pmatrix}$ が存在して、ある実数 λ によって、$A\vec{x} = \lambda\vec{x}$ が成り立つとき、

つまり $\begin{pmatrix} a & b \\ c & d \end{pmatrix} \begin{pmatrix} x_0 \\ y_0 \end{pmatrix} = \lambda \begin{pmatrix} x_0 \\ y_0 \end{pmatrix}$ のとき

λ を A の固有値、$\vec{x}$ を A の固有ベクトルという。

行列 A の固有値 λ は次の2次方程式(固有方程式)の解となる

$$\lambda^2 - (a+d)\lambda + (ad-bc) = 0$$

例)

$A = \begin{pmatrix} 3 & 1 \\ 2 & 2 \end{pmatrix}$ の固有値と固有ベクトルを求める。

固有値は $\lambda^2 - (3+2)\lambda + (3 \times 2 - 1 \times 2) = 0$

つまり、$\lambda^2 - 5\lambda + 4 = 0$ の解だから $\lambda = 1, \ 4$

$\lambda = 1$ に対する固有ベクトルを (x_1, y_1) とすると $\begin{pmatrix} 3 & 1 \\ 2 & 2 \end{pmatrix} \begin{pmatrix} x_1 \\ y_1 \end{pmatrix} = \begin{pmatrix} x_1 \\ y_1 \end{pmatrix}$

よって、$2x_1 + y_1 = 0$ を満たすすべての (x_1, y_1)、たとえば $(-1, 2)$ が求める固有ベクトルである。

同様に $\lambda = 4$ の固有ベクトル (x_2, y_2) は、$x_2 - y_2 = 0$ を満たすすべての (x_2, y_2)、たとえば $(1, 1)$ である。

📖 固有値、固有ベクトルを直観的に理解する

固有値、固有ベクトルの数式による定義はPointに示しました。ここでは、座標平面で直観的に説明したいと思います。

固有方程式はλの2次方程式で一般には2つの解を持ちます。ここでは行列Aの固有値をnとm、それぞれの固有ベクトルを$\vec{u}, \vec{v}$としましょう。

すると、右図のように行列Aで示す1次変換が$\vec{u}, \vec{v}$という固有ベクトルに対しては、同一方向にn、m倍されるということを意味します。

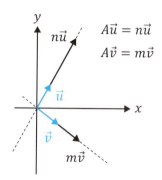

たとえば、原点周りにθ回転させる1次変換は、このようなベクトルがx, y平面上に存在しないことが直観的にわかります。実際に**回転行列の固有方程式は実数解を持たず、xy平面内に固有ベクトルを持ちません**。

このように、固有値、固有ベクトルは単に計算式だけでなく、座標上の1次変換として学んでおくと、イメージがしやすくなるでしょう。

💼Business 行列を対角化する

「行列の固有値、固有ベクトルは何に役に立つか」という問いの答えの1つが、**行列の対角化**です。固有値と固有ベクトルを使うと、行列を右のような対角行列に変換できます。

対角行列は計算がやりやすく、物理に行列を応用したときの見通しも良いです。特に大きい行列ではその効果は高いです。ですから、行列を実用するときには、まず対角化できないかを考えるのです。

$$\begin{pmatrix} 3 & 0 \\ 0 & 2 \end{pmatrix} \begin{pmatrix} 6 & 0 & 0 \\ 0 & 2 & 0 \\ 0 & 0 & 7 \end{pmatrix}$$

$$\begin{pmatrix} 9 & 0 & 0 & 0 \\ 0 & 4 & 0 & 0 \\ 0 & 0 & 1 & 0 \\ 0 & 0 & 0 & 3 \end{pmatrix}$$

対角行列
(n行n列成分以外が0)

3行3列の行列

実用の人は3行3列以上の行列を扱うこともあると思います。大きい行列は要素が多く非常に計算が面倒です。

> **Point**
> 行列は大きくなると急激に計算量が多くなる

3行3列の行列

3行3列の行列はA、Bのように9個の要素から成る。

ABの積は下のように表される。

単位行列Eは対角成分が1の行列となる。

$$A = \begin{pmatrix} a_{11} & a_{12} & a_{13} \\ a_{21} & a_{22} & a_{23} \\ a_{31} & a_{32} & a_{33} \end{pmatrix} \quad B = \begin{pmatrix} b_{11} & b_{12} & b_{13} \\ b_{21} & b_{22} & b_{23} \\ b_{31} & b_{32} & b_{33} \end{pmatrix} \quad E = \begin{pmatrix} 1 & 0 & 0 \\ 0 & 1 & 0 \\ 0 & 0 & 1 \end{pmatrix}$$

$$AB = \begin{pmatrix} a_{11}b_{11}+a_{12}b_{21}+a_{13}b_{31} & a_{11}b_{12}+a_{12}b_{22}+a_{13}b_{32} & a_{11}b_{13}+a_{12}b_{23}+a_{13}b_{33} \\ a_{21}b_{11}+a_{22}b_{21}+a_{23}b_{31} & a_{21}b_{12}+a_{22}b_{22}+a_{23}b_{32} & a_{21}b_{13}+a_{22}b_{23}+a_{23}b_{33} \\ a_{31}b_{11}+a_{32}b_{21}+a_{33}b_{31} & a_{31}b_{12}+a_{32}b_{22}+a_{33}b_{32} & a_{31}b_{13}+a_{32}b_{23}+a_{33}b_{33} \end{pmatrix}$$

行列Aの行列式$\det A$は下記で表される。

$$\det A = a_{11}a_{22}a_{33} + a_{12}a_{23}a_{31} + a_{13}a_{21}a_{32} - a_{13}a_{22}a_{31} - a_{11}a_{23}a_{32} - a_{12}a_{21}a_{33}$$

逆行列A^{-1}は下記で表される。

$$A^{-1} = \frac{1}{\det A} \begin{pmatrix} a_{22}a_{33}-a_{23}a_{32} & -a_{12}a_{33}+a_{13}a_{32} & a_{12}a_{23}-a_{13}a_{22} \\ -a_{21}a_{33}+a_{23}a_{31} & a_{11}a_{33}-a_{13}a_{31} & -a_{11}a_{23}+a_{13}a_{21} \\ a_{21}a_{32}-a_{22}a_{31} & -a_{11}a_{32}+a_{12}a_{31} & a_{11}a_{22}-a_{12}a_{21} \end{pmatrix}$$

固有値は下記の方程式を解いて得られる。

$$\det(\lambda E - A) = 0$$

📖 行列は大きくなると計算が複雑になる

本章の冒頭で行列はベクトルの演算という話をしました。今まで紹介してきた2行2列の行列は二次元ベクトルの演算になります。これが三次元ベクトルになると3行3列の行列が必要になります。

しかし、見ていただければわかるのですが、3行3列になると要素が9個になるので**急激に計算が面倒**になります。さらに**行列が大きくなるとどんなに大変になるかわかる**ことでしょう。

これは手計算だとかなり大変で、実際はコンピュータに任せることになります。とはいえ、プログラムを書く人であれば、計算式を理解しておく必要はありますので、1回は式をたどってみましょう。

📊Business 掃き出し法で逆行列を求める

大きな行列の逆行列を求めるとき、コンピュータを使うことになります。そのときは掃き出し法というアルゴリズムを使って逆行列を求めます。

これは下に示すようにAとEを横に並べた行列を作ります。そしてその行列に3つの基本操作（ある行を定数倍する、ある行とある行を交換する、ある行を定数倍して別の行に加える）を行って、単位行列を左半分に持っていきます。すると右半分の行列が逆行列となるのです。

この方法は任意のn行n列行列に適用可能な便利な方法です。

$$A = \begin{pmatrix} 1 & 1 & -1 \\ -2 & -1 & 1 \\ -1 & -2 & 1 \end{pmatrix} \quad E = \begin{pmatrix} 1 & 0 & 0 \\ 0 & 1 & 0 \\ 0 & 0 & 1 \end{pmatrix} \Rightarrow \begin{pmatrix} 1 & 1 & -1 & 1 & 0 & 0 \\ -2 & -1 & 1 & 0 & 1 & 0 \\ -1 & -2 & 1 & 0 & 0 & 1 \end{pmatrix}$$

$$\begin{pmatrix} 1 & 1 & -1 & 1 & 0 & 0 \\ -2 & -1 & 1 & 0 & 1 & 0 \\ -1 & -2 & 1 & 0 & 0 & 1 \end{pmatrix} \begin{matrix} ① \\ ② \\ ③ \end{matrix} \Rightarrow \begin{pmatrix} 1 & 1 & -1 & 1 & 0 & 0 \\ 0 & 1 & -1 & 2 & 1 & 0 \\ 0 & -1 & 0 & 1 & 0 & 1 \end{pmatrix} \begin{matrix} ① \\ ②+①×2 \\ ③+① \end{matrix}$$

$$\Rightarrow \Rightarrow \Rightarrow \begin{pmatrix} 1 & 0 & 0 & -1 & -1 & 0 \\ 0 & 1 & 0 & -1 & 0 & -1 \\ 0 & 0 & 1 & -3 & -1 & -1 \end{pmatrix} \quad A^{-1} = \begin{pmatrix} -1 & -1 & 0 \\ -1 & 0 & -1 \\ -3 & -1 & -1 \end{pmatrix}$$

Column
高校数学で行列を教えるべきか？

　本章のIntroductionでも書きましたが、行列は高校数学の課程に入ったり出たりしている分野です。つまり広く一般に知られる分野であるか、限られた人だけが大学で学べば良いのか、教育の専門家が答えを出しあぐねている分野だということです。

　私は高校で行列を学びましたが、大学で学ぶ線形代数と比べると、高校で習う行列は初歩の初歩です。だから、「いっそのこと高校では教えずに、大学の課程にしよう」という考えはある程度、理にかなっているとも思えます。
　しかし、私は少なくとも理系の学生に対しては、行列は高校で教えたほうが良いと考えています。それは主に次の2つの理由によります。

① 行列の計算は特殊なので、受験勉強を通じて慣れると良い
　逆行列の計算など、行列の計算は複雑です。高校で2×2の行列の扱いを十分練習しておかないと、大学での線形代数の学習がスムーズに進まないような気がします。高校課程に行列が入ると、大学入試に出るわけですから、入試を通じて十分練習ができます。

② 行列は交換法則が成り立たない
　行列は一般に交換法則が成り立ちません。つまり、$AB \neq BA$です。こんな数は高校では行列しか登場しません。交換法則が成り立たない世界があるということを、高校生のうちに知っておくことは一定の意味があるのではないかと思います。

　というわけで、私は高校課程に行列が復活することを望む一人です。しかし、復活させるためには代わりにどこかの項目を削らないといけないので、まったく悩ましいところです。

Chapter 13

複素数

> 虚か実かを決めるのは人間である

　複素数（虚数）は2次方程式のところで最初に紹介しました。そのときに「方程式の解が虚数になることは、その方程式は解けないことを意味する。だから、得られた虚数解には意味がない」という話をしました。

　これを読んで「虚数は嘘の数字で意味がない」と思われた方もいるでしょう。しかし、それは正しくありません。特に研究機関や企業で数学を使う人たちにとって、複素数は世界を広げてくれる便利なツールです。

　実際、私は半導体素子のモデリングという仕事をしています。その仕事の中では日常的に複素数が出てきて、これなしでは仕事が成り立たないほどです。嘘のはずの数が実学で役に立つとはどういうことなのでしょうか。

　これは数字に何を当てはめるか、という問題になります。たとえば、「5」という数字だけを見せられても、誰にも意味はわかりません。それが5人の人間なのか、5リットルの水なのか、5kmの距離なのかは不明です。数字を使うときには、「5」という数字に**人間がどのような意味を与えるのか**、ということが重要なのです。

　私は波の表現に複素数を使います。そのとき、複素数の大きさには「振幅」、偏角には「位相（角度）」という明確な実体を与えています。だから、複素数を便利に使うことができるわけです。

　一方、2次方程式で得られる虚数解には実体が与えられていません。これは、「時間内にどれだけの作業ができるか」という問題に対して、「タイムマシンを使います」といっているようなものです。この場合の虚数は意味のある答えではありません。

　"$i^2 = -1$" というのは、ただの数学のルールにすぎません。そこに魂を入れるのは、それを使う人間の意思なのです。

> なぜ、わざわざ複素数平面を使うのか？

　これから複素数平面を学ぶわけですが、実は同じことはベクトルと行列でもできてしまいます。それなのに、なぜ複素数平面を使うのか、その理由を説明しておきます。

　それは、ベクトルと行列よりも**「回転」を簡潔に表現できるから**です。たとえば、複素平面上である複素数に"i"を掛けることは、平面上で90°回転させることに相当します。これは回転行列とベクトルを使うよりはるかに計算が簡単で済みます。したがって、3D動画などには複素数（この場合は四元数）が使われています。

教養として学ぶには

　"$i^2 = -1$"より一歩進んだ知識を身につけましょう。複素数でベクトルと同じように平面を扱えることを知りましょう。さらにオイラーの公式はとても有名なので、教養として知っておきたいところです。

仕事で使う人にとっては

　本書で紹介する程度のことは基礎知識として確実に身につけておく必要があります。また、計算やプログラミングで複素数を使うときには、その定義に気をつけましょう。ソフトやプログラミング言語によって、関数の使い方などが違う場合もあります。

受験生にとっては

　公式を丸覚えして、単独で対応することもできるでしょう。しかし、ベクトルや平面図形などと絡ませて勉強することにより、相互の理解が深まります。少し遠回りに見えても、関連分野との関係を意識しながら勉強してください。

教養 ★★★★　　実用 ★★★★★　　受験 ★★★★★

01 複素数の基礎

複素数の定義です。難しくありませんが、絶対値の定義には気をつけましょう。単に2乗して平方根を取るのではありません。

> **Point**
> **複素数の計算では i を文字式のように扱える**
>
> **虚数単位**
>
> $i^2 = -1$ を満たす i を $i = \sqrt{-1}$ とする。
> このとき、i を虚数単位という（電気分野では j になることもある）。
>
> **複素数**
>
> 2つの実数 a、b を用いて $a + bi$ の形で表される数を複素数と呼ぶ。
> このとき、a を実部、b を虚部という。
> 複素数は i を文字式のように扱って計算できる（2-5参照）。
> ただし、i^2 は -1 に置き換える。
>
> **共役複素数・複素数の絶対値**
>
> 複素数 $z = a + bi$ に対して、虚部の符号を変えた数 $\bar{z} = a - bi$ を共役複素数といい "$\bar{z}$" と書く。また、$\sqrt{a^2 + b^2}$ を z の絶対値と呼び "$|z|$" と書く。絶対値は "$\sqrt{z\bar{z}}$" とも書ける。

📖 複素数は絶対値に注意

複素数の計算は $i^2 = -1$ というルールのある文字式の計算と考えて良いです。簡単ですね。しかし、共役複素数という言葉と絶対値の定義には気をつけてください。

複素数は右図のように実軸と虚軸の

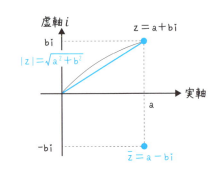

平面（複素数平面）上で図示されます。そのように見ると、**絶対値は原点から z までの距離、共役複素数は z の実軸対称の点**、ということになります。

🖥️Business 反射係数を複素数で表す

光や交流電圧などの波が、違う物質に入るときに界面で反射が起こります。たとえば、光がガラスに入るときに、一定量は反射して逆方向に進み、一定量はそのままガラスの中に入っていきます。当然、入射波と反射波の振幅は異なります（透過分があるので、反射波は入射波より小さくなる）。

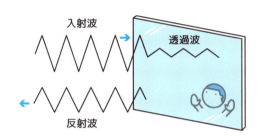

ここで、波の反射の情報を表すために、振幅の情報だけでは十分ではありません。**位相**というものを考えないといけません。

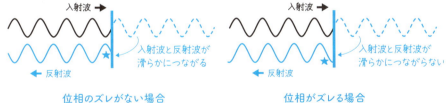

位相は周期的に変動する波が、周期変動のどこにいるかを表す数字です。上図の★の部分に注目してください。反射するときに位相のズレがない場合は、反射波と入射波が連続的につながります。しかし、位相がズレる場合は、入射波と反射波にギャップがあり、連続的につながりません。これが位相のズレです。

一般的には波の反射には位相のズレがあります。反射の現象を表す「**反射係数**」には振幅と位相、2つの情報を扱うために、複素数が使われています。

02 複素数平面と極形式

複素数平面は極形式で表現したときに興味深い結果が得られます。複素平面上での複素数と回転の関係を理解してください。

> **Point**
>
> i を掛けると、複素平面上で90°回転する

複素数平面と極形式

複素数 $z = a + bi$ が複素数平面に対応する点をAとする。

$|z| = r = \sqrt{a^2 + b^2}$、OAと実軸の正の部分を成す角を θ とすると、

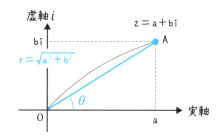

$z = a + bi = r(\cos\theta + i\sin\theta)$ と書ける。

このとき、θ を偏角と呼び、複素数 z の偏角を $\arg(z)$ と書く。

つまり、$\arg(z) = \theta$ である。

極形式の掛け算と割り算

2つの複素数 z_1 と z_2 が極形式が下のように与えられている。

$z_1 = r_1(\cos\theta_1 + i\sin\theta_1)$、$z_2 = r_2(\cos\theta_2 + i\sin\theta_2)$

このとき、z_1 と z_2 の積と商は下のようになる。

$z_1 z_2 = r_1 r_2 \{\cos(\theta_1 + \theta_2) + i\sin(\theta_1 + \theta_2)\}$

$\dfrac{z_1}{z_2} = \dfrac{r_1}{r_2} \{\cos(\theta_1 - \theta_2) + i\sin(\theta_1 - \theta_2)\}$

ド・モアブルの定理

$z = (\cos\theta + i\sin\theta)$ のべき乗 z^n について下式が成り立つ。

$z^n = (\cos\theta + i\sin\theta)^n = \cos n\theta + i\sin n\theta$

📖 複素数は回転と相性が良い

複素数平面が使われる背景は、「**回転が表現しやすいから**」ということになります。本節では、複素数と回転の相性の良さを感じてもらえればと思います。

極形式は10-8で説明した「極座標」と同じ考え方です。つまり、$z = a + bi$という直交座標のような考え方でなく、**原点からの距離と実軸の正の方向が作る角度で複素数を表す**ということです。

このときに複素数z_1とz_2の乗算と除算に興味深い性質があります。図で示すと下のようになります。乗算の絶対値はz_1とz_2の絶対値を掛けたものになり、偏角はz_1とz_2の偏角を足したものになります。一方、除算の絶対値はz_1の絶対値をz_2の絶対値で割ったものになり、偏角はz_1の偏角からz_2の偏角を引いたものになります。

たとえば、絶対値が4で偏角$60°$のz_1を、絶対値が2で偏角$30°$のz_2で割ると、絶対値が2で偏角$30°$と簡単に求められるわけです。

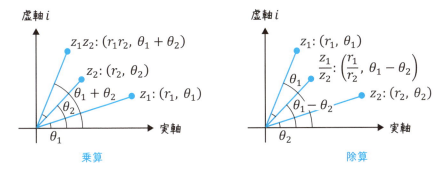

乗算 　　　　　　　　　　　　　　　除算

極形式を学ぶとiを掛けることは$90°$回転、-1を掛けることは$180°$回転という意味もよくわかります。極形式の式において$r = 1$、$\theta = 90°$とすると$z = i$になりますし、$r = 1$、$\theta = 180°$とすると$z = -1$になります。また、ド・モアブルの定理は絶対値が1で偏角がθの複素数zに対して、n乗すると偏角が$n\theta$になるという、極形式の乗算の方法から簡単に導かれる結果です。

複素数平面を使うと行列よりも回転がすっきり表現できて、計算も簡単になるということが理解できたでしょうか。

03 オイラーの公式

教養 ★★★★　実用 ★★★★★　受験 ★★★★★

とても有名な公式なので、教養の人も覚えておきましょう。世界で一番美しい等式とも呼ばれています。

> **Point**
> **オイラーの公式は指数関数を使って三角関数を表す**
>
> **オイラーの公式**
>
> i を虚数単位、e はネイピア数とすると下式が成り立つ。
> $$e^{ix} = \cos x + i \sin x$$
> 上式で特に $x = \pi$ とすると、下式が得られる。
> $$e^{i\pi} + 1 = 0$$

指数関数と三角関数をつなぐ式

　オイラーの公式は三角関数と指数関数をつなぐ式として知られています。また、この公式で $x = \pi$ とした式「$e^{i\pi} + 1 = 0$」は世界で最も美しい等式とも呼ばれています。

　ただ、この公式だけ与えられても、使いづらいでしょうから、1つ証明を紹介します。証明方法はたくさんありますが、ここでは直観的につかみやすいマクローリン展開を使った方法を紹介します。

　まず、e^x、$\cos x$、$\sin x$ をマクローリン展開します。

$$e^x = \sum_{k=0}^{\infty} \frac{x^k}{k!} = 1 + x + \frac{x^2}{2!} + \frac{x^3}{3!} + \frac{x^4}{4!} - \cdots\cdots$$

$$\cos x = \sum_{k=0}^{\infty} (-1)^k \frac{x^{2k}}{(2k)!} = 1 - \frac{x^2}{2!} + \frac{x^4}{4!} - \frac{x^6}{6!} + \cdots\cdots$$

$$\sin x = \sum_{k=0}^{\infty} (-1)^k \frac{x^{2k+1}}{(2k+1)!} = x - \frac{x^3}{3!} + \frac{x^5}{5!} - \frac{x^7}{7!} + \cdots\cdots$$

ここで e^x の x を ix に置き換えると、$i^2 = -1$ となるので、

$$e^{ix} = 1 + ix - \frac{x^2}{2!} - \frac{ix^3}{3!} + \frac{x^4}{4!} + \cdots\cdots$$

$$= \left(1 - \frac{x^2}{2!} + \frac{x^4}{4!} - \cdots\cdots\right) + i\left(x - \frac{x^3}{3!} + \frac{x^5}{5!} - \cdots\cdots\right)$$

$$= \cos x + i \sin x$$

以上から、確かにオイラーの公式は成り立つことがわかります。

🖥️ Business 交流回路の複素数表示

オイラーの公式は指数関数と三角関数をつなぐ式と説明しました。三角関数は波を表現するために使われますが、計算が面倒です。だから、オイラーの公式を使って、三角関数を指数関数で表すのです。

最も良い例が**交流**です。交流とは家庭のコンセントの電気で、プラスとマイナスが周期的に入れ替わります。その電流は $I = I_0 \sin \omega t$ と三角関数で表されます。

RC直列回路を例にとって、三角関数のまま扱う場合と複素数の指数関数で扱ったときの例を下に示します。

電流 I を $\sin$ の式で表した場合、電圧 V は三角関数で表すと $\sin$ と $\cos$ が入り込んだ形となり、三角関数の合成公式で解析しないといけません。また、インピーダンス Z は絶対値と偏角を別々に計算しなくてはいけません。一方、複素数表示では $e^{i\theta}$ を微分や積分しても形が変わらないため扱いが簡単です。また、Z を複素数で扱うと大きさと角度の情報を両方含んでいるので、三角関数よりもはるかにシンプルです。

このようにオイラーの公式は波の扱いをラクにしてくれるのです。

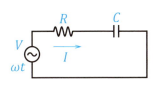

RC直列回路

$I = I_0 \sin \omega t$
$V = RI_0 \sin \omega t - \frac{1}{\omega C} I_0 \cos \omega t$
$Z: |Z| = \sqrt{R^2 + \left(\frac{1}{\omega C}\right)^2}$
$\theta = \tan^{-1}\left(\frac{-1}{\omega CR}\right)$

三角関数表示

$I = I_0 e^{i\theta_0}$
$V = \left(R + \frac{1}{i\omega C}\right) I_0 e^{i\theta_0}$
$Z = R + \frac{1}{i\omega C}$

複素数表示

04 フーリエ変換

さまざまな分野で登場するので実用の人には重要な項目です。教養の人もフーリエ変換が周波数領域への変換であることは知っておきましょう。

> **Point**
> **フーリエ級数とフーリエ変換の本質は同じ**
>
> **フーリエ変換**
>
> 関数$f(t)$に対して、下式で$F(\omega)$を求めることをフーリエ変換という。
>
> $$F(\omega) = \int_{-\infty}^{\infty} f(t)\, e^{-i\omega t}\, dt$$
>
> 関数$F(\omega)$を下式で$f(t)$に戻すことを逆フーリエ変換という。
>
> $$f(t) = \frac{1}{2\pi} \int_{-\infty}^{\infty} F(t)\, e^{i\omega t}\, d\omega$$
>
> **関数の内積**
>
> 関数$f(x)$、$g(x)$について下記で計算される$f(x) \cdot g(x)$を内積という。
>
> $$f(x) \cdot g(x) = <f(x),\ g(x)> = \int_{-\infty}^{\infty} f(x)g(x)\, dx$$
>
> 特に$f(x)$と$g(x)$の内積が0のとき、$f(x)$と$g(x)$は直交しているという。
>
> 例) $f(x) = \sin x$と$g(x) = \sin 2x$は直交している。
> 一般に、$f(x) = \sin nx$と$g(x) = \sin mx$ (n、mは整数で$n \neq m$) は直交している。

📖 フーリエ変換の意味

フーリエ変換の意味は、基本的に4-6で紹介したフーリエ級数と同じです。つまり、音や光などの波を周波数に分解して解析するために使います。

フーリエ級数では関数をサインとコサインの和で表して、それぞれの係数a_nとb_nを求めました。フーリエ変換ではある関数$f(t)$を$F(\omega)$に変換します。この$F(\omega)$はフーリエ級数のa_nとb_nに相当する関数です。

つまり、フーリエ級数とフーリエ変換が目的とすることは同じで、**ある波（関数）を周波数の関数とする**ことです。そして、周波数の関数$F(\omega)$を元の関数$f(t)$に戻す式が、逆フーリエ変換となっています。

それではなぜ、複素関数を使ったり、∞（無限大）までの積分を使ったり、難しく見えるフーリエ変換という概念を導入するのでしょうか。理由は大きく2つあります。

1つ目は**計算が簡単になる**ということです。三角関数の微積分は面倒ですが、オイラーの式を使って指数関数にすると計算がラクになります。さらに、三角関数のまま（フーリエ級数）だとa_n、b_nの2つの数を別々に求める必要がありますが、複素数（フーリエ変換）にすると$F(\omega)$という関数1つで表現することができます。

2つ目は周期関数以外、つまり**波でない関数にも適用できるようにした**、ということです。フーリエ級数は「波」の関数を三角関数に分解するもので、波以外の関数に適用することはできませんでした。しかし、フーリエ変換では波ではない関数も「周期が無限大の波」とみなして、周波数領域に変換できます。この無限大が、フーリエ変換の式で積分範囲が±∞になっていることに対応しています。

📖 関数の直交・内積とは？

フーリエ変換の式には、関数の直交や内積という重要な概念を含んでいます。ここで、それらについて説明します。

Pointのように、関数$f(x)$と$g(x)$の内積は$f(x)$と$g(x)$の積を積分した式で定義されます。すると、$\cos nx$と$\cos mx$ $(n \neq m)$、$\sin x$と$\cos x$などは内積が0となり直交していることがわかります。

このように考えるとフーリエ変換をベクトルのように考えることができます。下式でベクトル$\vec{a}$は$\vec{e_x}$, $\vec{e_y}$, $\vec{e_z}$の互いに垂直なベクトルの結合として表され、係数は$\vec{a}$と$\vec{e_x}$, $\vec{e_y}$, $\vec{e_z}$の内積となります。

一方、関数（フーリエ変換）の場合も$\sin x$、$\sin 2x$、$\sin 3x$、……と互いに直交する関数の和で表され、係数は$f(x)$と$\sin x$、$\sin 2x$、$\sin 3x$、……の内積となります。関数の場合は直交する三角関数は無限に存在します。

$$\begin{pmatrix}2\\3\\4\end{pmatrix} = 2\begin{pmatrix}1\\0\\0\end{pmatrix} + 3\begin{pmatrix}0\\1\\0\end{pmatrix} + 4\begin{pmatrix}0\\0\\1\end{pmatrix}$$

係数は $\vec{a}\cdot\vec{e_x}$, $\vec{a}\cdot\vec{e_y}$, $\vec{a}\cdot\vec{e_z}$

ベクトルの場合

$$f(x) = A\sin x + B\sin 2x + C\sin 3x + \cdots$$

係数は $<f(x), \sin x>$, $<f(x), \sin 2x>$, $<f(x), \sin 3x>$

関数（フーリエ級数）の場合

🖥 Business　無線通信技術とフーリエ変換

フーリエ変換の技術は世の中で幅広く使われています。ここでは携帯電話や無線LANなど無線通信技術への応用を紹介します。

送信部と受信部を図にしました。無線機器は受け取ったデータを送信するために、「01」のようなデジタルデータを逆フーリエ変換して波の情報にします。そして、それを電波にして送信します。

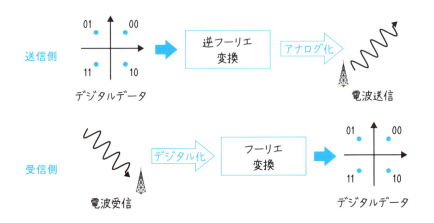

受信機側では逆のことを行います。電波を受信したのちに、その情報をフーリエ変換して、周波数領域の情報にします。この情報に送信したいデジタルデータが含まれています。

ここで行うフーリエ変換は、**高速フーリエ変換**（FFT）と呼ばれる方法です。本節で紹介した式をそのまま計算していては、時間がかかりすぎて高速な通信が行えません。しかし、数学の技術が発展して、高速フーリエ変換のアルゴリズムが開発されました。そして、今のようにスマートフォンで高速な通信を行うことができるようになったのです。

無線通信でもうひとつ**OFDM（直交周波数分割多重）**という技術を紹介します。これは「直交」という名前がつくように、本節で紹介した関数の直交の技術を利用した通信方法です。

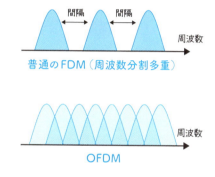

世の中にはたくさんの無線が飛んでいます。ですから、自分が使う周波数の範囲を決めて電波を使います。これをFDM（周波数分割多重）といいます。

このとき、図に示すように普通の周波数分割多重技術では、使っている周波数同士にある程度の間隔が必要です。そうでないと他の人の電波と干渉して問題が生じるからです。

しかし、OFDMの技術ではこの間隔を空けません。一部周波数をオーバーラップさせてデータを送受信します。このままでは干渉が生じてしまいますが、OFDMは直交した関数を使うことにより干渉の問題を解決しています。たとえば、$\sin x$と$\sin 2x$という関数は直交しているので、2つの関数に入れたデータが混ざっていても、きれいに分離することができます。このOFDMの技術により電波の周波数利用効率を高め、ノイズなどの耐性も強く、高速な通信を実現できるようになりました。

今では多くの人にとって、スマートフォンは必需品でしょう。その土台となる技術が三角関数や複素関数の力に支えられているのです。

05 四元数（クォータニオン）

本当に必要な人はCGのエンジニアなどごく一部です。しかし、複素数のより深い理解につながるので、存在くらいは知っておきましょう。

> **Point**
> **複素数は二元だけでなく、四元でも定義できる**

四元数（クォータニオン）の定義

i、j、kを異なる3つの虚数単位とすると四元数qは$q = a + bi + cj + dk$と表される。

このとき、虚数単位i、j、kは下記を満たす。
$$i^2 = j^2 = k^2 = ijk = -1$$
$$ij = -ji = k \quad jk = -kj = i \quad ki = -ik = j$$
（つまり四元数の積は交換法則が成立しない）

共役四元数、四元数の絶対値、四元数の逆数

qの共役四元数$\bar{q}$は$\bar{q} = q = a - bi - cj - dk$と定義する。
qの絶対値を$|q| = \sqrt{a^2 + b^2 + c^2 + d^2}$と定義する。
また、$|q|^2 = q\bar{q}$とも書ける。
qの逆数q^{-1}を$q^{-1} = \dfrac{\bar{q}}{|q|^2}$と定義する。
このとき、$qq^{-1} = 1$となる。

四元数を用いた三次元座標の回転

① 三次元座標(x, y, z)を四元数$p = xi + yj + zk$と置く
② 回転軸$r(r_x, r_y, r_z)$に対して（$|r| = 1$）
　角度θ回転する四元数qを下式により計算する。
$$q = \cos\frac{\theta}{2} + ir_x \sin\frac{\theta}{2} + jr_y \sin\frac{\theta}{2} + kr_z \sin\frac{\theta}{2}$$
③ 回転後の座標を表す四元数$p' = qp\bar{q}$を計算する
④ $p' = x'i + y'j + z'k$から、回転後の三次元座標(x', y', z')に変換する

📖 四元数で複素数の理解を深める

四元数はかなり専門的な項目です。これをあえて紹介した理由は、四元数により通常の複素数の理解が深まると考えているからです。

複素数はベクトルのように複数の数字(実部と虚部)を1つの数字の中に入れたものです。そうすると、ベクトルが二次元、三次元と広がっていくように、複素数ももっとたくさんの数字が入ったものに発展していくのではないかと考えるのが自然です。ここで紹介する四元数はその答えとなるものです。そして、八元数、十六元数と数学の学問として複素数はさらに発展していきます。

複素数と比べると四元数は**交換法則が崩れている**のが特徴です。つまり、$q_1 q_2$ と $q_2 q_1$ は一般に等しくありません。一方、絶対値や共役複素数、逆数の定義などは二元の複素数と同様であることがわかります。

なお、普通の複素数を二元数とすると、この四元数との間「三元数」なるものは存在しないのか、と疑問を持つ方がいるでしょう。結論からいうと**三元数は存在しません**。理由は矛盾を起こさない数学の理論体系が作れないからです。数学にはどうにもならないこともあるのです。

🖥️Business CGやロケットの回転

四元数(クォータニオン)はその低い知名度のわりには、技術分野で広く使われています。その理由は、**回転を簡単に計算できる**、というところにあります。簡単ということは「速い」ということですから、3Dのグラフィックの高速化に役立っているのです。ゲームやVR(Virtual Reality)、映画など、世の中は3D動画にあふれています。特に、ゲームが好きな人は四元数のお世話になっていることでしょう。

また、ロケットや衛星の制御にも四元数が使われています。ロケットの打ち上げ時には、姿勢の制御が重要になってきます。その制御を高速化するためには四元数が必要になるのです。

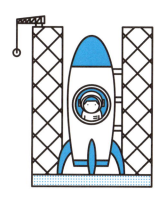

虚数の時間とは何か？

「車いすの物理学者」として有名なホーキング博士は2018年に亡くなりました。ALS（筋萎縮性側索硬化症）という難病を発病しながら70年以上の生涯を生き、偉大な成果を残した博士の人生は多くの人に勇気を与えることでしょう。

さて、ホーキング博士の成果の中に、宇宙の誕生に関する理論があります。なんと、「宇宙は虚数の時間から生まれた」と主張しているのです。

こんなものをイメージできる人はいないでしょう。しかし、この理論は何らかの物理的実体の存在を示唆しているのです。

「2乗すると－1になる時間って何だ？」とか「虚数は嘘だから、存在しないものなのだ」と考えるのは間違いです。それではこの虚数の時間というものをどう解釈すれば良いのでしょうか。

それが「次元の増加」だと考えています。本章で複素数を使って二次元の平面や三次元の空間を表現できることを学びました。ここから推測すると、虚数時間とは時間が一次元ではなく、二次元となる世界が存在していると解釈するのが正しいと考えられます。

もちろん、私たちの世界の時間は過去から未来に流れる一方通行で、完全な一次元です。しかし、どうやら宇宙の誕生時には、時間に今とは異なる次元があったようなのです。

こんな世界は人間の想像を超えており、まさに神のみぞ知るところ、という表現が正しいでしょう。しかし、そんなものでさえ数学を使うと記述できるのです。数学の無限のパワーを感じないでしょうか。

Chapter 14

確率

確率は日本語の理解がポイント

確率は数学の中でも独特の分野といわれています。数学の他の単元は得意なのに確率だけ苦手な学生がいたり、逆に他の単元は苦手でも確率だけは得意な学生がいたりします。

その大きな理由のひとつが、**日本語の理解がポイントになる**、ということが挙げられると考えています。たとえば、「または」と「かつ」と「〜のとき（条件）」はもちろん、「同様に確からしい」「排反」「独立」など、独特な確率の用語も適切に扱わないと問題を解決することができません。

数式はどんな書き方をしても数学的に厳密になるものですが、日本語はそうではありません。確率の単元では、数式に加えて言葉の解釈に気をつけるようにしてください。

また、確率は「数える」必要があります。つまり、ある程度機械的に解ける計算問題に比べて、数え間違いやうっかりミスが起こりやすいわけです。検算も難しいため、特に受験生は注意が必要です。

現実の確率と数学の確率

学校で学ぶ確率はサイコロだとか、コインだとか、くじ引きだとかギャンブルのような項目ばかりが並んでいます。一方、ビジネスや技術開発で数学を使う人にとっては、どうやったらお金が儲かるだとか、どうやったら不良率を下げられるとか、もっと実用的な問題に適用したいと思うところでしょう。しかし、それは簡単なことではありません。

なぜなら、実際の問題は数学の理論の前提がきれいに成り立たないからです。サイコロやコインなどは、確率の前提がきれいで、本章で紹介するように数学的に確率を求めることができます。これを**数学的確率**と呼びます。

一方、現実の問題で「同様に確からしい」とか「独立」が成り立っているの

かどうか検証することは容易ではありません。というより、多くの場合は成り立っていないでしょう。数学の問題でよく使われるじゃんけんにしても、実際には「あの人はよくグーを出す」とか「チョキが続いたから今度はパーかな」など、「同様に確からしい」が成り立ちません。だから、現実世界の確率はデータを積み上げて解析するしかありません。これを**統計的確率**と呼びます。

ただし、統計的確率だけでは未来への応用には不十分です。統計的確率を解析して、役に立つ結論を得るためには、数学的確率の理解が必要不可欠なのです。

教養として学ぶには

計算はできなくても良いですが、基礎的な用語の意味を確実に押さえておきましょう。たとえば、「順列」「組合せ」「確率」「同様に確からしい」「排反」「独立」「条件付き確率」などは学んでおきたいです。

仕事で使う人にとっては

確率を直接使うことは少ないかもしれません。しかし、この後の統計は確率の基礎知識なしには理解できないです。統計の基礎として、確率をしっかり学びましょう。条件付き確率はベイズ統計学の基礎となるので、データを扱う人は重点的に勉強しておきましょう。

受験生にとっては

見落としやうっかりミスが多い単元です。しっかり演習して、パターンを整理しておきましょう。好き嫌いの大きい単元ですが、いったん得意になれば確実な得点源になってくれます。

01 場合の数

教養 ★★★　実用 ★★★★★　受験 ★★★★★

受験生、実用者はしっかり計算できるようになる必要があります。ミスしないように「漏れなく、ダブりなく」数えましょう。

> **Point**
> まずは樹形図を使って書き出してみる

場合の数

● **和の法則**

2つの事象A、Bが同時に起こらなくて、それぞれa、b通りなら、AまたはBが起こる場合の数は$a+b$通りである。

例) 52枚のトランプから1枚を取り出すとき、5または6である場合の数
→トランプが5であることと6であることは同時に起きないから
$4+4=8$（通り）となる。

● **積の法則**

ある事象Aがn通り、事象Bがm通り起こるなら、Aに続いてBが起こる場合の数は$n \times m$通りである。

例) 2つのサイコロを振るとき、出目の和が偶数になる場合の数
→最初のサイコロの出目は6通り。それが偶数であっても奇数であっても、和が偶数になる次のサイコロの出目は3通りである。
よって、$6 \times 3 = 18$（通り）となる。

樹形図

物事を順番に書き出すことによって数える、場合の数の数え方のテクニック。

例) A、B、Cという3枚のカードを1枚ずつ引くときに、起こりえる場合の数
右の樹形図より、6（通り）であることがわかる。

$A \begin{cases} B - C \\ C - B \end{cases}$
$B \begin{cases} A - C \\ C - A \end{cases}$
$C \begin{cases} A - B \\ B - A \end{cases}$

📖 場合の数は漏れなく、ダブりなく

最初に取り上げるのは「**場合の数**」です。後でもう一度説明しますが、確率は場合の数の比になります。ですから、確率を議論する前に、正確に数え上げることが大事なのです。数えるときのポイントは「**漏れなく、ダブりなく**」です。正確に数えられるように練習しておきましょう。

漏れなく、ダブりなく数えるために効果的なテクニックが**樹形図**です。これは場合分けをしながら、すべての場合を書き出していく方法です。辞書配列など、1つのルールに従って書き出すと正確に書き出すことができます。実際は数が多すぎて書き出せない場合も多いですが、一部だけでも樹形図で書き出してみると、問題を整理することができるでしょう。

📖 足すのか？　掛けるのか？

和の法則と積の法則は場合の数を数えるときに足すのか、掛けるのかという問題になります。たとえば、男子5人と女子4人のグループがあったとします。ここで2人の委員を選ぶことを考えます。ここで2つの場合について考えてみましょう。

まず、同性のペアのほうが仕事を進めやすいので、男子同士のペアまたは女子同士のペアを選ぶ場合です。このとき、男子から2人を選ぶ組合せは10通り、女子から2人を選ぶ組合せは6通りあります。ここで、「または」ですから選ばれた人が男子でも女子でもある、ということはあり得ません。だから、$10 + 6 = 16$（通り）と和の法則で求められます。

一方、男女から1人ずつ選ぶ場合を考えます。この場合、男子は5通り、女子は4通りあります。これらは同時に選ぶ組合せ、つまり男子1人かつ女子1人という条件になります。ですから、$5 \times 4 = 20$（通り）と積の法則で求められるわけです。

「**または**」か「**かつ**」か。場合の数で足すのか、掛けるのかに迷ったら、この原則に戻ってみてください。

02 順列の公式

内容は簡単ですが、組合せ公式や重複を許す順列と混同しやすいです。この公式を使う条件をしっかり確認しておきましょう。

> **Point**
>
> **順序をつけて、重複を許さないときは順列公式を使う**
>
> **順列の定義と公式**
>
> 異なる n 個のものから r 個を取り出して並べた順列の総数を $_nP_r$ で表し、下記で定義する。
>
> $$_nP_r = n(n-1)(n-2)\cdots(n-r+1) = \frac{n!}{(n-r)!}$$
>
> **階乗**
>
> 正の整数 n に対して 1 から n までの積を $n!$ で表す。
> つまり、$n! = \prod_{k=1}^{n} k = n(n-1)(n-2)\cdots 2 \cdot 1$ である。
>
> 特に、$0! = 1$ と定義する。
>
> 例) $5! = 1 \times 2 \times 3 \times 4 \times 5 = 120$
>
> $_5P_2 = \dfrac{5!}{3!} = \dfrac{120}{6} = 20$

📖 順序をつけるときには順列公式を使う

順列とはいくつかのものを、順序をつけて並べたものをいいます。たとえば、参加者が6人のマラソン大会で1位、2位、3位の組合せの総数を順列といいます。

順列の公式はPointのように、$_nP_r$ と表されます。Pが使われるのは英語のPermutation（順列）の頭文字を取っているからです。たとえば、先ほどのマラ

ソンの問題の場合、答えは$_6P_3 = 6 \times 5 \times 4 = 120$通りと簡単に求められます。

順列公式は**「順序」をつけて、「重複」を許さないときに用いる公式**です。たとえば、6人のマラソンの例で「上位3人までが決勝に進めて、その決勝に進む人の組合せの数」という問題になると、上位3人の順序はつけないので順列の公式は使えません。また、「3回マラソンを走って、1位になる人の順列の数」は同じ人が複数回1位になっても良い、つまり重複を許すので、やはりこの公式は使えません。

前者の組合せの問題は次節で扱います。後者の重複を許す順列の場合は6人のマラソンの例だと、それぞれの回で6人が1位になる場合がありますから、$6 \times 6 \times 6 = 6^3 = 216$（通り）となります。一般に$n$個のものから重複を許して$r$個取る順列は$n^r$通りになります。

階乗は$n!$と表し、1からnまでのすべての自然数の積を表します。特に確率の分野ではよく出てくるので、慣れておきましょう。

Business 最短経路問題

順列の応用的な問題として、**最短経路問題**があります。これは右図のように格子状の道の中でA点からB点に行くのに最短経路が何通りあるか、というものです。

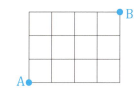

この図の場合、上に進むことを↑、右に進むことを→、と表すと3本の↑と4本の→を並べる順列と見ることができます。

この順列の数は$_7P_7(= 7!)$通りありますが、3本の↑、4本の→、内部の順序は区別しないので、3!と4!で割って、35通りになります。

これは非常に単純な問題ですが、たとえば電車の経路の探索にも、最短経路の問題が使われています。実際の経路の場合はこの格子の形状が複雑で、1つひとつの辺が異なる重みを持ちます。つまり、A駅からB駅は10分、B駅からC駅は8分と異なる値となるはずです。

このような複雑な最短経路問題を解決するアルゴリズムのひとつがダイクストラ法というもので、カーナビなどの最短経路探索に使われています。

組合せの公式

組合せは順列の公式から「順序」の要素を取り除いたものです。よく出てくるので、定義をしっかり確認しておきましょう。

> **Point**
> **組合せは取り出したものの順序は問わない**
>
> **組合せの定義と公式**
>
> 異なる n 個のものから r 個を取り出す組合せの総数を $_nC_r$ で表し、下記で定義する。
>
> $$_nC_r = \frac{_nP_r}{r!} = \frac{n(n-1)(n-2)\cdots(n-r+1)}{r!}$$
>
> また、$_nC_n = 1$、$_nC_0 = 1$ とする。
>
> 例) $_5C_3 = \dfrac{_5P_3}{3!} = \dfrac{5 \times 4 \times 3}{3 \times 2 \times 1} = 10$

順序をつけないときには組合せ公式を使う

組合せとは**いくつかのものから、ある個数のものを選んだ場合の数**です。たとえば、参加者が6人のマラソン大会で上位3人が決勝に進出する、という場合、決勝進出者の組合せの数です。

組合せの公式は、Pointのように $_nC_r$ と表されます。Cが使われるのは英語のCombination（組合せ）の頭文字を取っているからです。たとえば、先ほどのマラソンの問題の場合、答えは $_6C_3 = \dfrac{6 \times 5 \times 4}{3!} = 20$ 通りと簡単に求められます。

組合せの公式は順列の公式を $r!$ で割った形になっています。この理由を説明します。先ほどの順列のところで「6人のマラソン大会で1位、2位、3位の組合せの総数」が順列だという話をしました。一方、組合せは1位、2位、3位の順序を

区別しません。たとえば、Aさん、Bさん、Cさんが1～3位に入ったとして、この順序を区別しないのですから、ABCもACBもCBAも区別しないということです。3人を並べる順序は$_3P_3 = 3! = 6$通りあります。だから、$_6P_3$を3!で割った数が組合せの総数になります。一般には順列$_nP_r$を取り出す個数rの階乗$r!$で割ったもの、つまり$\dfrac{_nP_r}{r!}$が組合せの総数になるのです。

次に重複を許す場合について考えます。たとえば、みかんとぶどうとりんごが売っていて、この中から5個のものを買うときです。同じものを何個買っても良いので、みかん5個でも良いし、みかん2個・ぶどう1個・りんご2個でも構いません。

このときは、○が5個と棒2本を一列に並べる方法、と考えるとうまくいきます。この場合、棒は買うものを変える区切りとなります。

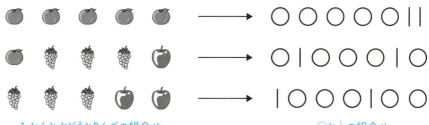

みかんとぶどうとりんごの組合せ　　　○と｜の組合せ

上図のように、みかんを5個買う場合は○5個と｜2本に対応します。みかん1個・ぶどう3個・りんご1個の場合は○1個、棒、○3個、棒、○1個となります。そして、ぶどう3個とりんご2個の場合は棒、○3個、棒、○2個となるわけです。このようにみかん、ぶどう、りんごを買う個数と○と｜の組合せが1対1に対応します。

そして、この○と｜の組合せは7つの場所から5つの○の場所を選ぶ総数に等しくなりますから、$_7C_5 = \dfrac{7 \times 6 \times 5 \times 4 \times 3}{5!} = 21$（通り）と求められます。

一般に異なるn個のものから、重複を許してr個を取る組合せの総数は$_nH_r$と表され、$_nH_r = {}_{n+r-1}C_r$と表されます。

順列と組合せのまとめ

以上、順列と組み合わせ（順序を考えるか考えないか）について、重複を許すときと許さないときの場合の数の数え方を説明しました。たとえばA、B、Cの3つの文字から2つを選ぶ場合をまとめたものが下表になります。

実際の問題に適用する場合は、問題は順序を考えるのか考えないのか、重複を許すのか許さないのか判定することが重要になります。円順列やじゅず順列など少し発展的な内容もありますが、基本はこの2点です。順序と重複には特に気をつけてください。

	順序を考える	順序を考えない
重複を許さない	A<B,C C<A,B B<A,C $_3P_2 = 6$ 通り	A<B,C B—C $_3C_2 = 3$ 通り
重複を許す	A<A,B,C C<A,B,C B<A,B,C $3^2 = 9$ 通り	A<A,B,C C—C B<B,C $_3H_2 = 6$ 通り

Business パスカルの三角形から導かれる二項定理

順列の応用例として、**二項定理**があります。二項定理は$(x+y)$などの二項の和の式を2乗、3乗、4乗、……としたときに、その展開式の係数はどうなるのかを表したものです。

つまり、$(x+y)^2 = x^2 + 2xy + y^2$だから2乗のときの係数は、"1, 2, 1"、
$(x+y)^3 = x^3 + 3x^2y + 3xy^2 + y^3$だから3乗のときの係数は "1, 3, 3, 1"、
$(x+y)^4 = x^4 + 4x^3y + 6x^2y^2 + 4xy^3 + y^4$だから4乗のときの係数は "1, 4, 6, 4, 1"

となります。

この係数に着目してみると、下図のような「**パスカルの三角形**」と呼ばれる三角形の数列になっていることがわかります。パスカルの三角形は両端が1でその他は上の2つの数字を足した数字になっています。

そしてこの数字は$_0C_0$を頂点として、$_1C_x$、$_2C_x$、$_3C_x$を並べた構成で、これが二項定理のもとになります。

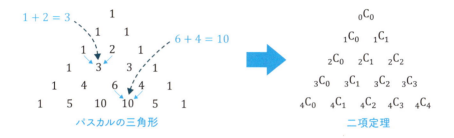

パスカルの三角形　　　　　　　　　　　二項定理

これから、一般的に二項定理は下のように表されます。

> **二項定理**
> nが整数のとき、
> $(x+y)^n = {}_nC_n x^n + {}_nC_{n-1} x^{n-1}y + \cdots\cdots + {}_nC_{n-r} x^{n-r}y^r + \cdots + {}_nC_0 y^n$

なぜ、多項式の係数が組合せの数で表されるか簡単に説明します。二項の展開式は下のようになっていることがわかります。n乗の式の場合、これはxかyを合計n個選び出す個数です。だから、$x^{n-r}y^r$の項の係数が$_nC_{n-r}$となるのです。

$(x+y)^2 = (x+y)(x+y) = xx + xy + yx + yy$
$(x+y)^3 = (x+y)(x+y)(x+y) = xxx + xxy + xyx + xyy + yxx + yxy + yyx + yyy$

組合せの公式は場合の数の数え上げだけでなく、他の用途にも応用できることがわかるでしょう。

04 確率の定義

「確率とはそもそも何だろう」と感じたらここに戻ってみてください。「同様に確からしい」という意味を理解しておきましょう。

> **Point**
> ### 確率は言葉の意味が重要です
>
> **確率の定義**
>
> すべての事象が同様に確からしく、Nを起こり得るすべての場合の数、aを事象Aの起こる場合の数とする。このとき、Aの起こる確率$P(A)$は$P(A) = \dfrac{a}{N}$と表される($0 \leqq P(A) \leqq 1$)。
>
> 例)サイコロを2個振って、出た目の和が12になる確率
> サイコロを2個振るとき、すべての出る目の場合の数は$6^2 = 36$通り
> その中で和が12となるのは、6と6が出る1通りだけだから
> 確率$P = \dfrac{1}{36}$と求められる。
>
> **余事象の定理**
>
> 事象Aに対し、「Aが起こらない」いう事象をAの余事象といい、$\bar{A}$と表す。このとき、事象A、$\bar{A}$が起こる確率をそれぞれ、$P(A)$、$P(\bar{A})$とすると、$P(A) = 1 - P(\bar{A})$が成り立つ。
>
> 例)5枚のコインを同時に投げるとき、少なくとも1枚が裏になる確率
> 少なくとも1枚が裏になる事象の余事象は5枚とも表になる確率である。この余事象の確率は$\dfrac{1}{2^5} = \dfrac{1}{32}$である。よって、少なくとも1枚が裏になる確率は$1 - \dfrac{1}{32} = \dfrac{31}{32}$と求められる。
>
> **用語など**
> - 試行:同条件で繰り返せて、結果が偶然によって決まる実験や観察
> - 事象:試行の結果起こる事柄

📖 「同様に確からしい」問題

確率は着目する事象の場合の数を、起こり得る全体の場合の数で割ったものです。だから、確率は0から1の間の数を取ることになります。

これは簡単なのですが、1つ問題があります。それは起こる事象が「同様に確からしく」なければいけないということです。

1つ例を出します。サイコロを1回振ったときの出目は1〜6の6通りですから、1が出る確率は $\frac{1}{6}$ です。これは正しいのですが、少し問題を変えると違ってきてしまいます。サイコロを2回振ったとき、その出目の和は2〜12の11通りです。だから、2になる確率は $\frac{2}{11}$ だろう、という推論は間違いです。なぜなら、和が2となる場合はそれぞれのサイコロが1と1になるときしかないのに、たとえば和が3になる場合は1と2、2と1という2通りあるからです。つまり、和が2と3になる確率が違うので「同様に確からしく」ないのです。

初学者はもちろん、ある程度慣れた人にとっても、確率の問題で犯しやすい間違いは**「同様に確からしく」ないものを「同様に確からしく」扱ってしまうこと**にあります。「同様に確からしい」には十分に気をつけてください。

💻Business 数学的確率と統計的確率

ここで数学的な確率を紹介しました。でも、実際の問題に適用するときには「それは本当に同様に確からしいのか？」という問題が生じます。

たとえばじゃんけんをするとき、数学の問題であれば、グーもチョキもパーも「同様に確からしい」でしょう。しかし、実際は「この人はグーを出しやすい」といったクセがあり、同様に確からしくないのです。

結局、実世界の場合は実験を繰り返して確率を求めるしかありません。たとえば、天気予報の降水確率は同じような気象状況のときに、その状況が起こった数で、雨が降った回数を割って算出します。

数学の問題のように数式で求められる確率を「**数学的確率**」と呼ぶのに対し、実験の繰り返しで求めた確率を「**統計的確率**」と呼びます。

05 確率の加法定理

教養 ★★　実用 ★★★　受験 ★★★

排反、和事象、積事象などの言葉の意味を理解しておきましょう。複雑な確率を議論する際の土台になります。

Point

AとBが排反なら$P(A \cap B) = 0$

確率の加法定理

2つの事象AとBが排反であるならば、

$$P(A \cup B) = P(A) + P(B)$$

一般に排反でなければ、下のようになる。

$$P(A \cup B) = P(A) + P(B) - P(A \cap B)$$

用語など

- 排反：一方の事象が起これば他方は起こらないということ
- $P(A \cup B)$：AとBの和事象（AまたはB）の発生確率
- $P(A \cap B)$：AとBの積事象（AかつB）の発生確率

排反

排反でない

$A \cup B$（AまたはB）

$A \cap B$（AかつB）

例）ジョーカーを除く一組のトランプ52枚の中から1枚のトランプを引くとき、その数が5または6である確率を求める。

引いたトランプが5であることと6であることは排反である。そして、トランプの1つの数字を引く確率は$\frac{4}{52} = \frac{1}{13}$だから、5または6である確率は$\frac{1}{13} + \frac{1}{13} = \frac{2}{13}$となる。

📖 「排反」とは共通部分がないこと

　この節で一番大事なことは**確率における「排反」の意味を正しく理解すること**です。排反であるとは同時に起こり得ない事象です。たとえば、52枚のトランプから1枚を引くとき、その数字が5であることと6であることは排反です。これは同時に起こり得ません。ですから、加法定理の"$P(A \cup B) = P(A) + P(B)$"が成り立ちます。だから、「52枚のトランプから1枚を引くとき、5または6である確率」は5を引く確率$\frac{4}{52}$と6を引く確率$\frac{4}{52}$を足して$\frac{8}{52} = \frac{2}{13}$と求められます。

　一方、排反でないのはどのような場合でしょう。先ほどのトランプの例を使うと、ハートであることと数字が2であることは排反ではありません。なぜなら、「ハートの2」はハートでかつ2であるからです。この場合、"$P(A \cup B) = P(A) + P(B)$"は成り立たないので、「ハートまたは2を引く確率」の計算には、"$P(A \cup B) = P(A) + P(B) - P(A \cap B)$"という式を使う必要があります。52枚のトランプから1枚を引く場合、ハートである確率は$\frac{13}{52}$、2である確率は$\frac{4}{52}$、ハートの2である確率は$\frac{1}{52}$です。ですから、「ハートまたは2を引く確率」は$\frac{13}{52} + \frac{4}{52} - \frac{1}{52} = \frac{16}{52} = \frac{4}{13}$と求められるのです。

　少し発展的な話題になりますが、**3つ以上の確率の和についても加法定理は成立します**。たとえば、先ほどトランプの問題で、2を引く事象と4を引く事象と6を引く事象は排反なので、確率を単純に足し算することができます。しかし、絵札である事象とハートである事象、偶数である事象の3つは排反でないので、単純に足し算はできません。排反でない場合、数が増えるほど確率の演算はどんどん複雑になります。

　確率の足し算をするときには、それらの事象が排反かどうか確認するようにしてください。

06 独立試行の定理

確率における「独立」の意味を正確に理解しましょう。重要な概念です。特に前節の「排反」と混同しやすいので気をつけてください。

> **Point**
>
> **確率における独立とは、互いに影響を及ぼさないこと**
>
> **独立とは?**
>
> 2つの事象AとBがお互いにまったく影響を及ぼさないとき、これらの試行は独立であるという。
>
> **独立試行の定理**
>
> 2つの事象AとBは独立であるとする。このとき$A \cap B$（AかつB）が起こる確率は次のようになる。
>
> $$P(A \cap B) = P(A)P(B)$$

📖 独立は裏から理解しよう

この節で理解してもらいたいのは確率における「独立」の意味です。独立の定義は「**2つの事象が互いに他の結果に影響を及ぼさない**」です。たとえば、コイン投げを2回行う場合、1回目で表が出るか裏が出るかは、2回目の試行が表か裏かには影響しません。これは独立であるといいます。

試行が独立であることがわかれば、事象AとBが同時に起こる確率$P(A \cap B)$は$P(A)P(B)$と確率の積の形で求められます。たとえば1回目に表が出て、2回目に裏が出る確率は$\frac{1}{2} \times \frac{1}{2} = \frac{1}{4}$と求められます。

さらに、52枚のトランプから1枚のトランプを引いてダイヤが出る確率を考えます。1回目の確率は$\frac{13}{52}$です。そして、次に最初に引いたトランプを元に戻して

カードを引くと2回目の確率はやはり$\frac{13}{52}$ですから、1回目と2回目の試行は独立です。

しかし、1回目に引いたトランプを戻さずに2回目のカードを引くときには様子が変わります。1回目にダイヤが出た場合、2回目にダイヤが出る確率は$\frac{12}{51}$（ダイヤが1枚減っている）です。一方、1回目にダイヤが出ない場合、2回目にダイヤが出る確率は$\frac{13}{51}$（ダイヤ以外が1枚減っている）となります。この場合、**1回目の試行が2回目に影響を与えているわけですから、1回目と2回目の試行は独立ではありません。**

もうひとつ例を出しましょう。ある日本人を1人選ぶとき、その人が男性である確率と血液型がA型である確率は独立と考えて良いでしょう（血液型の男女差はないといわれているので）。一方、男性である確率と身長が170cm以上ある確率は明らかに独立ではありません。なぜなら、一般に男性の身長が高い傾向があるからです。

このように確率の独立を学ぶときには、独立の例だけ勉強するのではなく、独立ではない例、つまり**裏から勉強すると理解が深まります。**

Business おむつを買う確率とビールを買う確率

ここでは理想的な独立を考えました。しかし、実際の問題に確率を適用するときは、それらの事象が独立なのかどうか定かではありません。むしろ、何が独立で何が独立でないのか調べることが重要になります。

たとえば、コンビニのお客を1人選んで、その人がおむつを買う確率$P(A)$とビールを買う確率$P(B)$を考えます。一見、何の関係もない、つまり独立のように思えるのですが、実際に調べてみると$P(A)$が高くなると$P(B)$も高くなる、つまり一緒に買うことが多い、というデータが得られたそうです。

なお、これは統計の分野では相関の問題になります。ある事象AとBが確率的に独立だと、統計的にはAとBには相関がない、となります。

07 反復試行の定理

独立な試行を繰り返したときの確率の計算方法です。独立試行と組合せの式を理解していれば簡単です。二項分布の基礎となります。

> **Point**
> ## 反復試行にはC（コンビネーション）を使う
>
> **反復試行とは？**
>
> 独立な試行の繰り返しを反復試行という。
>
> **反復試行の定理**
>
> ある試行で事象Aが起こる確率が$P(A) = p$であるとする。これをn回繰り返す反復試行でAがk回（$k \leqq n$）起こる確率Pは、
> $P = {}_nC_k \, p^k (1-p)^{n-k}$ となる。
>
> 例）6回コインを投げて表が2回出る確率を求める。
>
> これは独立な試行の繰り返しだから、反復試行である。
>
> このとき、$n=6$、$k=2$、$p=\dfrac{1}{2}$ となるから、
> $P = {}_6C_2 \left(\dfrac{1}{2}\right)^2 \left(\dfrac{1}{2}\right)^4 = \dfrac{15}{64}$ となる。

反復試行は組合せを考える

反復試行とは、**独立した同一の試行の繰り返し**です。独立試行を繰り返すわけですから、ある事象の組合せ、たとえば$A \to B \to B \to A$が起こる確率は、それぞれの確率の積$P(A)P(B)P(B)P(A)$になります。これが式の中の$p^k(1-p)^{n-k}$という部分です。

ここでAがn回中k回起こる確率を求める場合、n回の中でk回を選ぶ組合せは${}_nC_k$個あります。だから、確率$p^k(1-p)^{n-k}$に${}_nC_k$が掛けられているのです。

実例を挙げて説明します。サイコロを6回振って、出目が3となる回数が2回になる確率を求めてみましょう。

3の目が出る確率は$\frac{1}{6}$、3以外の目が出る確率は$\frac{5}{6}$です。そして、1回1回の試行は独立ですから、下の例でたとえば2回目と6回目に3が出る確率は$\left(\frac{1}{6}\right)^2\left(\frac{5}{6}\right)^4$となります。

ここで求めたい確率は3の目が2回出る確率なので、2回目と6回目の試行に限りません。1回目と2回目でも3回目と5回目でも良いのです。6回の試行のうち2回を選ぶ組合せは$_6C_2$となりますから、求める確率は$_6C_2\left(\frac{1}{6}\right)^2\left(\frac{5}{6}\right)^4$となります。

試行回数	1	2	3	4	5	6
確率	$\frac{5}{6}$	$\frac{1}{6}$	$\frac{5}{6}$	$\frac{5}{6}$	$\frac{5}{6}$	$\frac{1}{6}$
組合せの数	$_6C_2$					

$$P = {_6C_2}\left(\frac{1}{6}\right)^2\left(\frac{5}{6}\right)^4$$

Business リスク管理に使われるポアソン分布

反復試行の定理は、統計の章で重要な二項分布やポアソン分布の基礎となります。ポアソン分布により確率が低くランダムに起きる現象の予測ができます。

たとえば、天災や事故、病気などの予測に使われ、**保険やリスク管理**などに**利用されています**。ポアソン分布がはじめて利用されたのは、19世紀のドイツにて、馬に蹴られて死亡する兵士数の解析といわれています。

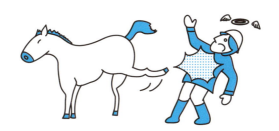

08 条件付き確率と確率の乗法定理

条件付き確率は少しややこしいですが、ベイズ統計学の理解のために必要なので、概念をしっかりつかんでおきましょう。

> **Point**
>
> $P(A \cap B)$ と $P_A(B)$ の違いをしっかり理解する
>
> **条件付き確率**
>
> ある事象 A が起こった条件の下で、事象 B が起きる確率を条件付き確率といい、$P_A(B)$ または $P(B|A)$ と表す。
>
> 特に A と B が独立のときは、$P_A(B) = P(B)$ となる。
>
> **確率の乗法定理**
>
> 事象 A と B について、下式が成り立つ。
>
> $$P(A \cap B) = P(A) \times P_A(B)$$

条件付き確率は分母が変わっている

条件付き確率はいったんつまずくと、なかなか理解が難しい項目です。その理由は $P(A \cap B)$ と $P_A(B)$ の区別がつきにくいところにあるようです。日本語でいうと「A と B が同時に成り立つ確率」と「A が起こるという条件下で、B が成り立つ確率」になります。ややこしいですね。

例を挙げて説明しましょう。あるサークルは24人のメンバーがいて、A地区とB地区の人が所属しています。A地区は郊外なので車の所有率が高く、A地区とB地区で車の所有率を見ると表のようになっていました。

	車あり	車なし
A地区	10人	2人
B地区	5人	7人

サークルの中から1人を選んだときに車を持っている可能性を $P(車)$ とすると $P(車) = \dfrac{10}{24} + \dfrac{5}{24} = \dfrac{15}{24} = \dfrac{5}{8}$ となります。また、A地区に住んでいる確率 $P(A)$

は $P(A) = \frac{10}{24} + \frac{2}{24} = \frac{1}{2}$、A地区に住んでいて、同時に車を持っている確率は $P(A \cap 車) = \frac{10}{24} = \frac{5}{12}$ となります。ここまでは簡単です。

このとき、条件付き確率「A地区に住んでいるという条件下で車を持っている確率」$P_A(車)$ はどうなるでしょうか（下図）。この場合は分母が変わります。今まではサークルメンバー24人が分母になっていましたが、この場合はA地区に住んでいる人12人が分母になるのです。つまり、$P_A(車) = \frac{10}{12} = \frac{5}{6}$ となります。

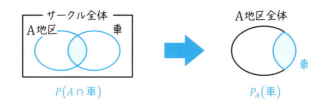

同様に「車を持っているという条件下でB地区に住んでいる確率」$P_車(B)$ は $P_車(B) = \frac{5}{10 + 5} = \frac{1}{3}$ となります。

また、A, B地区と車の割合が右表のようになっていたとします。ここではA地区もB地区も車を持っている人の割合が変わりません。この場合は $P_A(車) = P_B(車) = P(車)$ となり、車の有無は住んでいる地区によりません。この状態が「独立」といえます。

	車あり	車なし
A地区	10人	2人
B地区	5人	1人

まとめると、**条件付き確率では、分母が変わっている、つまり確率の対象とする母集団（数学的には標本空間といいます）が変わっています。**

ここを押さえてもらえれば、条件付き確率を求めるときには、公式を利用して良いです。A という事象と B という事象で $P(A \cap B) = P(A) \times P_A(B)$ という乗法定理を逆に使えば、$P_A(B) = \frac{P(A \cap B)}{P(A)}$ という式が得られ、条件付き確率を機械的に求めることができます。

09 ベイズの定理

教養 ★★★　実用 ★★★★　受験 ★

機械学習の理解に必要なベイズ統計学の基礎となります。
特に機械学習に関わる方は重要度が高い項目です。

> **Point**
> **ベイズの定理から、「経験を取り込む」ベイズ理論が生まれた**
>
> **ベイズの定理**
> 条件付き確率に関して下式をベイズの定理と呼ぶ。
> $$P_A(B) = \frac{P_B(A)P(B)}{P(A)}$$

条件付き確率が理解できていれば仕組みは簡単

　ベイズの定理は機械学習の分野を中心に世の中で広く使われているベイズ理論の基礎となる定理です。しかし、前節の条件付き確率と乗法定理さえ理解できていれば、この定理の理解はとても簡単です。

　乗法確率は $P(A \cap B) = P(A) \times P_A(B)$ と表されました。右辺は事象 A の確率 $P(A)$ を使って書かれています。これは当然事象 B に関する式にもできるので、$P(A \cap B) = P(B) \times P_B(A)$ となります。ここから $P(A) \times P_A(B) = P(B) \times P_B(A)$ となり、$P_A(B)$ について解けば、この定理が導かれます。

Business 迷惑メールの判定

　18世紀のイギリスの数学者トーマス・ベイズがベイズの定理を示しました。ベイズの定理を起点としたベイズ理論は、AIや機械学習の発展により注目を集めることになります。その一番の特長は「**ベイズ理論は経験を取り込む理論**」ということです。つまり、更新可能で、使いながら精度を上げていけるわけですから、機械学習に最適な理論であることがわかるでしょう。

ここでは、ベイズの定理の応用として、迷惑メールの判定について紹介します。

まず、ベイズの定理を下のように適用します。事象Aはメールにある言葉が入っていること、事象Bはスパムメールであることとします。

このとき、ほしい情報はその言葉が入っていれば、スパムである確率$P_{言葉}$（スパム）です。この確率が高ければ、その言葉が入ったメールをスパムと判定できます。これをベイズ理論では**事後確率**と呼びます。

一方、右辺の$P_{スパム}$（言葉）はスパムメールの中である言葉が使われている確率で、**尤度**と呼びます。P（スパム）はスパムメールの確率で、**事前確率**と呼びます。分母のP（言葉）はある言葉が使われている確率ですが、ここでは意味が薄いので取りあえず無視してください。

すると、下式は尤度に事前確率を掛けたものが事後確率であることを表しています。

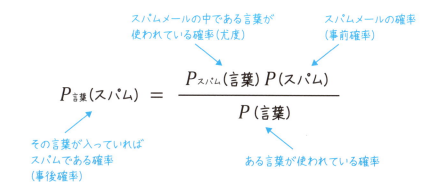

ここで尤度はスパムメールの中である言葉が使われる確率なので、実際のデータから計算することができます。つまり、この式はスパムメールである事前確率P（スパム）をデータ（尤度：$P_{スパム}$（言葉））によって、事後確率（$P_{言葉}$（スパム））に更新することを示しています。

スパムメールフィルターは、当初は判定の精度が低くても、データを積み上げるに従って、精度を上げていくことができるのです。また、データ量が少ない初期にも「何かしら」の結果を出せるというメリットもあります。

モンテカルロ法

確率の話にはよくサイコロが登場します。ですがサイコロは教科書に例題として登場するだけだと思っている人が多いことでしょう。

しかし、本当にサイコロを振るようにシミュレーションを行うという方法が存在します。それがここで紹介するモンテカルロ法です。

モンテカルロ法は乱数を作り出して（つまりサイコロを振って）、その乱数をもとにシミュレーションを行う方法で、広く世の中で使われています。「モンテカルロ」はモナコ公国のリゾート地で、カジノが有名です。だから、サイコロを振る（ギャンブル）にかけて、モンテカルロ法と名づけられているということです。

「乱数でシミュレーションする」といってもピンとこないでしょうから、円の面積を求めるためにモンテカルロ法を使った例を紹介します。

方法としては下図のように、辺の長さが1の正方形に内接する円を描きます。そして、その正方形の中に乱数を使ってランダムに点を打ちます。そして、その点が円の内部にあるか、外部にあるか判定します。この試行を多数繰り返せば、正方形の面積は1なので、円の内部に点が打たれた確率が円の面積となるわけです。

これは簡単な例なので、乱暴な方法と感じられるかもしれません。しかし、実際には複雑な問題を解決するときにモンテカルロ法が有効なケースは多いです。

このように、乱数（サイコロ）は本当に世の中の役に立っているのです。

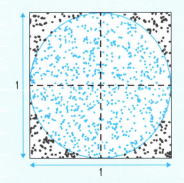

モンテカルロ法で円の面積を求める

Chapter 15

統計の基礎

平均と標準偏差で統計の半分がわかる

　統計の初学者にとって、重要な項目は**平均（期待値）**と**ばらつき**です。このうち平均は深く勉強すると奥深いものの、身近な量なので違和感はないでしょう。となると、まず勉強するべきは「ばらつき」になります。

　「ばらつき」を表す統計量は**標準偏差**といいます。まずはこの標準偏差を理解することが重要です。なぜ2乗して足し合わせるのか。標準偏差が大きいということは何を意味するのか。そんな感覚をつかんでください。

　統計の習得には理論ももちろん重要ですが、ある程度慣れも必要になります。統計の計算は手計算でなく、コンピュータを使います。ですから、ExcelやGoogleスプレッドシートなどのソフトを使って、データの解析をすると理解が深まると思います。

正規分布は統計学上最大の発見である

　ばらつき（標準偏差）をマスターした後に、正規分布を学びましょう。正規分布のパラメータ（変数）は平均と標準偏差（ばらつき）の2つです。くどいですが、標準偏差を理解する前に正規分布を理解することは不可能です。ここだけはきちんと順を追って進んでください。

　正規分布は別名**ガウス分布**とも呼ばれる左右対称の確率分布です。さまざまな種類の確率分布の中で、正規分布は親玉といえる存在です。というのもランダムに起因する誤差などの分布が正規分布に従うからです。そして、これから登場する多くの統計理論は正規分布に基づいています。

　正規分布は比較的複雑な式で表されますが、意味するところはそれほど難しくありません。全体で積分すると1になること、あとは平均と標準偏差が正規分布にどのように入り込んでいるか、グラフでイメージできるようになってください。

統計が成り立つ前提

統計はパワフルなツールですが、使い方を誤ると間違えた結論を導くこともあります。統計が成り立つ前提は「**ランダムであること**」と「**試行回数が十分大きいこと**」です。

たとえば、株価はランダムな動きをするように見えますが、大恐慌が起こったときにはパニックになり、人々がランダムでなく一斉に行動します。ですから、確率論では起こり得ないような値動きが頻繁に起こるのです。

また、保険は一般に期待値が投資額を下回ります。しかし、個人としての時間は少ないので、まれにしか起きない災害や事故は統計学が成立しません（試行回数が大きくない）。ですから、保険は非合理ではありません。

🎓 教養として学ぶには

「平均」と「標準偏差」の意味をしっかりと理解することが重要です。これらの理解があいまいなまま、先に進んでも意味がありません。1回は手で計算してみるのも良いでしょう。その上で、正規分布について学んでください。余裕があれば「相関係数」も学んでおきましょう。

💼 仕事で使う人にとっては

まず「平均」「標準偏差」「相関係数」に不安があるのであれば、しっかり勉強して理解を深めてください。Excelなどを使って、仕事で使うデータを分析して理解を深めましょう。正規分布はさらに進んだ統計への基礎となるので、本書で紹介するくらいのことは理解しておきましょう。

✏️ 受験生にとっては

統計は受験問題として出題されることは少ないです。しかし、大学や社会に出てから必要な知識であることは明らかなので、少し勉強してみましょう。確率の深い理解にもつながるはずです。

01 平均

小学生レベルと思われるかもしれません。しかし、平均は統計の基礎で、想像以上に奥深いです。しっかり復習しておきましょう。

> **Point**
>
> ## 普通の平均と中央値を使い分けられるようになる
>
> ### 平均の種類
>
> - 算術平均（普通の平均）
> $$X = (x_1 + x_2 + x_3 + \cdots\cdots + x_{n-1} + x_n) \div n$$
> - 中央値（メディアン）
>   要素の中央の値（要素が $2n + 1$ 個あったときの n 番目の値）
> - 相乗平均（幾何平均）
> $$X = \sqrt[n]{x_1 x_2 x_3 \cdots\cdots x_{n-1} x_n}$$
>
> 例）下のA、Bの平均を求める。
>
> A) 1, 2, 3, 4, 5
> B) 10, 100, 1000, 10000, 100000
>
> | | 算術平均 | 中央値 | 相乗平均 |
> |---|---|---|---|
> | A | 3 | 3 | 2.6 |
> | B | 22222 | 1000 | 1000 |

📖 なぜ平均を求めるのか？

　平均を復習する上で考えてほしいことは、「**なぜ平均を求めるのか？**」ということです。実は、平均と呼ばれるものは小学校で習う算術平均（要素を足し合わせて、要素数で割る）だけではありません。数種類の平均の取り方があります。その使い分けが目的によるのです。

　多くの場合、平均を求める理由は「普通」が知りたい、ということでしょう。このときの算術平均は、Pointの例Aのように1〜5の数字の平均が3、という結果はAの代表値として適切です。

　しかし、Bのように桁が違う数字の場合はおかしな結果となります。このとき

の算術平均である22222は4番目（2番目に大きい）の数字である10000の倍以上です。この場合は中央値である1000のほうが代表値としては適切となります。**データを読むときには、算術平均と中央値を適切に使い分けられるようになっておきましょう。**

相乗平均はそれほど見かけませんが、割合を計算するときに使います。たとえば、毎月の売上げの伸びが2%、5%、3%という場合、算術平均だと3.333%となります。しかし、この伸びを3ヵ月続けたときと、毎月の伸びが2、5、3%のときの3ヵ月の売上げの伸びが一致しません。このとき、相乗平均を使うと3.326%となり、3ヵ月の伸びが一致します。

Business 所得分布の解析

下図に日本政府が作成した日本の世帯所得金額のデータを示します。全体で算術平均を取ると560万円程度になりますが、これは多くの人の感覚から離れているものと思われます。それは、所得の高い人は極端に高額所得なので、平均を大きく引き上げているのです。

このときは、算術平均よりも中央値の442万円のほうが一般人の感覚に近くなります。また、この場合は最頻値（データの分布が最も多いところ）である「300～400万円」が代表値として使われることもあります。

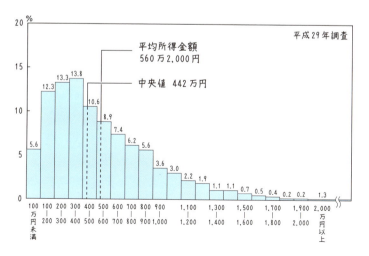

出典：
厚生労働省「平成29年 国民生活基礎調査の概況」
（https://www.mhlw.go.jp/toukei/saikin/hw/k-tyosa/k-tyosa17/dl/10.pdf）

📖 教養 ★★★★★　💼 実用 ★★★★★　🥤 受験 ★★★★

02 分散と標準偏差

分散や標準偏差はデータのばらつきを表す指標です。ここが理解できないと、統計の勉強を進められないくらい重要です。

Point
標準偏差は（データ－平均値）の2乗の和の平方根

分散

$x_1, x_2, x_3, \ldots, x_{n-1}, x_n$ と n 個のデータがあるとき、分散 V は下式のように定義される。ただし、$\bar{x}$ はこのデータの平均値とする。

$$V = \{(x_1 - \bar{x})^2 + (x_2 - \bar{x})^2 + (x_3 - \bar{x})^2 + \cdots \\ + (x_{n-1} - \bar{x})^2 + (x_n - \bar{x})^2\} \div n = \frac{1}{n}\sum_{k=1}^{n}(x_k - \bar{x})^2$$

標準偏差

分散 V の正の平方根を標準偏差と呼ぶ。つまり、標準偏差 σ は下式で表される。

$$\sigma = \sqrt{\frac{1}{n}\sum_{k=1}^{n}(x_k - \bar{x})^2}$$

例） ある6人のクラスでテストを行うと下のような結果となった。このテストの平均点、標準偏差、分散を求める。

出席番号	点数
1	73
2	97
3	46
4	80
5	69
6	55

平均　$X = \dfrac{1}{6}(73 + 97 + 46 + 80 + 69 + 55) = 70$

分散　$V = \dfrac{1}{6}\{(73-70)^2 + (97-70)^2 + (46-70)^2 \\ + (80-70)^2 + (69-70)^2 + (55-70)^2\}$

$= \dfrac{1640}{6} \fallingdotseq 273.3$

標準偏差　$\sigma = \sqrt{V} \fallingdotseq 16.5$

📖 標準偏差はばらつきの指標

標準偏差は**データのばらつきを表す指標**です。まず、なぜデータのばらつきが重要かを説明します。

例として、あるクラスで数学と国語のテストをしたことを考えてみましょう。平均点は数学も国語も60点でした。点数の分布は下図のようになっていました。そして、ある生徒Aさんは数学も国語も75点だったとします。どちらも平均点から15点高いです。このとき、数学の75点と国語の75点の価値は同じでしょうか。

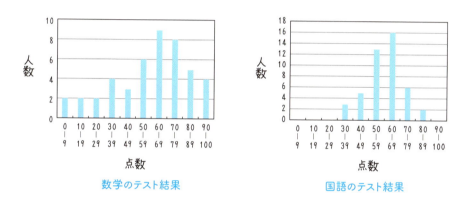

数学のテスト結果　　　　国語のテスト結果

分布のグラフを見てみると、平均点が同じ60点でも数学と国語では分布がずいぶん違うことがわかります。Aさんは数学も国語も75点ですが、クラス内の順位は違います。数学は12位で国語は5位になります。これを考えると国語の75点のほうが価値が高いと考えられるでしょう。

ここで標準偏差が使えます。数学と国語のテストで標準偏差を計算してみると、それぞれ24点、12点となりました。これは、数学のテストでは平均点+24点、つまり84点、国語のテストは平均点+12点、つまり72点が同じ順位になることを意味しています。Aさんの場合を考えると、やはり同じ点数でも数学よりも国語のほうが良かったことがわかります。

「偏差値」はこんな考え方で算出されています。偏差値は平均点を取ると50となり、それから標準偏差分だけ高得点を取ると10増えていきます。つまり、偏差値60は（平均点＋標準偏差）、偏差値70は（平均点＋2×標準偏差）の点数に対応します。逆に平均点以下の場合は、偏差値30だと（平均点－2×標準偏差）を意味するわけです。テストは毎回難易度が変わり、平均点や標準偏差が変化します。それでも、**偏差値を比較することにより、同じ指標で優劣を判定することができる**のです。

📖 なぜ2乗なのか？

標準偏差を求めるときに、「なぜ誤差を2乗するのか」という疑問を持つ人が多いです。なぜ、「分散という量を求めて、その平方根を取る」なんて面倒なことをするのか、とも言い換えられます。

ひとつの理由は、**誤差は2乗しないとばらつきの大きさを蓄積できないから**です。Pointのテストの例で（73, 97, 46, 80, 69, 55点）という6人の平均点は70点です。単純に平均点との差を足すと次のような式になります。

$$(73 - 70) + (97 - 70) + (46 - 70)$$
$$+ (80 - 70) + (69 - 70) + (55 - 70) = 0$$

平均点の定義からわかるように、これは足し合わせると0になってしまいます。これではまずいので、誤差を2乗して足し合わせることにしたのです。

もうひとつの理由はより本質的です。**ばらつきは2乗した値に意味があるのです**。たとえば、平均点が60点のテストと70点のテストがあったとします。この合計点の平均点は130点です。単純に足すだけの話です。

一方、ばらつきの場合、加えるのは分散です。60点のテストの分散が100（標準偏差は10点）、70点のテストの分散が225（標準偏差は15点）だとします。このとき、2つのテストの点数に相関がなければ、合計点の分散が $100 + 225 = 325$ となります（標準偏差は $\sqrt{10^2 + 15^2} \fallingdotseq 18.0$（点））。

ばらつきというものは、数学的には**誤差の2乗が本質的です**。しかし、2乗の数字を出されても意味がつかみにくいです。だから、平方根を取った標準偏差で議論しています。

コンピュータで分散や標準偏差を計算するときの注意

標準偏差の計算は面倒なので、実際はコンピュータで計算することになるでしょう。その際に注意すべきことがあります。標準偏差や分散を求める関数は多くのソフトで2種類用意されています。たとえば、マイクロソフトのExcelは標準偏差を計算するために"STDEV.P"と"STDEV.S"の2種類の関数があります。この使い分けについて説明しましょう。

関数のマニュアルを見ると"STDEV.P"は「母集団全体の標準偏差」、"STDEV.S"は「標本の標準偏差」を求めるとされています。前者は、たとえば「50人のテストの標準偏差を求めるときに、**その全員のデータをもとに計算する場合**」に使います。一方、後者は「日本全体のデータを求めるために、500人の**サンプルを抽出して**標準偏差を求める場合」などに使います。

何が違うかというと、後者の"STDEV.S"は誤差の2乗の足し合わせをnでなく、$n-1$で割っています。実際はnが大きいと2つの差はとても小さくなります。しかし、統計学としては深い意味があるので、きちんと使い分けるようにしましょう。

Business 工程能力指数

たとえば工場で、ある長さのねじを作っているとします。この場合、優秀な工場では切り出した長さのばらつきが少なく、劣る工場ではばらつきが大きいことになります。

ばらつきについての指標を工程能力指数と呼んで、製造工程の能力の指標としています。Cpと呼ばれる指数は規格の幅をM、標準偏差をσとすると、$Cp = \dfrac{M}{6\sigma}$と表されます。つまり、規格が9.0〜11.0mm(2.0mm幅)、標準偏差が0.2mmとすると、$Cp = \dfrac{2.0}{6 \times 0.2} \fallingdotseq 1.67$となります。

工程能力指数は、「この工程はCpが1.33以上必要」などと、製造工程の基準として使われています。

教養 ★★★★　実用 ★★★★★　受験 ★

03 相関係数

平均や期待値ほどは知られていませんが、非常に重要です。数学的に相関をどう扱っているか理解しておきましょう。

> **Point**
> **相関係数は「直線的」な相関関係の強さの指標**
>
> **相関係数**
>
> 2つの数字の組 (x, y) が N 個あるとき、相関の程度を表す指標「相関係数」を下のように定義する。ただし、$\bar{x}, \bar{y}$ はそれぞれ x と y の平均値、σ_x, σ_y は x と y の標準偏差である。
>
> $$r = \frac{1}{\sigma_x \sigma_y} \cdot \frac{1}{N} \sum_{k=1}^{N} (x_k - \bar{x})(y_k - \bar{y})$$
>
> $$= \frac{(x_1 - \bar{x})(y_1 - \bar{y}) + (x_2 - \bar{x})(y_2 - \bar{y}) + \cdots\cdots + (x_n - \bar{x})(y_n - \bar{y})}{\sqrt{(x_1 - \bar{x})^2 + \cdots\cdots + (x_n - \bar{x})^2} \cdot \sqrt{(y_1 - \bar{y})^2 + \cdots\cdots + (y_n - \bar{y})^2}}$$
>
> 相関係数 r と相関関係には以下の関係がある。
>
> $r > 0$：正の相関　　$r < 0$：負の相関　　$r = 0$：相関なし（無相関）
>
> $|r|$ が1に近いほど相関が強い
>
>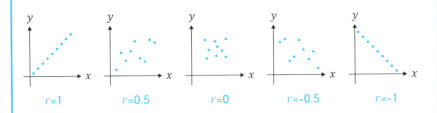

📖 相関係数は2つの数の相関の強さを表す

今までは身長なら身長だけ、体重なら体重だけ、と1種類のデータについての統計値の計算方法について説明してきました。この節で紹介する「相関係数」は身長と体重など、**2つのデータの関係を表す数字**です。

たとえば、赤ちゃんの身長が大きければ、体重も重い傾向があるでしょう。この場合、身長と体重はPointの$r = 0.5$のような関係となり、**正の相関がある**といいます。次に、気温が下がれば暖房用の燃料の売上げが大きくなるでしょう。このとき、気温と燃料の売上げはPointの$r = -0.5$のような関係となり、**負の相関がある**といいます。

また、サイコロを振った目の100倍のお金をもらえるという場合、サイコロの出目ともらえるお金は完全な相関関係となりPointの$r = 1$のような関係となります。一方、2回サイコロを振ったとき、1回目と2回目の出目はまったく関係がない(事象は独立)です。だから、Pointの$r = 0$のような関係(無相関)になります。

一般的には相関係数の絶対値が0.7以上だとかなり相関が強い、0.4〜0.7くらいだとやや相関がある、というように使われています。

しかし、**相関係数は直線的な相関関係しか扱えません**。つまり、二変数が放物線のような曲線の関係があっても、検出できないのです。ですから、相関係数だけに頼ってはいけません。まず二変数の散布図を描いて、グラフで関係を確認してから、相関係数を算出しましょう。

🖥 Business 投資のポートフォリオ

投資機関が株式や債券投資を行うとき、リスクを分散するために複数の金融資産を一定割合で組み合わせる(ポートフォリオを組む)ことが普通です。

そのとき、なるべくリスクを打ち消せるような組合せが望ましいです。つまり、円高になると輸入企業の株が上がるが、輸出企業の株は下がります。原油高になると、運輸や製造業などの企業の株は下がるが、資源企業の株は上がります。

このように各企業の株価の相関係数を算出し、負の相関にある企業の株を組み合わせて買うようにしておけば、大きな価格変動のリスクを抑えることができます。

04 確率分布と期待値

確率分布は少しわかりにくいかもしれませんが、具体的な確率分布に触れるうちに慣れてきます。期待値という概念は非常に重要です。

> **Point**
> 確率分布の期待値と分散の計算方法を習得する
>
> **確率分布**
>
> 確率分布とは母集団（解析対象の全体）を数学的に表現したもの。
> 確率変数 X の取る値とその値が実現する確率 p の関係を表している。
> 下表のような確率分布を表す表を確率分布表という。
>
> | 確率変数 X | X_1 | X_2 | …………… | X_n | 計 |
> |---|---|---|---|---|---|
> | 確率 p | p_1 | p_2 | …………… | p_n | 1 |
>
> $p_1 \geqq 0,\ p_2 \geqq 0,\ \cdots\cdots,\ p_n \geqq 0 \quad p_1 + p_2 + \cdots\cdots + p_n = 1$
>
> **確率分布の期待値、分散**
>
> 確率変数 X が上表の分布に従うとき、期待値 $E(X)$ と分散 $V(X)$、標準偏差 $\sigma(X)$ を下のように定義する。
>
> - 期待値：$E(X) = X_1 p_1 + X_2 p_2 + \cdots\cdots + X_n p_n$
> $$= \sum_{k=1}^{n} X_k p_k$$
>
> - 分散：$V(X) = (X_1 - E(X))^2 p_1 + (X_2 - E(X))^2 p_2 +$
> $$\cdots\cdots + (X_n - E(X))^2 p_n = \sum_{k=1}^{n}(X_k - E(X))^2 p_k$$
> $$= E(X^2) - \{E(X)\}^2 \ :\ (X^2 \text{の期待値}) - (X \text{の期待値})^2$$
>
> - 標準偏差：$\sigma(X) = \sqrt{V(X)}$

📖 確率分布は習うより慣れ

教科書の確率分布の定義は難しく、これを簡単に理解できる初学者は少ないでしょう。しかし、具体例を通して、確率分布がどのようなものであるか感覚が身についてくるので、安心してください。

ここではサイコロを振ったときの出目から、期待値や標準偏差を計算する例を紹介します。

サイコロの出目の確率分布は下の確率分布表のようになります。この表はすべての出目と確率を表しています。重要なのが「**すべて**」という点で、この場合確率の合計が1になります。これが1でないと期待値や分散、標準偏差を計算することはできません。

今までは、平均や分散、標準偏差は測定データから求めました。それらのデータを数学的な確率から算出する考え方が確率分布なのです。

期待値　$E(X) = \dfrac{7}{2}$　　分散　$V(X) = \dfrac{35}{12}$

標準偏差　$\sigma(X) = \sqrt{\dfrac{35}{12}} \fallingdotseq 1.71$

X	1	2	3	4	5	6
p	$\dfrac{1}{6}$	$\dfrac{1}{6}$	$\dfrac{1}{6}$	$\dfrac{1}{6}$	$\dfrac{1}{6}$	$\dfrac{1}{6}$

🖥 Business ギャンブルの期待値

期待値はギャンブルなどの想定リターンを計算するのに使われます。

たとえば、損するだけと悪名高い宝くじの期待値は購入額の50％程度なので、300円のくじを買っても平均して150円ほどしか戻ってきません。

これが競馬や競輪、競艇などの公営ギャンブルになると、期待値は75％程度になりますから、1,000円の購入金額で750円ほどのリターンになります。トータルで損をすることは変わりませんが、宝くじに比べると良いことがわかります。

ビジネスにおける投資にも期待値という考え方が使われます。投資機関が分析により、独自の確率分布を作成します。そして、その分布から得られる期待値がある一定以上であれば投資を行う、という判断ができるのです。

二項分布、ポアソン分布

二項分布、ポアソン分布は、表・裏といった2種類しかない試行が起こる確率の分布を表すことを理解しましょう。

> **Point**
>
> ### どんな現象が二項分布、ポアソン分布となるか理解する
>
> 成功・失敗といった結果が2種類しかない試行をベルヌーイ試行という。
>
> **二項分布**（期待値：np　分散：$np(1-p)$）
>
> ベルヌーイ試行をn回行って、成功する確率をpとすると、成功する回数がkである確率は下式で表される。
>
> $$P(k) = {}_nC_k \, p^k (1-p)^{n-k}$$
>
> **ポアソン分布**（期待値：λ　分散：λ）
>
> 二項分布において、nが大きく（試行回数が大きい）、pが小さい（発生確率が低い）場合はポアソン分布が用いられる。λを成功する期待値(np)とすると、k回成功する確率は下式で表される。
>
> $$P(k) = e^{-\lambda} \frac{\lambda^k}{k!}$$
>
> 例）二項分布、ポアソン分布の例を下図に示す。
>
>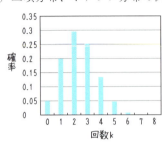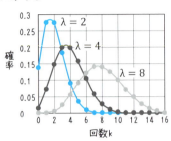
>
> $n=8$　$p=0.3$の二項分布　　　　ポアソン分布

二項分布とポアソン分布の関係

　二項分布、ポアソン分布はベルヌーイ試行の確率分布として使います。ベルヌーイ試行とは（起きる・起きない）、（裏・表）、（成功・失敗）のように**結果が2種類の試行**です。たとえば、サイコロの出目は6通りあるのでこれに該当しません。しかし、「3以上の目が出る」とすると（出る・出ない）となるのでベルヌーイ試行になります。

　ベルヌーイ試行の確率分布は二項分布を使って正確に表すことができます。nが小さいうちはそれで問題ありません。しかし、nが大きくなってくると、とても計算が面倒になります。たとえば、$n = 2000$だとすると、$P(k) = {}_{2000}C_k \, p^k (1-p)^{2000-k}$とコンピュータを使ってもなかなか大変な計算になります。そのため、他の確率分布で近似することを考えます。

　nが大きい場合、二項分布の分散"$np(1-p)$"が25程度より大きいと、この後に出てくる正規分布で近似ができます。しかしnが大きくても、pが小さいと"$np(1-p)$"が大きくならない場合があります。そして、現実にはこんなケースは多いのです。そんなときには、**二項分布をポアソン分布で近似します**。これが二項分布とポアソン分布の関係です。

　また、ポアソン分布は「単位時間当たりに平均λ回発生する現象が、単位時間にk回起きる確率分布」とも解釈できます。

▼Business ヒットを打つ回数、不良品の個数

　Pointに$n = 8$、$p = 0.3$の二項分布のグラフを示しています。これは打率3割の打者が8回の打席でヒットを打つ回数の確率分布となります。これを見ると8打席連続無安打、つまり$p = 0$も5%くらいの確率で発生するので、それほどめずらしくないことがわかります。

　次に、工場で1日1万個の製品を作ることを考えます。そのときに不良品の確率が0.02%、0.04%、0.08%とします。このときに1日に発生する不良品の個数が$\lambda = 2, 4, 8$のポアソン分布に対応します。この他にも、単位時間にコールセンターにかかってくる電話の数などの理論計算を行うときにポアソン分布が使われています。

06 正規分布

| 教養 ★★★★★ | 実用 ★★★★★ | 受験 ★★ |

正規分布は統計学の歴史で最も重要な発見といわれています。関数のグラフの形と期待値、分散の関係を習得しましょう。

> **Point**
> **正規分布は標準偏差が大きいほど幅が広い分布になる**

正規分布

下式で与えられる確率密度関数で表される確率分布を正規分布という。

$$f(x) = \frac{1}{\sqrt{2\pi\sigma^2}} \exp\left(-\frac{(x-\mu)^2}{2\sigma^2}\right)$$

期待値 μ
分散 σ^2 （標準偏差 σ）

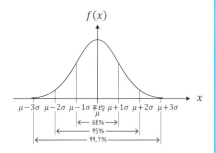

標準正規分布

期待値 μ、分散 σ^2 の確率変数 x を $z = \dfrac{x-\mu}{\sigma}$ として標準化すると、z の期待値は0、分散は1となる。z の確率分布を標準正規分布といい、下式で表される。

$$f(z) = \frac{1}{\sqrt{2\pi}} \exp\left(-\frac{z^2}{2}\right)$$

📖 なぜ正規分布がそこまで重要なのか?

　正規分布は統計の中で最も重要な確率分布です。理由は「世の中に正規分布に従う確率分布が多く見られる」ということと、「数学的に取り扱いがラクなため、統計理論の多くが正規分布を前提に作られている」という理由になります。

　正規分布で重要なことは、**その形状（左右対称、つりがね型）** と**パラメータ（平均値 μ と標準偏差 σ）**です。式は複雑ですが、覚えなくても構いません。あくま

でグラフの形状をつかんでください。

正規分布の横軸はデータ値で縦軸は確率になります。ただし、正規分布は確率密度関数という連続関数で表されるので、**確率はその面積（積分値）**になります。

たとえば、下図のように正規分布の式でテストの点を表したとき、50点から60点の間の面積が50〜60点の確率に対応します。そして確率なので、**全領域（$-\infty$から∞）までの面積（積分した値）は1になります**。

正規分布の形状を決めるパラメータはσ（標準偏差）とμ（平均値）の2つです。このパラメータを変えると分布は下図のように変化します。標準偏差を増やすとばらつきが大きくなるので、正規分布の幅が広くなります。前ページの図に示すように$\mu \pm \sigma$の領域に68％、$\mu \pm 2\sigma$の領域には95％、そして$\mu \pm 3\sigma$の領域には99.7％とほとんどのデータが収まります。

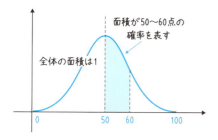
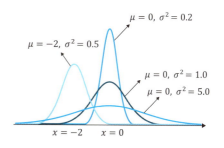

標準正規分布は変数をzに変換して、標準偏差が1で平均値が0の分布に変換（標準化）したものです。関数を直接積分して確率を求めるのは面倒です。しかし、標準化すれば、標準正規布表という積分値の表を使って、簡単に確率を求められます。

Business 正規分布の限界

「世の中に正規分布に従う確率分布が多く見られる」と説明しましたが、実際のデータの分布が正規分布と異なっていることも多いです。特に、株などの有価証券を統計で扱おうとしたとき、正規分布で期待される確率よりも大きな値動きが起こる確率が高くなります。「○○年に1回の大暴落」が頻発するわけです……。

統計理論の多くは正規分布を前提としており、正規分布と実際のデータの差は統計の予測値の誤差として見えてくることに注意してください。

07 歪度、尖度、正規確率プロット

歪度や尖度は正規分布からの乖離の指標です。また、統計の文献には正規確率プロットが出てくるので、見方を知っておきましょう。

> **Point**
>
> **正規確率プロットが直線に近いほど、きれいな正規分布**
>
> あるデータの分布が正規分布に一致している指標として、歪度、尖度がある
>
> ### 歪度
>
> 分布が左右対称か、左右に偏っているのか、分布のゆがみを示す指標を歪度と呼び下式で表す。
>
> $$Sw = \frac{1}{n}\sum_{i=1}^{n}\left(\frac{x_i - \bar{x}}{s}\right)^3 = \frac{1}{n}\left\{\left(\frac{x_1 - \bar{x}}{s}\right)^3 + \left(\frac{x_2 - \bar{x}}{s}\right)^3 + \cdots + \left(\frac{x_n - \bar{x}}{s}\right)^3\right\}$$
>
> ### 尖度
>
> 分布のとがり具合を示す指標を尖度と呼び下式で表す。
>
> $$Sk = \frac{1}{n}\sum_{i=1}^{n}\left(\frac{x_i - \bar{x}}{s}\right)^4 - 3 = \frac{1}{n}\left\{\left(\frac{x_1 - \bar{x}}{s}\right)^4 + \left(\frac{x_2 - \bar{x}}{s}\right)^4 + \cdots + \left(\frac{x_n - \bar{x}}{s}\right)^4\right\} - 3$$
>
> ### 正規確率プロット
>
> 縦軸にデータの値、横軸に期待される正規分布をプロットした散布図。
>
> 正規分布は直線で表されるため、視覚的にデータの分布と正規分布との一致性をつかむことができる。(正規)QQ確率プロットとも呼ばれる。
>
>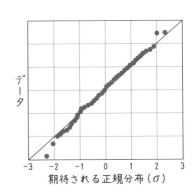

正規分布からの乖離を把握する

「世の中の多くの現象は正規分布に従う」という話をしましたが、実際にデータを取ってみると正規分布から外れていることがよくあります。そんなときに**正規分布からのズレを定量的に示す指標が歪度と尖度**です。

正規分布はきれいな左右対称のつり鐘型の分布ですが、実際の分布は左右に偏ることがあります。この指標が歪度です。正規分布の歪度は0で、左に偏ると正になり、右に偏ると負になります。

尖度はとがり具合を表す指標です。正規分布（尖度は0）よりピークがとがると尖度は正になり、ピークが丸くなると尖度は負となります。

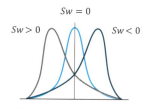

歪度（Sw）と確率分布の関係
$Sw=0$は正規分布

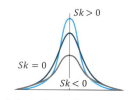

尖度（Sk）と確率分布の関係
$Sk=0$は正規分布

Business 正規確率プロットの使い方

統計データの文献を読むと、正規確率プロットというグラフが示されていることがあります。このグラフは仕組みが少し難しいのですが、押さえておきたいことは1点です。それは下図のように、**データの分布が正規分布だときれいに直線の上にデータが乗ってきますが、正規分布から外れると直線上に乗らなくなる**ということです。

このグラフは、（正規）QQ確率プロットと呼ばれることや、縦軸と横軸が逆になることもあります。それでも、データの分布と正規分布の一致具合をデータと直線の一致具合で判定することは同じです。

データ分布
横軸 データ
縦軸 確率（度数）

正規確率プロット
横軸 正規分布分位点
縦軸 データ分位点

教養 ★★★　実用 ★★★　受験 ★★

08 大数の法則と中心極限定理

統計や確率を使う前提となる定理です。統計における「たくさん」とは何なのか理解しておきましょう。

> **Point**
> ### 統計の「たくさん」は確率が低いほど大きくなる
>
> **大数の法則**
> - 試行をたくさん繰り返すと経験的確率も理論的確率に近づく
> - 試行回数（サンプルサイズ）が大きくなればなるほど、標本平均は母集団の平均に近づく
>
> **中心極限定理**
> 母集団から大きさnの標本を抽出し、その標本の平均をXとする。このとき、標本数nが十分大きければ（30以上くらいが目安）、母集団の分布にかかわらず、Xは正規分布する。

📖 どれだけやれば「たくさん」なのか？

大数の法則は直観的にも明らかです。つまり、「たくさん試せば、実際の試行結果も数学の理論的な結果に近づく」ということです。

たとえば、サイコロの出目を考えてみましょう。サイコロで6の目が出る確率は$\frac{1}{6}$です。ここで10回サイコロを振っても1の目が出ない確率は16％くらいあります。しかし、100回振れば1の目が出ない確率は無視できるほど小さくなります。そして、1,000回振れば1の目の出る確率は理論確率である$\frac{1}{6}$にほぼ一致します。これが大数の法則です。

しかし、これが1～60のカードの中から1枚を選ぶとなると話が変わってきます。100回試行しても1のカードを引かない確率は19％程度ありますので、1,000回の試行でもまったく「たくさん」とはいえません。理論確率の$\frac{1}{60}$に一致

させるためには1万回以上の試行が必要でしょう。**確率の大きさにより「たくさん」は変わる**のです。

この大数の法則で利益を出している業界があります。それは保険です。保険は期待値を計算するとマイナスになります。集まったお金で保険金を支払った上で、会社が利益を出しているので、それは明らかです。

たとえば、10,000時間に1回起こる事故の保険を売ることを考えます。期間は1日とします。すると、一契約あたりの事故の確率は0.0024となります。これは1人としては十分小さい値です。しかし、保険会社が5,000の契約を結ぶと平均12件の事故が発生することになり、これは統計的に管理可能な数字となります。

確率は低いけれど損害が大きいリスクを回避したい顧客がいます。そんな顧客を束ね、統計的に管理可能な数字にして利益を出すのが、保険会社のビジネスといえるでしょう。

📖 中心極限定理で正規分布するのは「標本の平均」

中心極限定理を簡単にいうと「元の分布が何であっても標本数が大きければ、標本平均の分布は正規分布する」ということです。

ここで誤解しないでほしいのは、正規分布するのは「**標本の平均**」であるということです。たとえば、サイコロの出目は下図に示すように、確率が $\frac{1}{6}$ の一様分布です。しかし、「サイコロを30回振ったときの出目の平均値」、つまり30回の試行を多数繰り返したときの平均値が正規分布するということです。一様分布が正規分布に化けるのではなく、「多数回の試行の平均」というクッションがあることに注意しましょう。

そして、この「平均値の分布」のばらつきを**標準誤差**と呼び、元の分布の標準偏差を試行回数の平方根で割ったものになります。

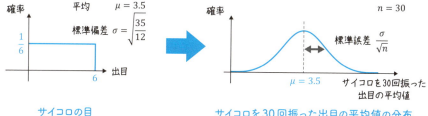

サイコロの目 → サイコロを30回振った出目の平均値の分布

データは統計の魂だ

　近年、統計が注目を集めています。ですから、本書でも統計の項目を多めに作っています。でも、今になって統計が注目されるのはなぜなのでしょうか。それには明確な答えがあります。良いデータが取れるようになったということです。

　ITが発達していない時代には、たとえばスーパーの在庫や発注の管理を手作業で行っていました。紙を使って在庫管理を行っていたのです。この場合、メーカーは市中の在庫量を正確に知ることができません。だから、売れていると勘違いして生産したり、実際に売れている商品を補充できなかったり、とても非効率な状態でした。

　しかし、在庫管理がIT化されると、市中の在庫量を把握できるようになり、この手の非効率は解決されました。

　そして、現在ではネットショッピングや電子マネーなどが発達し、購買情報だけでなく、消費者の属性（性別、年齢、購買履歴など）がわかるようになりました。そのデータを使うと、特定のターゲットに刺さる商品を作ったり、ついで買いを誘ったりするなど、効果的なマーケティングが可能になるのです。そして、それらのデータを解析するために統計学が注目され出したということです。

　つまり重要なのはデータで、統計はあくまでそれを処理する方法です。本書では触れませんが、「どうやって良質なデータを取るか」これが今の時代で一番重要なことです。それに成功して業界の覇者となったのが、AmazonやGoogle、FacebookなどのIT企業なのです。統計をビジネスで活かしたい人は、まず良質のデータを取ることに集中するべきでしょう。

Chapter 16

高度な統計

コンピュータに丸投げしてはいけない

本章では統計の中でも、高校では習わない**推測統計学**（信頼区間の推定、仮説検定など）や**多変量解析**（回帰分析や主成分分析など）について解説します。

これらの解析は計算が非常に煩雑なため、手計算を行うことはまずありません。コンピュータソフトを使って計算します。したがって、データを入れてボタンさえ押せば結果が得られます。特に最近のソフトウェアは進化していて、かなりの部分をソフト内部で解決して分析を進められます。だから、数学の基礎的な知識がない人でも、一定の成果が得られることもあるでしょう。

しかし、それでは意図しない結果となったときに、原因を究明することができません。特にエンジニアはトラブルが起きてからが勝負です。そのため、本章程度の知識は必須といえるでしょう。

推測統計は標本から母集団を推定する

データ解析の現場で、データが十分なことはまれです。検査や調査にはお金や時間がかかりますから、通常は抜き取りサンプルで調査をすることになります。だから、その限られたデータの中で結論を導かなければなりません。

そこで登場するのが推測統計です。母集団から抜き出した標本から得られる情報から、母集団を推定して「○○は信頼区間90％で成り立つ」などと定量的な結論を与えてくれます。

ただ、これはモノの見方のひとつにすぎません。たとえば、有意な結果を出したいときに、何度か標本抽出をやり直せば得たいデータを得ることができるかもしれません。また、信頼区間95％で正しいといっても、5％は間違えているわけですし、本当に適切なデータが集められているのか、という本質的な問題も残ります。

推測統計はあくまで**判断を定量化するためのツール**です。数字（P値など）に過剰にとらわれてはいけません。

> 回帰分析は未来を予測可能にする

多変量解析とは、多種類の変数の関係をつかむための解析です。

たとえば、ある商品の販売数を決める要素としては、商品価格、客数、時間帯、天気、気温、宣伝などいろいろな要素があるでしょう。このとき、販売数（1つの変数）を他の変数の式で表して、未来を予測可能にする解析が「**回帰分析**」です。また、「天気＋気温＝気候」と複数の変数をグループ化して、現象を単純化する分析が「**主成分分析**」や「**因子分析**」になります。

実は、多変量解析には相当高度な数学が使われています。本書でも紹介したベクトル、行列、微積分などが駆使されており、非常に難解です。ですから、本章では単回帰分析を除き、数学的な背景には触れていません。

多変量解析の計算方法の学習は、大多数の人には必要ないと思います。それよりも、それぞれの解析の枠組みを把握することを優先しましょう。

教養として学ぶには

まずは用語の意味を正しく理解しましょう。信頼区間、仮説検定、帰無仮説、p値、回帰分析、決定係数、主成分分析、因子分析などの中身が理解できていれば、多少専門的な議論でも困ることはないでしょう。

仕事で使う人にとっては

用語の理解はもちろん、数学モデルもある程度は理解しておきたいです。特に多変量解析は実際に計算することはなくても、コンピュータの内部で何をしているかイメージできるようになっておきましょう。

受験生にとっては

これらの項目は大学に入学してから、あるいは就職してから学べば十分です。今はもっと基礎的な勉強を行いましょう。

01 母平均の区間推定

標本の平均から、母集団の平均を推定する方法です。信頼区間を算出する論理を押さえてください。

> **Point**
>
> **標本平均が正規分布することを使い、信頼区間を推定する**
>
> 母集団から十分大きいn個（おおよそ30以上）の標本$(x_1, x_2, \ldots, x_{n-1}, x_n)$を抽出する。このとき、母平均（母集団の平均）$\mu$の信頼度95%の信頼区間（本当の値が存在するであろう範囲）は次のようになる。
>
> $$\bar{x} - 1.96 \times \sqrt{\frac{s^2}{n}} \leqq \mu \leqq \bar{x} + 1.96 \times \sqrt{\frac{s^2}{n}}$$
>
> 上式は信頼度95%の場合であるが、係数の1.96を1.64にすれば90%、2.58にすれば99%の信頼度になる。
>
> ただし、$\bar{x}$は標本の平均、s^2は下式で表される不偏分散である。
>
> $$\bar{x} = \frac{1}{n}\sum_{i=1}^{n} x_i \qquad s^2 = \frac{1}{n-1}\sum_{i=1}^{n}(x_i - \bar{x})^2$$

標本の統計値から母集団の平均を推定する

　ここでは母集団の中からランダムに選んだ標本を使って、母集団の平均を推定する方法を紹介します。たとえば、「ランダムに選ばれた100人の成人男性の身長から、成人男性全体の身長を推定する」というような問題がこれに相当します。
　この問題を考えるときにまず気をつけなければいけないのが**不偏統計量**です。15-8の中心極限定理で示したように、母平均と標本の平均は一致します。しかし、ばらつきについては普通に求めると、標本の分散は母分散より小さくなりま

す。その補正のため、標本の分散はnでなく、$n-1$で割り母分散に近づけます。これを不偏分散と呼びます。

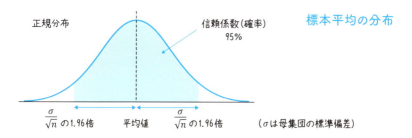

標本平均の分布

15-8でも示したように、母平均をμ、母標準偏差をσとすると、標本の平均値は平均μ、標準偏差$\frac{\sigma}{\sqrt{n}}$の正規分布に従います。そして正規分布では、$\mu \pm 1.96 \times \frac{\sigma}{\sqrt{n}}$が95％の区間に相当します。だから母平均$\mu$は標本平均$x$を使って、$x \pm 1.96 \times \frac{\sigma}{\sqrt{n}}$の区間に95％の確率で存在しているといえるのです。

ここで、Pointの式とこの式で異なる箇所があることにお気づきでしょうか。この式では母標準偏差σとしていますが、Pointの式では標本の不偏標準偏差sとなっています。これは本来σとすべきところですが、nが大きい（30以上くらい）と$\sigma \fallingdotseq s$とみなせるのでsで置き換えています。nが小さい場合、Pointの式を使うと信頼区間を狭く推定してしまうので、t分布と呼ばれる分布を使わなければいけません。t分布は本書では触れないので、必要な場合は統計の専門書を参照してください。

Business 日本人成人男性の身長の平均

日本人男性100人をランダムに抽出したとき、標本男性の身長平均が171cm、不偏分散が49だったとします。このときの日本人男性全体の身長の平均値を推定してみます。

このとき$\sqrt{\frac{s^2}{n}} = 0.7$となりますから、95％の信頼区間は169.6〜172.4cmとなります。つまり、日本人全体の身長の平均値は95％の確率でこの範囲に存在していると推定できます。

02 母比率の区間推定

テレビの視聴率や世論調査など世の中でよく使われる推定です。考え方自体は母平均の考え方にとても近いです。

> **Point**
>
> **母平均推定の σ を $\sqrt{p(1-p)}$ に置き換える**
>
> 母集団から十分大きい n（おおよそ100以上）の標本の標本比率が p であるとき、母比率 P は信頼度95％の信頼区間で次のように推定できる。
>
> $$p - 1.96\sqrt{\frac{p(1-p)}{n}} \leqq P \leqq p + 1.96\sqrt{\frac{p(1-p)}{n}}$$
>
> 上式は信頼度95％の場合であるが、係数の1.96を1.64にすれば90％、2.58にすれば99％の信頼度になる。

標本の統計値から母集団の平均を推定する

たとえば、内閣の支持率はあるサンプル数の調査結果から算出します。このときに確からしい結果が得られるためのサンプル数を計算する背景になっているのが、本節で紹介する**母比率の区間推定**です。

この現象は表が出る確率が p のベルヌーイ分布（コインを1回投げたときに表か裏かを観測する確率分布）としてモデル化できます。ベルヌーイ分布の標準偏差は $\sqrt{p(1-p)}$ なので、前節の母平均推定の式で $\sigma = \sqrt{p(1-p)}$ とするとPointの式のようになります。

標本比率の分布を示すと次ページの図のようになります。ここで信頼区間は母比率 P を使って記述されています。本来は信頼区間を求めるために P が必要ですが、n が十分大きい（100以上程度）と標本比率 p は十分母比率 P に近いという近似を行い、Pointの式となっています。

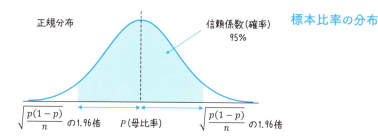

標本比率の分布

Business テレビの視聴率

　テレビの視聴率を算出するときには、サンプル世帯の視聴率を用いています。たとえば関東地方では、そのサンプル世帯はおよそ900世帯といわれています。関東には1,500万世帯以上が存在しているので、その1万分の1以下の世帯数の調査で、視聴率が算出されているわけです。

　感覚的には少ないと感じることでしょう。そこで、1,500万世帯の母集団に対し、900世帯のデータで視聴率を推定したときの誤差を見積もってみましょう。

　$p = 0.2$（視聴率20%）、$p = 0.1$（視聴率10%）、$p = 0.01$（視聴率1%）として$n = 900$のときの信頼度95%の区間を求めると下のようになります。

$p = 0.2$　（視聴率20%）：$20 \pm 2.61\%$
$p = 0.1$　（視聴率10%）：$10 \pm 1.96\%$
$p = 0.01$（視聴率1%）　：$1 \pm 0.65\%$

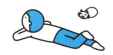

　これから視聴率10%で±2%程度の誤差があり、視聴率が下がると相対的に誤差が大きくなっていることがわかります。たとえば、視聴率20%と16%は有意な差がありそうですが、視聴率1%と1.4%はばらつきの範囲内といえそうです。

　また、これ以上精度を上げようとしたとき、たとえばばらつきの範囲を半分にしようとするとnは4倍にしなければなりません。つまり、調査数を3,600世帯にしなくてはならず、調査費用が大きく増えてしまいます。調査世帯数は調査の精度と費用のバランスで決められているのです。

03 仮説検定

統計的に仮説を検定する方法です。品質関連の業務でよく使われます。まず用語の意味を理解し、おおまかな流れをつかんでください。

> **Point**
> **主張したい仮説と逆の仮説（帰無仮説）を棄却させる**

統計における仮説検定

統計における仮説検定とは、調査や実験の結果から推定される仮説が、母集団全体においても成り立つか、それとも単に偶然に起こったのかを確率統計を用いて検定することである。

帰無仮説と対立仮説

検定においては主張したい仮説（たとえばAよりBは大きい）に対して、逆の仮説（AとBの差はない）を立てる。この逆の仮説を帰無仮説と呼ぶ。一方、主張したい仮説は対立仮説と呼ぶ。

仮説検定の手順

① 棄却したい帰無仮説と採択したい対立仮説を立てる
② 検定を行う確率分布、有意水準を決定する
③ 帰無仮説のもとで統計量を計算し、測定結果が起こる確率を求める
④ その確率が有意水準以下であれば、帰無仮説が棄却され、対立仮説のほうが妥当といえる。有意水準以上であれば、帰無仮説は正しく測定結果はばらつきの範囲内と判断する

用語の説明

- 有意水準：帰無仮説を棄却する基準となる確率。一般的に5％や1％といった値が用いられる。たとえば5％に設定したときは、発生確率が5％以下の事象を偶然でない（有意である）と判断するということになる。
- p値：帰無仮説を正しいと仮定したときに、測定結果が偶然得られる確率のこと。p値が小さければ小さいほど帰無仮説の棄却が確からしいと主張できる。

Business 工場間の製品のばらつき

問題を通じて、検定の手順を紹介します。

（問題）A工場とB工場で同じ製品を生産している。ある日にA工場で生産した製品200個の重さの平均は530gで標準偏差は6gであった。一方、B工場で生産した180個の製品の重さの平均は528gで標準偏差は5gであった。A工場とB工場の製品の重さに差があるといえるか。

A工場とB工場で製造された製品の、重さの平均に差があるかどうか調べたいので、帰無仮説と対立仮説は次のようになります。

- 帰無仮説：A工場とB工場で生産された製品の重さに差はない
- 対立仮説：A工場とB工場で生産された製品の重さに差はある

統計量をまとめると右表のようになります。ここで標本数が大きいので標本の分散が母分散と等しいとしています。

確率分布は標準正規分布（Z分布）を仮定して、有意水準$\alpha = 0.05$（5%）とします。帰無仮説が正しいとA工場とB

	A工場	B工場
母分散	$\sigma_A^2 = 6^2$	$\sigma_B^2 = 5^2$
標本数	$n_A = 200$	$n_B = 180$
標本平均	$\overline{x_A} = 530$	$\overline{x_B} = 528$

工場の差はないので、A工場の標本平均x_AとB工場の標本平均x_Bの差$x_A - x_B$は平均0、標準偏差が$\sqrt{\dfrac{\sigma_A^2}{n_A} + \dfrac{\sigma_B^2}{n_B}} = 0.5647$の正規分布に従います。

これから、検定統計量Z_0を求めると、

$$Z_0 = \frac{\bar{x}_A - \bar{x}_B}{\sqrt{\dfrac{\sigma_A^2}{n_A} + \dfrac{\sigma_B^2}{n_B}}} = 3.5417\cdots \fallingdotseq 3.542$$

となり、有意水準$\alpha = 0.05$におけるZ分布の値1.960より大きいので帰無仮説は棄却され、A工場とB工場の製品の重さは有意な差があるといえます。なお、このときのp値は0.0002（0.02%）と小さいです。

04 単回帰分析

回帰分析はExcelなどで簡単に行える分析です。方法は簡単ですが結果の解釈には注意が必要です。

> **Point**
> **回帰式は誤差の2乗が最小になるように決める**
>
> n個のデータ群$(x_1, y_1), (x_2, y_2), \ldots, (x_n, y_n)$があるとする。このとき、回帰分析とは目的変数$y$を説明変数$x$の式で表すことである。つまり、$y \fallingdotseq f(x)$となる回帰式$f(x)$を求めることである。特に説明変数が1つのものを単回帰分析という。
>
> ### 最小2乗法
>
> 最小2乗法とは、誤差の2乗和
> $$\sum_{i=1}^{n}\{y_i - f(x_i)\}^2$$ が最小になる回帰式$f(x)$を求めることである。
>
> ### 決定係数
>
> 回帰式$f(x)$に対する、決定係数を下のように定義する。ただし、μ_Yは$y_1, y_2, \ldots, y_n$の平均値である。
>
> $$R^2 = 1 - \frac{\sum_{i=1}^{n}(y_i - f(x_i))^2}{\sum_{i=1}^{n}(y_i - \mu_Y)^2}$$
>
> 特に回帰式$f(x)$が1次式、つまり$y = ax + b$とするとき、a, bは最小2乗法を用いて下のように表される。a, bは回帰係数と呼ぶ。
>
> $$a = \frac{n\sum_{i=1}^{n}x_i y_i - \sum_{i=1}^{n}x_i \sum_{i=1}^{n}y_i}{n\sum_{i=1}^{n}x_i^2 - \left(\sum_{i=1}^{n}x_i\right)^2} \quad b = \frac{\sum_{i=1}^{n}x_i^2 \sum_{i=1}^{n}y_i - \sum_{i=1}^{n}x_i y_i \sum_{i=1}^{n}x_i}{n\sum_{i=1}^{n}x_i^2 - \left(\sum_{i=1}^{n}x_i\right)^2}$$
>
> このとき(回帰式が1次式のとき)、決定係数R^2は相関係数の2乗に一致する。

📖 回帰分析の意味

回帰分析は一度、2-7で出てきています。右のような、ある複数の点に対して近似直線を入れる図を紹介しました。

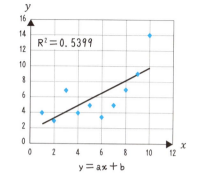

この直線を引く数学的な方法がここで紹介する**回帰分析**です。この直線を回帰直線と呼びます。回帰式は各点の誤差の2乗が最小になるように決められて、この方法を**最小2乗法**と呼びます。

実際には、この計算はコンピュータで行い、手で求めることはないでしょう。しかし、ぼんやりでも仕組みを知っておくことは重要です。

あとは**決定係数**R^2を覚えてください。これは0から1の間の値を取り、1に近いほど、回帰直線の精度が高いことを表します。ここまで理解できれば、単回帰分析を使うことができるでしょう。

Business 広告の効果

商売をしている方だと、広告の重要性は強く感じているでしょう。しかし、重要なことは理解していても、その具体的な効果はなかなか表しがたいものです。

そんなときに回帰分析を使ってみた例を紹介します。下図はセールを行うときに顧客に送った宣伝のハガキ枚数と実際の来客数のデータを回帰分析したものです。

この場合、回帰直線の傾きが0.1ですからおおよそハガキを100枚送ると10人来客数が増えることがわかります。この結果は広告の費用効果を議論するときに役立ちます。

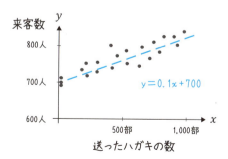

05 重回帰分析

説明変数が複数存在する回帰分析が重回帰分析です。一般には説明変数は多いはずなので、実データの解析にはよく使われます。

> **Point**
> **説明変数はなるべく少なくできたほうがスマート**
>
> 単回帰分析が $y = ax + b$ と1つの説明変数で目的変数を表すのに対して、$y = a_1 x_1 + a_2 x_2 + \cdots\cdots + a_n x_n + b$ と複数の説明変数 x_n で目的変数を表現する回帰方法を重回帰分析という。
>
>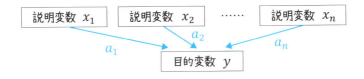

重回帰は複数の目的変数がある回帰分析

単回帰分析は目的変数 "y" に対して1つの説明変数 "x" で表現する回帰分析でした。一方、ここで紹介する**重回帰分析**は複数の説明変数で目的変数を表現します。説明変数が複数になるだけで、回帰係数や決定係数という概念も同じです。

つまり、目的変数を売上金額とすれば、それを客数だけで説明しようとするのが単回帰分析で、客数と気温など複数の説明変数で表現するのが重回帰分析となるわけです。

重回帰分析の回帰係数を求める計算は煩雑で、まず手で行うことはないので、ここでは省略します。しかし、単回帰分析と同じように誤差の2乗を最小にするように回帰係数を求めていることだけ覚えておきましょう。

実際に回帰分析を使うときには、説明係数の候補はたくさんあることでしょう。しかし、**多重共線性**には気をつけなければいけません。多重共線性とは説明変数間の相関が強いときに起きます。たとえば、説明変数を客数、男性客数、女

性客数の3つとします。このとき、「男性客＋女性客＝客数」という関係が存在します。この場合、説明変数間に強い相関があるため重回帰分析の精度が下がります。ですから、このような説明変数には注意が必要です。

多重共線性にさえ気をつければ、説明変数を増やすほど回帰式の精度は上がります。つまり、決定係数が1に近くなります。しかし、実際にその式を使って分析するときには、説明変数は少ないほうがやりやすいです。目先の精度にとらわれて、説明変数を増やしすぎないようにしましょう。

Business 気象条件と収穫量の関係

下表のように気象条件（月の平均温度、日照時間、降水量）とある作物の収穫量を重回帰分析で分析してみます。

平均温度(°C)	日照時間(h)	降水量(mm)	収穫量(kg)
19.2	127	170	454.3
21.1	126	153	498.1
21.8	104	183	554.3
22.2	100	149	489.7

このデータをExcelの分析ツールで重回帰分析を行うと、下のような結果が得られました。係数から、重回帰式は下のように求められます。しかし、下の分析結果を見ると切片の確からしさが低いため、この場合は切片を0としたほうが良いでしょう。

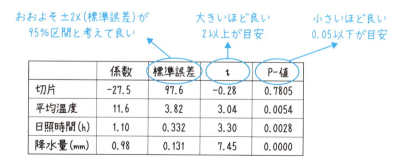

	係数	標準誤差	t	P-値
切片	-27.5	97.6	-0.28	0.7805
平均温度	11.6	3.82	3.04	0.0054
日照時間(h)	1.10	0.332	3.30	0.0028
降水量(mm)	0.98	0.131	7.45	0.0000

回帰式：(収穫量)＝11.6×(平均温度)＋1.10×(日照時間)＋0.98×(降水量)－27.5

06 主成分分析

複数の変数からなる情報を、少数の新変数で表して分析を容易にする手法です。機械学習にもつながる考え方です。

> **Point**
>
> ### 情報の縮約のための変数を合成して主成分を作り出す
>
> 主成分分析とは、複数の変数に共通な部分を探って、主成分と呼ばれる合成変数を作り出すこと。目的は「情報の縮約」である。たとえば、下図の変数x_1とx_2について、ばらつき（分散）が最大になるように主成分係数a、bを求める。
>
>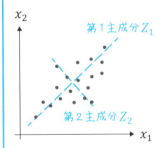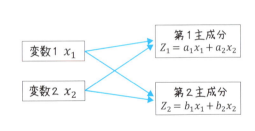
>
> - 主成分の分散（ばらつき）の大きい順に第1、第2、……主成分と呼ぶ
> - 各主成分同士は互いに直交している
> - 主成分係数には$a_1^2 + a_2^2 = 1$という制約条件をつけるのが普通
> - 主成分は変数の数だけ求められるが、解析の目的（情報の縮約）を考えると誤差が許容できる範囲内で少なくしたほうが良い

主成分分析が目指すところ

主成分分析は複数の変数があるデータで新変数を作って、分析を容易にする手法です。新変数は元の変数を合成して作ります。そのときに**縮約、最大の分散、直交**という3つのポイントがあります。

1つ目の縮約とはデータをまとめて判定しやすくする、ということです。たとえば国語、数学、英語と3科目のテストの結果があるとき、合計点という指標を作ることがそれにあたります。3科目のデータは三次元ですが、合計点という一次元のデータを作ることにより、合格・不合格の判定などがやりやすくなります。これが縮約のメリットです。

2つ目は最大の分散です。これは逆に分散が少ない不具合を考えてみましょう。数学のテストをしましたが、問題がとても簡単で20人が100点、10人が計算ミスをして95点だったとします。こんなテストでは学生の数学の学力を正しく判断できません。これが分散の低い状態です。適切に判定するためには分散が大きいほうが良いのです。

3つ目は直交です。これはベクトルの一次独立で説明します。統計のデータをベクトルで表すと、主成分分析は座標軸の変換に相当します（11-3参照）。その場合、11-3で説明したように、変換後の軸を直交させると、データの不確かさによる影響を最小にできます。だから、主成分分析でも各主成分を直交させるのです。

Business ブランドイメージ調査

同一業界の企業のブランドイメージを下図のようにまとめているものを見たことがないでしょうか.

この図は企業イメージについて数十項目のアンケートを行い、その結果を主要因分析することにより作られたものです。

主成分分析により、アンケート結果をよく説明できる2つの主成分を求め、それを直交軸にマッピングします。

ただ、主成分分析で得られる結果はただの数式です。その数式が何を表しているか（右の場合は第一が価格で、第二が先進性）は人間が解釈する必要があります。

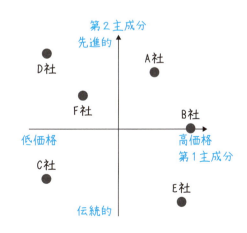

07 因子分析

複数の変数の背後にある共通した関係（共通因子）を抽出します。因子分析も機械学習でよく使われます。

> **Point**
> ## 主成分分析と似ているが、注目するポイントが違う
>
> 因子分析とは変数の背後に存在している要因（共通因子）を抽出して、変数間の関係性を表現する手法。
>
> 下図のように変数に共通する因子を使って、各変数の関係式を求める。このとき a や b を因子負荷量、e を独自因子と呼ぶ。
>
> 因子分析の中で、事前に共通因子と変数の影響関係を想定して解析する方法を構造方程式モデル（SEM：Structural Equation Models）と呼ぶ。

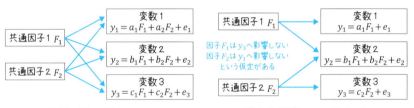

通常の因子分析　　　構造方程式モデル（SEM）

回転

共通因子の意味を明確化するため、軸を回転することがある。

回転は直交を保ったまま回転する直交回転と軸を別々に回転し、直交を保たない斜交回転がある。斜交回転は回転後の因子間に相関があることを意味している。

意味にフォーカスしている因子分析

因子分析は主成分分析と混同されやすいです。しかし、思想には明確な違いがあります。主成分分析は変数の縮約を目的としていて、変数から主成分を計算する手法です。一方、因子分析は共通因子に注目していて、共通因子から変数を計算する手法になります。つまり、「**変数→主成分**」か「**共通因子→変数**」と、変数への矢印の向きが異なるのです。

そして、因子分析では共通因子の解釈を重視します。つまり、「**共通因子が何を意味しているか**」ということです。そのため、共通因子と変数の関係を最初から制限したり（構造方程式モデル）、共通因子の意味を明確化するために軸の回転を行ったりします。

因子分析は変数の本質的原因を抽出するという意図の強い解析といえるでしょう。

顧客アンケートの解析

たとえば、あるレストランのお得意様に下表のようなアンケートを取ったとします。ここでアンケート結果に因子分析を行うと、質問項目に対して3つの因子が得られました。この因子を解釈することにより、「食を楽しみたい」「好きなだけ食べたい」「子どもと食べたい」という顧客ニーズが存在することがわかりました。

このように因子分析は、アンケート結果からニーズをつかむマーケティング、生活習慣から病気の原因を探る調査、人間の性格の分析などに適した解析方法です。

質問項目	因子		
	食を楽しみたい	好きなだけ食べたい	子どもと食べたい
めずらしいメニューがある	0.86	0.25	0.02
季節感のある料理がある	0.82	0.42	0.05
調理場が見える	0.60	0.11	0.31
注文がしやすい	0.01	0.78	0.35
食べ放題で会計が気にならない	0.40	0.68	0.41
量を選ぶことができる	0.12	0.64	0.46
子ども向けメニューがある	0.02	0.00	0.94
適度にガヤガヤした雰囲気	0.00	0.00	0.71
内装に遊び心がある	0.00	0.01	0.62

実用数学の最大の敵

「受験数学と実用数学の最大の違い」と聞かれたら何と答えるでしょうか。私でしたら「間違いがあるかないかです」と答えます。

つまり、「このデータを統計分析してください」といわれたときのデータが、本当に自分が意図しているものがどうかということです。

実際の数字は簡単に信用することができません。たとえば、測定装置が壊れていたり、抽出条件が違っていたり、単純なExcelシートの取り違えがあったり、と罠はあちこちに潜んでいます。基本スタンスとして、データは疑ってみなければいけません。

これが受験数学の場合は、問題は慎重に検証されているので、間違いがあることは極めてまれです。それに間違いがあったとしても、出題者が謝罪して全員正解などの処置が取られます。

データの間違いは単純な間違いならすぐに気づきますが、なかなか見分けにくいものも多いです。本当に勘と経験の世界です。

ニュートリノの発見でノーベル物理学賞を受賞した小柴昌俊先生は、ニュートリノを検出した報告を受けたとき、その事実をいったん口外禁止にして、1週間ほど慎重に検証した後に発表したそうです。データの取り扱いにはこのくらいの注意が必要なのですね。

間違いといえば、論文の数式は結構な確率で間違えています。ですから、実際に使う場合は数式の検証が必要です。もちろん、有名な法則や定理の場合は問題ないでしょう。しかし、専門的な理論となると、検証できる人が少ないので査読のある論文でも間違えていたりします。単なるネット上の情報だとなおさら信用度が低いです。

だから数学を実用する人でも、どこかから式を引っ張ってきて数字を入れるだけではダメで、導出できるレベルの力が必要なのです。学問に王道はありません。地道に学習を続けていきましょう！

おわりに

　本書は大人のための数学ということで、計算方法よりも数学の概念に重点を置いて執筆しました。通読されていれば、少なくとも「微積分とは何か？」「ベクトルとは何か？」「統計とは何か？」といった根本的なことは理解いただけたのでないかと思っています。

　もちろん、本当に数学を使えるようになるためには、実際に現場で使ってみること、すなわち行動が必須です。その前段階として最低限必要な知識は、身につけていただけたことでしょう。

　逆にこれ以上、本で勉強しても頭でっかちになるだけです。これからはいったん本から離れてください。現実の問題こそが、あなたをさらに高いレベルに導いてくれます。

　今回は「楽しい数学」とか「美しい数学」でなく、実用重視という従来の数学本とは違う形で本書を執筆しました。しかし、実際に数学を使えるようになれば、その楽しさや美しさも理解できると私は信じています。

　たとえば、包丁にしても、料理人の能力が低ければ、最高級のものも安物でも、違いはわからないかもしれません。しかし、修行を通じて料理人の腕が上がるに従って、良い道具がそれなりの輝きを放つようになります。そして、料理人は最高級の道具に美しさを見いだすことでしょう。

　数学も道具ですので、同じことがいえると思います。この本を通じて実際に使える数学を身につけ、その後に数学自体の楽しさや美しさに気づいていただければ、私にとってこの上ない喜びです。

　しかし、残念ながらその先の世界は、私の力ではエスコートすることはできません。文献や師をご自身で見つけて進んでください。

　ここまで読んでくださって本当にありがとうございました。あなたの人生が数学によって、彩られていくことを祈っています。

2018年12月　蔵本 貴文

索引

数字 / 欧文

- 1次関数 ……………………… 32, 36
- 1次の近似公式 ………………… 166
- 1次変換 ……………………………… 250
- 1次方程式 ……………………………… 14
- 2次関数 ……………………… 32, 38
- 2次不等式 ……………………………… 51
- 2次方程式の解法 ……………………… 40
- 2次方程式の虚数解 …………………… 42
- 2次方程式の判別式 …………………… 44
- 3行3列の行列 ………………………… 254
- 3点近似 ………………………………… 172
- log ………………………………………… 64
- p値 ……………………………………… 326

あ行

- アフィン変換 ………………………… 205
- 移項 ……………………………………… 14
- 位置ベクトル ………………………… 222
- イプシロン-デルタ論法 …………… 162
- 因子分析 ………………………… 321, 334
- 因数定理 ………………………………… 48
- 因数分解 …………………………… 12, 40
- インテグラル($\int$) ……………… 128
- 上に凸 …………………………………… 38
- 右辺 ……………………………………… 14
- 運動方程式 …………………………… 146
- 円 ………………………………………… 22
- 円周率 …………………………………… 23
- 円のベクトル方程式 ………………… 228
- 円の方程式 …………………………… 200
- オイラーの公式 ……………………… 264
- オイラー法 …………………………… 176

か行

- 解 ………………………………………… 14
- 回帰分析 ………………………… 321, 329
- 階乗 …………………………………… 278
- 解析解 ………………………………… 164
- 回転 ………………………… 208, 238, 334
- 解と係数の関係 ………………………… 44
- 解の公式 ………………………………… 40
- ガウス分布 …………………………… 298
- 拡張 ……………………………………… 2
- 確率 ……………………………… 274, 284
- 確率の加法定理 ……………………… 286
- 確率の乗法定理 ……………………… 292
- 確率分布 ……………………………… 308
- 加減法 …………………………………… 16
- 仮説検定 ……………………………… 326
- 加速度 ………………………………… 142
- 加速度ベクトル ……………………… 236
- 傾き ……………………………………… 36
- 加法定理 ………………………………… 88
- 関数 ………………………………… 32, 34

- 関数の凹凸 …………………………… 118
- 関数の内積 …………………………… 266
- 幾何平均 ……………………………… 300
- 奇関数 ………………………………… 207
- 期待値 …………………………… 298, 308
- 帰無仮説 ……………………………… 326
- 逆関数 ………………………………… 35
- 逆行列 ………………………………… 246
- 逆ベクトル ……………………… 220, 222
- 球 ………………………………………… 22
- 球面のベクトル方程式 ……………… 232
- 球面の方程式 ………………………… 214
- 共役複素数 …………………………… 260
- 共役四元数 …………………………… 270
- 行列 ……………………………… 242, 244
- 行列式 ………………………………… 246
- 行列の積 ……………………………… 244
- 行列の和と差 ………………………… 244
- 行列を使った連立方程式 …………… 248
- 極形式 ………………………………… 262
- 極形式の掛け算と割り算 …………… 262
- 極限 ……………………………… 103, 106
- 極座標 …………………………… 196, 212
- 曲線の長さ …………………………… 140
- 虚数単位 ………………………… 42, 260
- ギリシャ文字 ………………………… 194
- 偶関数 ………………………………… 207
- 空間図形のベクトル方程式 ………… 232
- 空間図形の方程式 …………………… 214
- 空間ベクトル ………………………… 230
- 空間ベクトルの一次独立 …………… 230
- クォータニオン ……………………… 270
- 組合せの公式 ………………………… 280
- 係数 ……………………………………… 14
- 結合法則 ………………………………… 10
- 決定係数 ……………………………… 328
- 原点 ……………………………………… 19
- 項 ………………………………………… 14
- 交換法則 ………………………………… 10
- 高次関数 ………………………………… 46
- 高次導関数 …………………………… 118
- 合成関数 ………………………………… 35
- 合成関数の微分 ……………………… 114
- 合成公式 ………………………………… 88
- 高速フーリエ変換 …………………… 269
- 後退差分 ……………………………… 172
- 合同 ……………………………………… 24
- 勾配 …………………………………… 238
- 弧度法 …………………………………… 90
- 固有値 ………………………………… 252
- 固有ベクトル ………………………… 252

さ行

- 最小2乗法 …………………………… 328
- 座標 ……………………………………… 19
- 左辺 ……………………………………… 14

- 三角関数 ………………………………… 80
- 三角関数の拡張 ………………………… 84
- 三角関数の基本公式 …………………… 82
- 三角関数の微分 ……………………… 112
- 三角関数表 ……………………………… 83
- 三角法 …………………………………… 83
- 三角形 …………………………………… 22
- 算術平均 ……………………………… 300
- 三平方の定理 …………………………… 28
- 四角形 …………………………………… 22
- 軸 ………………………………………… 38
- 四元数 ………………………………… 270
- 四元数の逆数 ………………………… 270
- 四元数の絶対値 ……………………… 270
- 四元数を用いた三次元座標の回転
  ……………………………………… 270
- シグマ(Σ) …………………… 186
- 試行 …………………………………… 284
- 事後確率 ……………………………… 295
- 事象 …………………………………… 284
- 指数 ………………………………… 56, 58
- 指数・対数関数の微分 ……………… 112
- 指数関数 ………………………………… 62
- 指数の拡張 ……………………………… 60
- 指数を表す接頭語 ……………………… 76
- 事前確率 ……………………………… 295
- 自然数 …………………………………… 6
- 自然対数 ………………………………… 70
- 下に凸 …………………………………… 38
- 重解 ……………………………………… 44
- 重回帰分析 …………………………… 330
- 重積分 ………………………………… 158
- 収束 …………………………………… 107
- 樹形図 ………………………………… 276
- 主成分分析 ……………………… 321, 332
- 循環小数 ……………………………… 191
- 順列の公式 …………………………… 278
- 条件付き確率 ………………………… 292
- 乗法公式 ………………………………… 12
- 証明 ……………………………………… 26
- 常用対数 ………………………………… 70
- 剰余定理 ………………………………… 48
- 初期条件 ……………………………… 150
- シンプソンの公式 …………………… 174
- 推測統計学 …………………………… 320
- 数学的確率 ……………………… 274, 285
- 数学的帰納法 ………………………… 192
- 数値解 ………………………………… 164
- 数値解析 ……………………………… 164
- 数値積分 ……………………………… 174
- 数値微分 ……………………………… 172
- 数直線 …………………………………… 4
- 数列 …………………………………… 180
- スカラー ……………………………… 221
- 図形の平行移動 ……………………… 204
- 正規確率プロット …………………… 314

正規分布 298, 312	底 64	平行四辺形 22
正弦定理 92	定義 26	ベイズの定理 294
正弦波 94	定積分 132	平方完成 40
正三角形 22	底変換の公式 68	平方根 6
整式の割り算の方法 49	テイラー展開 168	平面図形のベクトル方程式 228
整数 6	定理 26	平面のベクトル方程式 232
整数の素因数分解 54	点対称 206	平面の方程式 214
正負の数 4	ド・モアブルの定理 262	ベクトル 218, 220
正方形 22	導関数 110	ベクトルの k 倍 222, 220
積の微分 114	統計 298	ベクトルの一次独立 224
積の法則 276	統計的確率 275, 285	ベクトルの大きさ 222, 230
積分 124, 126	等差数列 182	ベクトルの外積 234
接線の公式 116	等式 14	ベクトルの差 220, 222
絶対値 4, 30	等比数列 184	ベクトルの垂直条件 224, 226
切片 36	独立試行の定理 288	ベクトルの成分表示 222
セルオートマトン 189	**な行**	ベクトルの内積 226, 230
ゼロ（零）ベクトル 220	二項定理 282	ベクトルの平行条件 224
漸化式 188	二項分布 310	ベクトルの和 220, 222, 230
線形計画法 52	二次曲線 202	ヘロンの公式 93
前進差分 172	二等辺三角形 22	変数分離法 149
線積分 160	ニュートンラフソン法 170	偏微分 154
線対称 206	ネイピア数（ e ） 113	ポアソン分布 291, 310
尖度 314	**は行**	方程式 33
全微分 154	場合の数 276	放物線近似 174
相関係数 306	パイ（ Π ） 186	放物線の方程式 202
双曲線の方程式 202	媒介変数 210	母比率の区間推定 324
相似 24	ハイパボリック関数 113	母平均の区間推定 322
相似比 25	掃き出し法 249	**ま行**
相乗平均 300	パスカルの三角形 282	マクローリン展開 168
速度ベクトル 236	発散 107, 238	マックスウェル方程式 146
た行	ばらつき 298	無限級数 190
台形 22	反比例 20	無限大 103, 106
台形公式 174	反復試行の定理 290	無理数 6
対数 56	ひし形 22	メディアン 300
対数関数 64, 66	微積分 126	面積分 160
対数グラフ 74	ビットマップ形式 97	文字式 8
対数軸 74	微分 102	モンテカルロ法 296
大数の法則 316	微分可能性 120	**や行**
対数表 70, 72	微分係数 108	有意水準 326
対数を使った単位 76	微分方程式 146, 148	有理数 6
体積 138	微分方程式の数値的解法 176	余弦定理 92
代入法 16	標準正規分布 312	余事象の定理 284
対立仮説 326	標準偏差 298, 302, 308	**ら行**
楕円の方程式 202	比例 18	ライプニッツ係数 185
多重共線性 330	フィボナッチ数列 189	ラグランジュの未定乗法 156
多変数関数 35, 154	フィボナッチの渦 189	ラジアン 90
多変量解析 320	フーリエ級数 94	ラプラス変換 152
単位行列 246	フーリエ変換 266	離散コサイン変換 96
単回帰分析 328	複素数 42, 258, 260	両辺 14
置換積分法 136	複素数の絶対値 260	ルート（ $\sqrt{\ }$ ） 6
中央値 300	複素数平面 262	連立方程式 16
抽象 2	不定積分 130	論理 3
中心極限定理 316	不等式 33, 50	**わ行**
頂点 38	不等式と領域 52	歪度 314
長方形 22	部分積分法 134	和積公式 88
長方形近似 174	不偏統計量 322	和の公式 186
直線の交点 198	分散 302, 308	和の法則 276
直線のベクトル方程式 228, 232	分配法則 10	
直線の方程式 198, 214	平均 298, 300	
直角三角形 22	平均値の定理 120	

著者プロフィール

蔵本 貴文（くらもと・たかふみ）

1978年1月生まれ。関西学院大学理学部物理学科を卒業後、先端物理の実践と勉強の場を求め、大手半導体企業に就職。現在は微積分や三角関数、複素数などを駆使して、半導体素子の特性を数式で表現するモデリングという業務を専門に行っている。さらにエンジニアライターとして、書籍の執筆、編集活動も行う。著書に『学校では教えてくれない！ これ1冊で高校数学のホントの使い方がわかる本』（秀和システム）がある。
Twitterアカウント：@engineer_writer

装丁・本文デザイン	吉村 朋子
カバー・本文イラスト	大野 文彰
DTP	株式会社 シンクス

数学大百科事典
仕事で使う公式・定理・ルール127

2018年12月19日 初版第1刷発行
2019年 4月10日 初版第4刷発行

著 者	蔵本 貴文（くらもと・たかふみ）
発行人	佐々木 幹夫
発行所	株式会社 翔泳社（https://www.shoeisha.co.jp）
印刷・製本	日経印刷 株式会社

©2018 Takafumi Kuramoto

本書は著作権法上の保護を受けています。本書の一部または全部について（ソフトウェアおよびプログラムを含む）、株式会社 翔泳社から文書による許諾を得ずに、いかなる方法においても無断で複写、複製することは禁じられています。
本書へのお問い合わせについては、iiページに記載の内容をお読みください。
落丁・乱丁はお取り替えいたします。03-5362-3705までご連絡ください。

ISBN978-4-7981-5626-2　　　　　　　　　　　　　　　　Printed in Japan